David Hagenmuller

Couplage ultrafort d'un gaz d'électrons 2D sous champ magnétique

Electrodynamique quantique en cavité d'un gaz d'électrons bidimensionnel sous champ magnétique

Presses Académiques Francophones

Impressum / Mentions légales
Bibliografische Information der Deutschen Nationalbibliothek: Die Deutsche Nationalbibliothek verzeichnet diese Publikation in der Deutschen Nationalbibliografie; detaillierte bibliografische Daten sind im Internet über http://dnb.d-nb.de abrufbar.
Alle in diesem Buch genannten Marken und Produktnamen unterliegen warenzeichen-, marken- oder patentrechtlichem Schutz bzw. sind Warenzeichen oder eingetragene Warenzeichen der jeweiligen Inhaber. Die Wiedergabe von Marken, Produktnamen, Gebrauchsnamen, Handelsnamen, Warenbezeichnungen u.s.w. in diesem Werk berechtigt auch ohne besondere Kennzeichnung nicht zu der Annahme, dass solche Namen im Sinne der Warenzeichen- und Markenschutzgesetzgebung als frei zu betrachten wären und daher von jedermann benutzt werden dürften.

Information bibliographique publiée par la Deutsche Nationalbibliothek: La Deutsche Nationalbibliothek inscrit cette publication à la Deutsche Nationalbibliografie; des données bibliographiques détaillées sont disponibles sur internet à l'adresse http://dnb.d-nb.de.
Toutes marques et noms de produits mentionnés dans ce livre demeurent sous la protection des marques, des marques déposées et des brevets, et sont des marques ou des marques déposées de leurs détenteurs respectifs. L'utilisation des marques, noms de produits, noms communs, noms commerciaux, descriptions de produits, etc, même sans qu'ils soient mentionnés de façon particulière dans ce livre ne signifie en aucune façon que ces noms peuvent être utilisés sans restriction à l'égard de la législation pour la protection des marques et des marques déposées et pourraient donc être utilisés par quiconque.

Coverbild / Photo de couverture: www.ingimage.com

Verlag / Editeur:
Presses Académiques Francophones
ist ein Imprint der / est une marque déposée de
OmniScriptum GmbH & Co. KG
Heinrich-Böcking-Str. 6-8, 66121 Saarbrücken, Deutschland / Allemagne
Email: info@presses-academiques.com

Herstellung: siehe letzte Seite /
Impression: voir la dernière page
ISBN: 978-3-8416-2801-5

Copyright / Droit d'auteur © 2013 OmniScriptum GmbH & Co. KG
Alle Rechte vorbehalten. / Tous droits réservés. Saarbrücken 2013

Table des matières

Introduction générale   5

1 Introduction à l'électrodynamique quantique en cavité   11
   1.1 Le champ électromagnétique libre 12
       1.1.1 Variables indépendantes en jauge de Coulomb 12
       1.1.2 Quantification canonique 13
       1.1.3 Le champ du vide 15
   1.2 Le régime de couplage fort 16
       1.2.1 Le champ électromagnétique en présence de sources . . . 16
       1.2.2 Hamiltonien standard en jauge de Coulomb 17
       1.2.3 Hamiltonien dipolaire électrique 18
       1.2.4 Cas d'un système à deux niveaux, modèle de Jaynes-Cummings 19
       1.2.5 Oscillations de Rabi du vide et dissipation 23
       1.2.6 Réalisations expérimentales 24
   1.3 Le régime de couplage ultrafort 27
       1.3.1 Effet des termes antirésonants 27
       1.3.2 Couplage collectif et état de l'art dans les semiconducteurs 29

2 Couplage ultrafort de la transition cyclotron aux modes optiques d'un résonateur, le cas des semiconducteurs   37
   2.1 Quantification de Landau d'un gaz d'électron bidimensionnel . . 38
       2.1.1 Le puits quantique GaAs 38
       2.1.2 Trajectoires classiques dans le plan 40
       2.1.3 Invariance de jauge 42
       2.1.4 Quantification canonique, niveaux de Landau 42
       2.1.5 Fonctions d'onde 46
   2.2 Couplage ultrafort à un résonateur optique 51

	2.2.1	Analogie avec les atomes de Rydberg	51
	2.2.2	Échelle du couplage dipolaire électrique	52
	2.2.3	Interactions résiduelles	54
	2.2.4	Résolution de la résonance cyclotron	59
	2.2.5	Le système physique	62
	2.2.6	La cavité planaire, excitations du champ libre	64
	2.2.7	Le gaz d'électrons en interaction, excitations électroniques	65
	2.2.8	Excitations lumière-matière	85

3 Couplage ultrafort de la transition cyclotron d'un gaz d'électrons 2D à un métamatériau térahertz — 95
   3.1 Système physique 96
      3.1.1 Les échantillons 96
      3.1.2 Le résonateur 96
   3.2 Résultats expérimentaux 99
   3.3 Modèle à deux modes indépendants 104

4 Le graphène en cavité : couplage ultrafort et transition de phase quantique — 109
   4.1 Électrons de Dirac dans le graphène 111
      4.1.1 Structure et propriétés électroniques 111
      4.1.2 Le modèle de liaisons-fortes 114
      4.1.3 Excitations de basse énergie 117
      4.1.4 Niveaux de Landau relativistes 119
   4.2 Le graphène en cavité, limite continue 120
      4.2.1 Échelle du couplage dipolaire électrique 122
      4.2.2 Interactions résiduelles 124
      4.2.3 Le modèle de la boîte optique 129
   4.3 Le couplage lumière-matière en jauge symétrique 140
      4.3.1 Position du problème 140
      4.3.2 Le réseau carré, fermions massifs 142
      4.3.3 Le réseau hexagonal, fermions de Dirac 144
      4.3.4 Limite continue pour les fermions massifs, le modèle de Hopfield 146
      4.3.5 Limite continue pour les fermions de Dirac, le modèle de Dicke généralisé. 149

Conclusion et perspectives   161

A Annexes   169
    A.1 Éléments de matrice des composantes de Fourier 169
    A.2 Structure de l'espace de Hilbert bosonique 171
    A.3 Théorème "no-go" pour l'électrodynamique quantique en cavité 173
    A.4 Magnéto-plasmons dans le graphène 176

Remerciements   181

Introduction générale

L'électrodynamique quantique en cavité est le domaine d'étude qui s'intéresse au couplage lumière-matière dans un régime où la nature quantique des excitations joue un rôle prépondérant[1]. Le système étudié est formé de deux sous-systèmes en interaction : le champ électromagnétique d'une part, un ensemble de particules chargées d'autre part. Il est intéressant de remarquer que cette interaction est en fait au coeur même de l'électrodynamique classique. Les équations de Maxwell nous disent en effet que les particules chargées constituent les sources du champ électromagnétique tandis que ce champ exerce lui même des forces sur les particules. On s'attend donc à ce que les états quantiques et les évolutions de ces deux sous-systèmes soit fondamentalement intriqués. Dans l'espace libre, on sait que les propriétés radiatives d'un atome sont déterminées par son couplage aux continuum de modes du champ électromagnétique du vide. On peut dire que cet atome est alors *habillé* par le nuage de photons virtuels qui l'entoure. Préparé dans un état excité, l'atome va retourner dans son état fondamental par émission spontanée et irréversible de photons quasi-résonants avec la transition correspondante, le couplage aux autres modes étant quant à lui responsable du "Lamb shift", déplacement des niveaux d'énergie de l'atome [1, 2]. Il s'agit du régime perturbatif (ou couplage faible) de l'électrodynamique quantique, essentiellement régie par la règle d'or de Fermi.

Dans les années 50, Purcell a montré que le taux d'émission spontanée pouvait être fortement influencé en modifiant les conditions aux limites du champ électromagnétique à l'aide de miroirs *ou cavité*[3]. Ces conditions aux limites modifient en effet l'amplitude des fluctuations du vide, dont les travaux précurseurs de Feynman ont permis de comprendre l'influence sur les propriétés radiatives des atomes[2]. L'idée fondatrice de l'électrodynamique quantique en cavité est alors de contrôler ces propriétés en modifiant l'amplitude des fluctuations du vide couplées aux excitations atomiques et en plaçant ces derniers à l'intérieur d'une cavité optique.

Au cours des dernières décennies, ces expériences ont progressivement évolué vers des couplages lumière-matière de plus en plus importants, tout en augmentant de façon spectaculaire le temps de stockage des photons à l'intérieur de la cavité [4-8]. Ceci a permis d'atteindre le régime de couplage fort où l'interaction lumière-matière donne naissance à un transfert d'énergie quasi-réversible entre atomes et photons, dominant complètement les processus dissipatifs incohérents [9-11]. Dans le langage de l'information quantique, les atomes et la cavité forment des *qubits* de grande durée de vie dont l'interaction mutuelle permet de contrôler efficacement le processus d'intrication, propriété fondamentale nécessaire à la réalisation de calculs quantiques. En outre, la force de ces expériences d'électrodynamique quantique en cavité réside dans la grande simplicité des systèmes étudiés, offrant non seulement la possibilité de tester directement les postulats de la mécanique quantique en laboratoire, mais aussi de les pousser dans leur retranchement en manipulant des superpositions d'états quantiques mésoscopiques contenant un grand nombre d'excitations [1, 12, 13]. Ces expériences fondamentales permettent d'explorer la frontière entre les mondes classique et quantique, dévoilant peu à peu les phénomènes de décohérence responsables du confinement des phénomènes quantiques à l'échelle microscopique dans la plupart des cas.

Une des questions qui vient naturellement à l'esprit peut être formulée de la façon suivante : tout d'abord, existe-t-il une limitation fondamentale à l'augmentation du couplage lumière-matière ? et ensuite, augmenter le couplage peut-il conduire à la découverte de nouveaux régimes de l'électrodynamique quantique ?

Si la première de ces questions reste toujours ouverte à l'heure actuelle, l'utilisation de systèmes de matière condensée dans ce type d'expérience à fourni une réponse positive à la deuxième. Dans ce cas, il apparait en effet des excitations collectives, cohérentes, impliquant un nombre macroscopique de porteurs de charge. Tout comme dans les systèmes atomiques possédant un spectre discret, ces excitations électron-trou peuvent naitre dans les solides lorsque les niveaux ou *bandes* d'énergie sont "gapées" les unes des autres. C'est par exemple le cas pour les excitations inter-bandes [14-16] et inter-sousbandes [17, 18] dans les semiconducteurs. Cette propriété permet en fait d'augmenter considérablement le couplage lumière-matière, jusqu'à atteindre un régime où fréquence de Rabi du vide, quantifiant l'intensité de l'interaction devient comparable à la fréquence de la transition électronique. Dans ce régime appelé *couplage ultrafort*, l'état fondamental du système présente des propriétés non-conventionnelles comme l'existence d'un nombre d'excitations photoniques et électroniques non-nul [17]. En modulant les paramètres du système de façon non-adiabatique, ces excitations peuvent alors être relâchées à l'extérieur, d'une manière analogue à ce qui a été prédit dans le cadre de l'effet Casimir dynamique[18–20]. En raison de leur caractère collectif, les excitations électroniques sont bien décrites par des modes *bosoniques* lorsque leur nombre reste suffisamment faible par rapport au nombre total d'états pouvant être impliqués dans la transition considérée. Le principe d'exclusion de Pauli est alors contourné, et l'on peut dire grossièrement que la fermionicité des excitations élémentaires est diluée par le nombre considérable d'états pouvant donner lieu à des transitions de même énergie.

Parmi les systèmes possédant des bandes d'énergie gapées les unes des autres et contenant de nombreux états à la même énergie, on peut naturellement citer l'exemple du *système à effet Hall quantique entier*. En effet, les niveaux de Landau hautement dégénérés et séparés par le gap cyclotron peuvent servir de support aux excitations collectives évoquées précédemment. Celles ci ayant été déjà largement explorées dans le contexte des interactions de Coulomb, on peut maintenant se demander si elles sont susceptibles de donner naissance à un couplage ultrafort avec les modes optiques de la cavité ? Dans le cadre d'un couplage de nature dipolaire électrique, on peut d'ailleurs renforcer cet argument en remarquant que le dipôle associé au mouvement relatif des électrons augmente lorsque l'on diminue l'intensité du champ magnétique. C'est donc aussi la possibilité de contrôler le gap cyclotron au moyen de ce champ magnétique qui nous incite à considérer la perspective d'un couplage ultrafort dans ce type de système. Peut-on s'attendre à un tel couplage dans le régime des hauts facteurs de remplissage ?

En outre, les méthodes non-perturbatives basées sur la *bosonisation* des champs de Fermi ont trouvé un écho particulier dans les systèmes à effet Hall quantique entier[21, 22]. Des travaux datant de la fin des années 90 ont en effet montré que l'on pouvait réduire le problème d'électrons bidimensionnels sous champ magnétique à $\mathcal{N}$ problèmes unidimensionnels chiraux [1], un pour chaque centre d'orbite, les transitions entre niveaux de Landau étant simplement caractérisés par la donnée d'un entier m [21]. De façon analogue au modèle de Tomonaga-Luttinger pour le problème unidimensionnel [23, 24], il

---

1. La chiralité se réfère ici au fait que la direction du mouvement des électrons est imposée par le champ magnétique.

est alors possible de donner une description des champs de fermions en terme de fonctions analytiques d'opérateurs bosoniques, permettant ainsi de calculer les différentes observables du système de façon *non-perturbative*[25]. On comprend maintenant que si l'interaction lumière-matière dans ce type de système est suffisamment forte, nous disposerons alors d'un arsenal de méthodes analytiques permettant non seulement une étude approfondie des propriétés optiques liées au couplage ultrafort, mais aussi de mettre en évidence comment la présence d'une cavité peut influencer les effets physiques inhérents aux systèmes à effet Hall Quantique. Plus de trente ans après la découverte des effets Hall quantique entier[26] et fractionnaire[27], ces systèmes continuent en effet de susciter l'engouement de la communauté tant au niveau expérimental que théorique, témoignant du fait que ces derniers n'ont certainement pas encore livré tous leurs secrets. En particulier, des progrès technologiques considérables permettent aujourd'hui d'obtenir des échantillons à très haute mobilité, ouvrant la voie à une meilleure résolution expérimentale, mais également à l'exploration d'autres phénomènes auparavant masqués par le désordre lié à la fabrication des hétérostructures semiconductrices.

Parmi les développements récents de la physique à deux dimensions, comment ne pas citer l'exemple du graphène et ses fameux fermions de Dirac... Dès les années 40, Wallace avait calculé la structure de bande du graphène et montré un comportement semi-métallique inhabituel dans ce type de matériau [28]. Il a cependant fallu attendre jusqu'en 2004 pour que Geim et Novoselov parviennent à isoler une couche monoatomique d'atomes de carbone et à la caractériser sans ambiguités [29]. À partir de là, un nombre impressionnant d'articles ont vu le jour [30], prédisant de nombreuses propriétés inhabituelles allant du paradoxe de Klein [31] jusqu'à l'effet Hall quantique relativiste [32, 33] en passant par le "Zitterbewegung" qui se manifeste lorsque l'on cherche à confiner les électrons de Dirac[34]. En outre, la possible existence de transitions de phases quantiques a récemment fait l'objet de plusieurs travaux théoriques. Dans une transition de phase quantique, les fluctuations quantiques entre en compétition avec l'ordre du système, et des symétries peuvent alors être spontanément brisées à température nulle [35]. En introduisant une distorsion du réseau selon un axe donné par l'une des liaisons covalentes, on peut par exemple caractériser une transition de phase topologique semi-métal/isolant de bande en variant le paramètre associé à cette distorsion. La symétrie électron-trou est brisée [2], les points de Dirac collapsent et un gap s'ouvre au niveau de Fermi

---

2. Dans ce cas, il ne s'agit pas d'une brisure spontanée de symétrie. La transition corres-

[36]. On peut également citer certaines prédictions concernant l'apparition de phases non-triviales provoquée par le désordre [30].

Le premier chapitre de ce manuscrit sera consacré à des rappels concernant l'électrodynamique quantique en cavité. Nous détaillerons les passages clés et tenterons de donner un aperçu de l'état de l'art dans ce domaine de recherche. En particulier, nous verrons comment distinguer précisément les différents régimes couplage, et comment ces derniers peuvent être mis en évidence expérimentalement.

Dans le deuxième chapitre, nous considérerons un gaz d'électrons bidimensionnel soumis à un champ magnétique perpendiculaire et placé à l'intérieur d'une cavité. Après avoir passé en revue les différents ordres de grandeur et interactions résiduelles, nous verrons que ce système peut atteindre un régime de couplage ultrafort inédit où l'intensité de l'interaction lumière-matière peut être contrôlée par le facteur de remplissage des niveaux de Landau. Nous dériverons microscopiquement l'expression du Hamiltonien du système en présence des interactions de Coulomb, pour ensuite le diagonaliser au moyen d'une transformation de Hopfield-Bogoliubov généralisée. Nous finirons ce chapitre en discutant les résultats obtenus et caractériserons les excitations (magnétopolaritons) du système.

Le chapitre 3 sera consacré à la mise en évidence expérimentale de nos prédictions théoriques qui a été effectuée à L'ETH de Zürich au cours de ma thèse. Nous présenterons les spectres d'absorption obtenus par spectroscopie de transmission térahertz, et détaillerons le modèle qui nous a servi à décrire ces données.

Dans le quatrième et dernier chapitre, nous montrerons que le couplage ultrafort peut également être atteint dans le graphène, mais que les propriétés inhabituelles des excitations de basse énergie donnent lieu à des prédictions physiques en cavité très différentes de celle obtenues pour les fermions massifs du semiconducteur. En particulier, nous verrons que le système peut subir une transition de phase quantique pilotée par le facteur de remplissage des niveaux, changeant les propriétés du vide quantique qui devient deux fois dégénéré au dessus du point critique.

---

pondante est du premier ordre.

Chapitre 1

Introduction à l'électrodynamique quantique en cavité

Dans ce premier chapitre, nous proposons une introduction générale aux concepts qui seront utilisés tout au long de ce manuscrit. Nous commencerons par des rappels concernant la description quantique du champ électromagnétique libre, qui nous permettront de donner un sens précis à ce que l'on appelle communément "le champ du vide". En considérant un ensemble de particules chargées placées à l'intérieur d'une cavité optique, nous verrons comment le champ du vide associé se couple à ces particules, et définirons le régime de couplage fort de l'électrodynamique quantique en cavité. Nous montrerons que ce régime est convenablement décrit par le Hamiltonien de Jaynes-Cummings [37] et donnerons quelques exemples de réalisations expérimentales, parmi lesquelles figurent les célèbres oscillations de Rabi du vide. Pour finir, nous introduirons le régime de couplage "ultrafort" atteint dans les semiconducteurs grâce au couplage collectif des dipôles, et dont découlent certaines propriétés inhabituelles de l'état fondamental du système couplé. Quelques unes des expériences pionnières ayant démontré l'existence de ce régime de couplage seront données à titre d'exemple.

Introduction à l'électrodynamique quantique en cavité

1.1 Le champ électromagnétique libre

Commençons par rappeler les principales propriétés du champ libre.

1.1.1 Variables indépendantes en jauge de Coulomb

Nous utiliserons dans ce manuscrit le système d'unités gaussiennes dans lequel on prend conventionnellement $4\pi\epsilon_0 \equiv 1$ de façon à ce que la charge électrique puisse être exprimée en fonction des unités fondamentales de longueur (cm), masse (g) et temps (s). Notons que dans ce système d'unités, les champs électrique et magnétique ont alors les mêmes dimensions physiques. En l'absence de sources, les champs électrique $\mathbf{E}(\mathbf{r},t)$ et magnétique $\mathbf{B}(\mathbf{r},t)$ obéissent aux équations de Maxwell

$$\boldsymbol{\nabla} \cdot \mathbf{E}(\mathbf{r},t) = 0 \tag{1.1}$$

$$\boldsymbol{\nabla} \cdot \mathbf{B}(\mathbf{r},t) = 0 \tag{1.2}$$

$$\boldsymbol{\nabla} \times \mathbf{E}(\mathbf{r},t) = -\frac{1}{c}\frac{\partial \mathbf{B}(\mathbf{r},t)}{\partial t} \tag{1.3}$$

$$\boldsymbol{\nabla} \times \mathbf{B}(\mathbf{r},t) = \frac{1}{c}\frac{\partial \mathbf{E}(\mathbf{r},t)}{\partial t}. \tag{1.4}$$

En réécrivant ces équations dans l'espace de Fourier engendré par les ondes planes $e^{i\mathbf{q}\cdot\mathbf{r}}$, on peut séparer les parties longitudinale (projection sur $\mathbf{q}/|\mathbf{q}|$) et transverse (perpendiculaire à $\mathbf{q}$) des champs. Les équations (1.1) et (1.2) impliquent alors que les champs électrique et magnétique sont *purement transverses*. En mécanique quantique, il est nécessaire de considérer les potentiels U et $\mathbf{A}$ reliés aux champs $\mathbf{E}$ et $\mathbf{B}$ par les équations

$$\mathbf{E}(\mathbf{r},t) = -\boldsymbol{\nabla} U(\mathbf{r},t) - \frac{1}{c}\frac{\partial \mathbf{A}(\mathbf{r},t)}{\partial t} \quad \text{et} \quad \mathbf{B}(\mathbf{r},t) = \boldsymbol{\nabla} \times \mathbf{A}(\mathbf{r},t). \tag{1.5}$$

Les champs sont alors invariants dans la transformation de jauge

$$\mathbf{A}'(\mathbf{r},t) = \mathbf{A}(\mathbf{r},t) + \boldsymbol{\nabla}\chi(\mathbf{r},t) \tag{1.6}$$

$$U'(\mathbf{r},t) = U(\mathbf{r},t) - \frac{1}{c}\frac{\partial \chi(\mathbf{r},t)}{\partial t} \tag{1.7}$$

associée à la fonction χ. Dans ce manuscrit, nous travaillerons en jauge de Coulomb ($\boldsymbol{\nabla} \cdot \mathbf{A}(\mathbf{r},t) = 0$) dans laquelle la partie longitudinale du potentiel

1.1. Le champ électromagnétique libre

vecteur s'annule. D'après (1.5), on voit que le potentiel U est constant en tout point de l'espace, i.e. $U(\mathbf{r}, t) = $ cste. Les variables indépendantes du champ en jauge de Coulomb correspondent donc avec les parties transverses du potentiel vecteur et du champ électrique, respectivement notées $\mathbf{A}(\mathbf{r}, t)$ et $\mathbf{E}(\mathbf{r}, t)$.

1.1.2 Quantification canonique

Considérons une boîte de volume $V = L_x L_y L_z$ où L_j désigne la longueur de la boîte dans la direction j ($j = x, y, z$). Nous rappelons ici la procédure de quantification du champ électromagnétique dans cette boîte. *Notons que dans ce manuscrit, le champ électromagnétique sera décrit comme un champ quantique possédant une dynamique propre et non comme un champ classique dont la dépendance temporelle est imposée de l'extérieur.* Supposons tout d'abord une décomposition modale de la forme

$$\mathbf{E}(\mathbf{r}, t) = \sum_{q,j} \widetilde{E}_{q,j}(t) u_{q,j}(\mathbf{r}) \mathbf{e}_j, \qquad \mathbf{B}(\mathbf{r}, t) = \sum_{q,j} \widetilde{B}_{q,j}(t) u_{q,j}(\mathbf{r}) \mathbf{e}_j, \qquad (1.8)$$

où l'indice q se réfère aux différents modes du champ. On doit alors déterminer les fonctions $u_{q,j}(\mathbf{r}) = \mathbf{u}_q(\mathbf{r}) \cdot \mathbf{e}_j$ formant une base complète et orthogonale,

$$\int d\mathbf{r}\, \mathbf{u}_q^*(\mathbf{r}) \cdot \mathbf{u}_{q'}(\mathbf{r}) = \delta_{q,q'}, \qquad \sum_q \mathbf{u}_q^*(\mathbf{r}) \cdot \mathbf{u}_q(\mathbf{r}') = \delta(\mathbf{r} - \mathbf{r}'). \qquad (1.9)$$

Il est clair que la forme de ces fonctions dépend des symétries du système. Dans l'espace libre (invariance par translation dans les trois directions de l'espace), la décomposition précédente n'est autre qu'une transformation de Fourier et l'indice modal q correspond au vecteur d'onde $\mathbf{q}$, i.e.

$$u_{q,j}(\mathbf{r}) \equiv u_{\mathbf{q}}(\mathbf{r}) = \frac{1}{\sqrt{V}} e^{i\mathbf{q} \cdot \mathbf{r}} \qquad j = x, y, z. \qquad (1.10)$$

Les conditions aux limites périodiques dans les trois directions de l'espace imposent la quantification du vecteur d'onde $\mathbf{q}$ selon

$$\mathbf{q} \equiv \left(\frac{2\pi n_x}{L_x}, \frac{2\pi n_y}{L_y}, \frac{2\pi n_z}{L_z} \right), \qquad (1.11)$$

avec $n_x, n_y, n_z \in \mathbb{Z}$. Les équations de Maxwell nous permettent alors de déterminer la dépendance temporelle des variables $\widetilde{E}_{\mathbf{q},j}(t) = \widetilde{E}_{\mathbf{q},j} e^{-i\omega_\mathbf{q} t}$ et

Introduction à l'électrodynamique quantique en cavité

$\widetilde{B}_{\mathbf{q},j}(t) = \widetilde{B}_{\mathbf{q},j}e^{-i\omega_q t}$. Notons que la fréquence $\omega_\mathbf{q}$ des modes vérifie la relation de dispersion $\omega_\mathbf{q} = c|\mathbf{q}|$ correspondante à la propagation du champ dans le vide. En combinant les variables $\widetilde{E}_{\mathbf{q},j}(t)$ et $\widetilde{B}_{\mathbf{q},j}(t)$, on peut introduire un nouveau jeu de variables *normales* que l'on remplace par des opérateurs $b_{\mathbf{q},j}(t)$ et $b^\dagger_{\mathbf{q},j}(t)$ suivant la même évolution temporelle. En représentation de Schrödinger, l'opérateur champ électrique admet finalement la représentation

$$\mathbf{E}(\mathbf{r}) = i \sum_{\mathbf{q},j} \mathcal{E}_{\omega_\mathbf{q}} \mathbf{e}_j \left[b_{\mathbf{q},j} u_\mathbf{q}(\mathbf{r}) - b^\dagger_{\mathbf{q},j} u^*_\mathbf{q}(\mathbf{r}) \right], \tag{1.12}$$

où la constante de normalisation $\mathcal{E}_{\omega_\mathbf{q}}$ sera déterminée à la fin de cette section. Ce champ étant transverse, il est commode de choisir un vecteur unitaire $\mathbf{e}_{\mathbf{q},3}$ dans la direction de propagation $\mathbf{q}$ et deux autres vecteurs unitaires $\mathbf{e}_{\mathbf{q},1}$ et $\mathbf{e}_{\mathbf{q},2}$ perpendiculaires entre eux et contenus dans le plan perpendiculaire à $\mathbf{e}_{\mathbf{q},3}$. Cette transformation n'est rien d'autre qu'un passage dans le système de coordonnées sphériques et se traduit par la relation $\mathbf{e}_{\mathbf{q},\eta} = \sum_j \mathcal{Q}_{\eta,j} \mathbf{e}_j$ ($\eta = 1,2,3$) avec

$$\mathcal{Q} = \begin{pmatrix} \cos\theta_\mathbf{q}\cos\phi_\mathbf{q} & \cos\theta_\mathbf{q}\sin\phi_\mathbf{q} & -\sin\theta_\mathbf{q} \\ -\sin\phi_\mathbf{q} & \cos\phi_\mathbf{q} & 0 \\ \sin\theta_\mathbf{q}\cos\phi_\mathbf{q} & \sin\theta_\mathbf{q}\sin\phi_\mathbf{q} & \cos\theta_\mathbf{q} \end{pmatrix}, \tag{1.13}$$

et $\mathbf{q} = |\mathbf{q}|(\sin\theta_\mathbf{q}\cos\phi_\mathbf{q}\mathbf{e}_x + \sin\theta_\mathbf{q}\sin\phi_\mathbf{q}\mathbf{e}_y + \cos\theta_\mathbf{q}\mathbf{e}_z)$. On peut alors introduire de nouveaux opérateurs bosoniques $a_{\mathbf{q},\eta} = \sum_j \mathcal{Q}_{\eta,j} b_{\mathbf{q},j}$ et $a^\dagger_{\mathbf{q},\eta} = \sum_j \mathcal{Q}_{\eta,j} b^\dagger_{\mathbf{q},j}$ tels que $[a_{\mathbf{q},\eta}, a^\dagger_{\mathbf{q}',\eta'}] = \delta_{\mathbf{q},\mathbf{q}'}\delta_{\eta,\eta'}$, qui nous permettent d'exprimer la partie transverse des champs comme

$$\mathbf{E}(\mathbf{r}) = i \sum_{\mathbf{q},\eta} \frac{\mathcal{E}_{\omega_\mathbf{q}}}{\sqrt{V}} \left[a_{\mathbf{q},\eta} e^{i\mathbf{q}\cdot\mathbf{r}} - a^\dagger_{\mathbf{q},\eta} e^{-i\mathbf{q}\cdot\mathbf{r}} \right] \mathbf{e}_{\mathbf{q},\eta} \tag{1.14}$$

$$\mathbf{A}(\mathbf{r}) = \sum_{\mathbf{q},\eta} \frac{\mathcal{A}_{\omega_\mathbf{q}}}{\sqrt{V}} \left[a_{\mathbf{q},\eta} e^{i\mathbf{q}\cdot\mathbf{r}} + a^\dagger_{\mathbf{q},\eta} e^{-i\mathbf{q}\cdot\mathbf{r}} \right] \mathbf{e}_{\mathbf{q},\eta} \tag{1.15}$$

$$\mathbf{B}(\mathbf{r}) = i \sum_{\mathbf{q},\eta} \frac{\mathcal{A}_{\omega_\mathbf{q}}}{\sqrt{V}} \left[a_{\mathbf{q},\eta} e^{i\mathbf{q}\cdot\mathbf{r}} - a^\dagger_{\mathbf{q},\eta} e^{-i\mathbf{q}\cdot\mathbf{r}} \right] \mathbf{q} \times \mathbf{e}_{\mathbf{q},\eta}, \tag{1.16}$$

avec $\mathcal{A}_{\omega_\mathbf{q}} = c\mathcal{E}_{\omega_\mathbf{q}}/\omega_\mathbf{q}$. La transversalité du champ électrique implique que $a_{\mathbf{q},3} = 0$. Par conséquent, l'indice η peut prendre deux valeurs correspondantes à *deux polarisations indépendantes* $\eta = 1, 2$. Un état quantique du champ libre est caractérisé par la donnée du couple $(\mathbf{q}, \eta)$.

1.1. Le champ électromagnétique libre

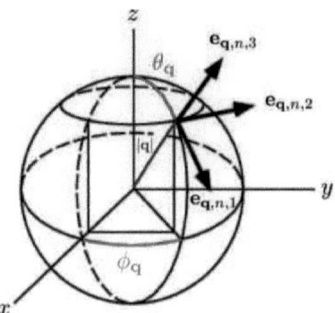

FIGURE 1.1.1 – *Schéma du trièdre* $(\mathbf{e}_{\mathbf{q},1}, \mathbf{e}_{\mathbf{q},2}, \mathbf{e}_{\mathbf{q},3})$ *servant de base à la représentation des états du champ électromagnétique quantique. Le vecteur d'onde* $\mathbf{q}$ *est dirigé selon* $\mathbf{e}_{\mathbf{q},3}$*, et les différents modes ont leur composantes dans le plan contenant les deux vecteurs* $\mathbf{e}_{\mathbf{q},1}$ *et* $\mathbf{e}_{\mathbf{q},2}$*.*

1.1.3 Le champ du vide

L'espace des états total du champ est le produit tensoriel des espaces des états associés à chaque mode $(\mathbf{q}, \eta)$, ces différents espaces étant quant à eux engendrés par les états de Fock $|n_{\mathbf{q},\eta}\rangle$ où $n_{\mathbf{q},\eta} \in \mathbb{N}$ désigne le nombre d'occupation du mode correspondant. L'opérateur $a_{\mathbf{q},\eta}$ ($a^\dagger_{\mathbf{q},\eta}$) détruit (crée) une excitation du champ dans le mode $(\mathbf{q}, \eta)$ et agit sur les états de Fock selon

$$a_{\mathbf{q},\eta} |n_{\mathbf{q},\eta}\rangle = \sqrt{n_{\mathbf{q},\eta}} |n_{\mathbf{q},\eta} - 1\rangle \qquad (1.17)$$

$$a^\dagger_{\mathbf{q},\eta} |n_{\mathbf{q},\eta}\rangle = \sqrt{n_{\mathbf{q},\eta} + 1} |n_{\mathbf{q},\eta} + 1\rangle. \qquad (1.18)$$

L'état fondamental du champ libre $|0\rangle = \bigotimes_{\mathbf{q},\eta} |0_{\mathbf{q},\eta}\rangle$ appelé *champ du vide* s'écrit donc comme le produit tensoriel des états $|0_{\mathbf{q},\eta}\rangle$ définis par la relation $a_{\mathbf{q},\eta} |0_{\mathbf{q},\eta}\rangle = 0$. A l'aide des équations (1.14) et (1.16), le Hamiltonien du champ libre peut être exprimé en fonction des opérateurs $a_{\mathbf{q},\eta}$ et $a^\dagger_{\mathbf{q},\eta}$ selon

$$H_{\text{ray}} = \frac{1}{8\pi} \int d\mathbf{r} \left[\mathbf{E}^2(\mathbf{r}) + \mathbf{B}^2(\mathbf{r})\right] = \sum_{\mathbf{q},\eta} \frac{\mathcal{E}^2_{\omega_{\mathbf{q}}}}{2\pi} \left(a^\dagger_{\mathbf{q},\eta} a_{\mathbf{q},\eta} + \frac{1}{2}\right). \qquad (1.19)$$

Introduction à l'électrodynamique quantique en cavité

En prenant $\mathcal{E}_{\omega_\mathbf{q}} = \sqrt{2\pi\hbar\omega_\mathbf{q}}$, ce hamiltonien s'identifie finalement à celui d'un ensemble d'oscillateurs harmoniques indépendants, les modes de vibration (ou excitations) associés étant appelés *photons* :

$$H_{\text{ray}} = \sum_{\mathbf{q},\eta} \hbar\omega_\mathbf{q} \left(a^\dagger_{\mathbf{q},\eta} a_{\mathbf{q},\eta} + \frac{1}{2} \right). \tag{1.20}$$

On peut notamment vérifier en utilisant la relation (1.14) que la valeur moyenne du champ électrique du vide est nulle en tout point de l'espace : $\langle 0|\mathbf{E}(\mathbf{r})|0\rangle = 0$. En revanche, on montre facilement que

$$\langle 0|\mathbf{E}^2(\mathbf{r})|0\rangle = \sum_{\mathbf{q},\eta} \frac{2\pi\hbar\omega_\mathbf{q}}{V}, \tag{1.21}$$

ce qui signifie que la variance du champ électrique du vide est *non-nulle*. L'état fondamental du champ électromagnétique possède donc une énergie de point zéro. En outre, on voit directement d'après (1.21) que l'on peut augmenter l'amplitude des fluctuations associées à chaque mode en diminuant le volume de confinement V du champ.

1.2 Le régime de couplage fort

Maintenant que nous avons à notre disposition une description quantique du champ électromagnétique du vide, nous allons nous intéresser au couplage entre ce champ et un ensemble de particules chargées.

1.2.1 Le champ électromagnétique en présence de sources

Considérons un système globalement neutre composé de particules non relativistes, sans spin, de masses effectives m^* et de charges q^*, localisées autour de l'origine dans une cavité de volume V. Le milieu effectif entourant les charges est supposé non magnétique et caractérisé par sa permittivité diélectrique relative ϵ. Dans ce cas, les équations de Maxwell (1.1) et (1.2) deviennent

$$\boldsymbol{\nabla} \cdot \mathbf{E}(\mathbf{r},t) = \frac{4\pi\rho(\mathbf{r},t)}{\epsilon} \tag{1.22}$$

$$\boldsymbol{\nabla} \times \mathbf{B}(\mathbf{r},t) = \frac{1}{c}\left[\frac{\partial \mathbf{E}(\mathbf{r},t)}{\partial t} + 4\pi\mathbf{j}(\mathbf{r},t)\right], \tag{1.23}$$

1.2. Le régime de couplage fort

où $\rho(\mathbf{r},t)$ et $\mathbf{j}(\mathbf{r},t)$ désignent respectivement les densités de charge et de courant associées aux particules. L'équation (1.22) implique que la partie longitudinale du champ $\mathbf{E}(\mathbf{r},t)$ prend la forme

$$-\frac{1}{\epsilon}\int d\mathbf{r}\,\rho(\mathbf{r}',t)\boldsymbol{\nabla}\frac{1}{|\mathbf{r}-\mathbf{r}'|}, \qquad (1.24)$$

et coïncide donc avec le champ de Coulomb associé à la distribution de charge $\rho(\mathbf{r},t)$ au même instant. En comparant alors les équations (1.5) et (1.24), on peut écrire le potentiel U sous la forme

$$U(\mathbf{r},t) = \frac{1}{\epsilon}\int d\mathbf{r}\,\frac{\rho(\mathbf{r}',t)}{|\mathbf{r}-\mathbf{r}'|}, \qquad (1.25)$$

et l'on constate qu'en présence de sources, les résultats de la section 1.1 restent valables à la différence près que le potentiel U n'est plus égal à zéro et s'identifie avec le potentiel Coulombien créé par la distribution de charge $\rho(\mathbf{r}',t)$. Pour cette raison, on appellera désormais $\mathcal{V}_C \equiv q^*U(\mathbf{r},t)$, l'énergie d'interaction Coulombienne entre les particules.

1.2.2 Hamiltonien standard en jauge de Coulomb

La dynamique du système particules+champ du vide peut être déduite du hamiltonien [38]

$$\mathcal{H} = \sum_i \frac{1}{2m^*}\left[\mathbf{p}_i - \frac{q^*}{c}\mathbf{A}(\mathbf{r}_i)\right]^2 + \mathcal{V}(\mathbf{r}_i) + \mathcal{V}_C + H_{\text{ray}} \qquad (1.26)$$

obtenu à partir du Lagrangien standard écrit en fonction des variables indépendantes du système total et des moments conjugués correspondants. $\mathbf{A}(\mathbf{r})$ représente le potentiel vecteur transverse du champ électromagnétique donné par l'équation (1.15) multipliée par le facteur $1/\sqrt{\epsilon}$. Ce hamiltonien fait également intervenir les opérateurs associés aux deux variables conjuguées des particules vérifiant les relations de commutation $[\mathbf{r},\mathbf{p}] = i\hbar$. Remarquons qu'en jauge de Coulomb, les opérateurs associés aux particules commutent avec ceux associés au champ de telle sorte que $[\mathbf{p},\mathbf{A}] = 0$. En développant le premier terme de (1.26), on peut alors séparer plusieurs contributions. La première, $\sum_i \frac{\mathbf{p}_i^2}{2m^*} + \mathcal{V}(\mathbf{r}_i) + \mathcal{V}_C$, correspond au hamiltonien décrivant la dynamique propre du système de particules composé de l'énergie cinétique, d'un potentiel

Introduction à l'électrodynamique quantique en cavité

$\mathcal{V}(\mathbf{r})$ quelconque dépendant du système considéré[1] ainsi que de l'interaction Coulombienne entre les particules.

Outre l'énergie H_{ray} du champ libre, le terme $\frac{q^*}{m^*c}\mathbf{p}\cdot\mathbf{A}(\mathbf{r})$ décrit le couplage entre les degrés de liberté du champ et ceux associés aux particules. Notons enfin que le terme $\frac{q^{*2}}{2m^*c^2}\mathbf{A}^2(\mathbf{r})$ ne dépend que des degrés de libertés du champ électromagnétique mais fait directement intervenir les paramètres m^* et q^* des particules. En considérant un seul mode du champ du vide de fréquence ω on peut alors remarquer que $\frac{q^{*2}}{2m^*c^2}\mathbf{A}^2(\mathbf{r}) \sim \frac{q^{*2}\mathcal{E}_\omega^2}{2m^*\epsilon\omega^2}$, et ce terme s'interprète finalement comme l'énergie cinétique d'une particule de charge q^* et de masse m^* vibrant dans le champ électrique du vide $\mathcal{E}_\omega$ de fréquence ω. Par analogie avec la théorie du diamagnétisme[2], ce terme est souvent appelé *terme diamagnétique* ou simplement terme $\mathbf{A}^2$. Si il est clair que l'on peut négliger ce terme par rapport au terme de couplage linéaire dans le cas où l'amplitude des fluctuations du vide est petite (lorsque le volume de la cavité est très grand devant les dimensions caractéristiques du système de particules), ce n'est en général pas le cas de l'électrodynamique quantique en cavité où l'on cherche justement à augmenter l'amplitude de ces fluctuations[3]. Nous verrons au chapitre 2 et 4 que ce terme joue en fait un rôle crucial en électrodynamique quantique en cavité.

1.2.3 Hamiltonien dipolaire électrique

On peut toutefois trouver une autre représentation un peu plus intuitive du hamiltonien (1.26). Supposons tout d'abord que les particules sont localisées autour de l'origine dans une région d'extension spatiale petite devant la distance caractéristique de variation des champs. Dans ce cas, on peut remplacer $\mathbf{A}(\mathbf{r})$ par $\mathbf{A}(0)$ dans le hamiltonien (1.26)[4] et restreindre la sommation sur les

---

1. $\mathcal{V}(\mathbf{r})$ peut par exemple décrire le potentiel crée par les noyaux atomiques si l'on considère un système constitué d'atomes ou encore le potentiel cristallin dans le cas d'un solide.

2. Dans le cas où l'on néglige les variations spatiales de $\mathbf{A}$ (voir section 1.2.3), ce terme peut être réécrit comme $\frac{q^{*2}}{8m^*c^2}(\mathbf{B}\times\mathbf{r})^2$, responsable de l'apparition d'un moment magnétique opposé au champ magnétique $\mathbf{B}$.

3. Le terme diamagnétique peut également dominer le terme de couplage dans le cadre d'un problème de diffusion (processus à deux photons ou plus). Ce terme apparait en effet dans les amplitudes de transition au premier ordre de la théorie des perturbations alors que le terme de couplage n'apparait lui qu'au deuxième ordre.

4. En développant les champs en puissance de $\mathbf{q}\cdot\mathbf{r}$, cette approximation consiste à ne retenir que les termes d'ordre le plus bas $\sim|\mathbf{r}|$ ce qui lui a donné le nom *d'approximation dipolaire*.

1.2. Le régime de couplage fort

modes $\mathbf{q}$ du champ aux seuls modes de grande longueur d'onde[5]. Effectuons maintenant une transformation unitaire dite de Göppert-Mayer [38] définie par l'opérateur de translation $T = e^{-\frac{i}{\hbar c}\mathbf{d}\cdot\mathbf{A}(0)}$ où $\mathbf{d} = \sum_i q^*\mathbf{r}_i$ désigne le moment dipolaire de la distribution de charges. Le hamiltonien dans le nouveau point de vue est alors donné par la relation $\mathcal{H}' = T\mathcal{H}T^\dagger$. En utilisant (1.15) et (1.14), on aboutit finalement à

$$\mathcal{H}' = \sum_i \frac{\mathbf{p}_i^2}{2m^*} + \mathcal{V}(\mathbf{r}_i) + \mathcal{V}_\mathrm{C} - \mathbf{d}\cdot\mathbf{E}(0) + H_\mathrm{ray} + H_\mathrm{dip}, \quad (1.27)$$

où $H_\mathrm{dip} = \sum_{\mathbf{q},\eta} \frac{2\pi}{\epsilon V}(\mathbf{d}\cdot\mathbf{e}_{\mathbf{q},\eta})^2$ représente un terme d'énergie propre dipolaire. Dans cette représentation, le couplage lumière-matière est donc décrit par le seul terme $-\mathbf{d}\cdot\mathbf{E}(0)$ qui s'interprète facilement. Comme en électrodynamique classique, ce dernier fait intervenir le moment dipolaire de la distribution de charges dans la direction du champ ainsi que le champ électrique pris au barycentre de la distribution. Cette transformation étant unitaire, elle ne change évidemment pas les prédictions physiques, et les spectres des deux hamiltoniens $\mathcal{H}$ et $\mathcal{H}'$ sont donc identiques. Notons que cet argument reste valable ordre par ordre dans le cadre de la théorie des perturbations mais ne fonctionne plus en général si l'on se restreint à décrire la dynamique du système dans des sous-espaces de l'espace de Hilbert total [38, 39]. On doit alors choisir de façon phénoménologique la représentation donnant les prévisions physiques les plus proches de la réalité.

1.2.4 Cas d'un système à deux niveaux, modèle de Jaynes-Cummings

Considérons maintenant un système simple constitué d'un atome globalement neutre et d'un mode du champ électromagnétique d'énergie $\hbar\omega$ (section 1.1.2). *Nous choisissons alors un mode quasi-résonant avec la transition entre l'état fondamental et le premier état excité de l'atome.* Dans ce cas, le couplage a essentiellement lieu entre le mode et les deux niveaux d'énergie considérés, si bien que l'on peut modéliser l'atome par un simple système à deux niveaux (ou qubit) $|g\rangle$ et $|e\rangle$ avec les énergies E_g et $E_e = E_g + \hbar\omega_0$. L'image physique est celle d'un électron de charge $q^* \equiv -e$ et de masse $m^* \equiv m_0$[6] pouvant transiter

---

5. Remarquons que cette restriction fournie un cutoff naturel nous permettant de soigner les divergences apparaissant dans l'expression de certaines observables.

6. m_0 désigne la masse d'un électron "nu".

entre ces deux états en interagissant avec les photons confinés au sein de la cavité.

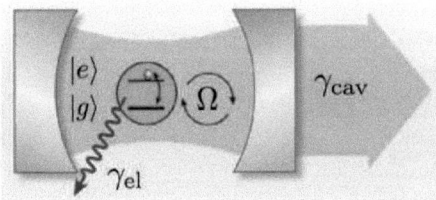

FIGURE 1.2.1 – *Illustration d'une expérience typique d'électrodynamique quantique en cavité. Un atome à deux niveaux $|g\rangle$ et $|e\rangle$ interagit avec les fluctuations du vide d'une cavité optique constituée de deux miroirs parallèles. L'interaction est quantifiée par la fréquence de Rabi du vide Ω. La cavité subit des pertes photoniques à un taux γ_{cav} tandis que les électrons de l'atome oscillants entre les états $|g\rangle$ et $|e\rangle$ perdent leur cohérence à un taux γ_{el}. La figure est adaptée de la référence [40].*

Pour simplifier la discussion, nous considérons que le mode du champ se propage dans la direction x ($\theta = 0$, $\phi = 0$) et qu'il est polarisé dans la direction $\eta = 1$. En posant $a_{q,1}^{(\dagger)} \equiv a^{(\dagger)}$ et en utilisant l'équation (1.14), le terme de couplage dipolaire $\mathbf{d} \cdot \mathbf{E}(0)$ prend la forme

$$-i\sqrt{\frac{2\pi\hbar\omega}{\epsilon V}}d_{eg}\left[|g\rangle\langle e| + |e\rangle\langle g|\right]\left[a - a^{\dagger}\right] \tag{1.28}$$

dans la base des états $|g\rangle$ et $|e\rangle$. $d_{eg} = -\langle e| ex |g\rangle$ représente l'élément de matrice du dipôle[7]. En laissant de côté le terme Coulombien $\mathcal{V}_C$, la partie du hamiltonien contenant l'énergie cinétique et le potentiel $\mathcal{V}(\mathbf{r})$ se met simplement sous la forme $E_g |g\rangle\langle g| + E_e |e\rangle\langle e|$. En prenant comme zéro d'énergie E_g pour l'atome et l'énergie de point zéro $\hbar\omega/2$ pour le mode du champ, on peut alors réécrire le hamiltonien (1.27) comme

$$\mathcal{H}' = \hbar\omega_0 |e\rangle\langle e| + \hbar\omega a^{\dagger}a + i\hbar\Omega\left[|g\rangle\langle e| + |e\rangle\langle g|\right]\left[a^{\dagger} - a\right], \tag{1.29}$$

---

7. En supposant que les états $|g\rangle$ et $|e\rangle$ ont une symétrie sphérique, les éléments de matrice diagonaux $\langle g| d |g\rangle$ et $\langle e| d |e\rangle$ sont nuls.

1.2. Le régime de couplage fort

où la constante de couplage $\Omega = \sqrt{\frac{2\pi\omega}{\hbar\epsilon V}}d_{eg}$ est appelée *fréquence de Rabi du vide*. Dans cette base, le couplage lumière-matière fait apparaître deux types de termes. Les termes $|g\rangle\langle e| a^\dagger$ et $|e\rangle\langle g| a$ décrivent des processus où l'atome, initialement dans son état fondamental, peut absorber un photon à l'énergie $\hbar\omega_0$ et ainsi passer dans son état excité. Il peut ensuite se désexciter en émettant un photon à la même énergie et retourner dans son état fondamental. Classiquement, les photons confinés entre les parois de la cavité effectuent des allers et retours donnant lieu à ces processus lors de chaque passage. Les deux autres termes $|g\rangle\langle e| a$ et $|e\rangle\langle g| a^\dagger$ sont appelés termes *antirésonants* et décrivent des processus où l'atome transite de $|g\rangle$ ($|e\rangle$) à $|e\rangle$ ($|g\rangle$) en émettant (absorbant) un photon d'énergie $\hbar\omega$. En utilisant la représentation de Heisenberg, on peut voir que ces termes oscillent à la fréquence $\omega_0 + \omega$ et sont donc fortement non-résonants. En les négligeant, on tombe sur le hamiltonien de Jaynes-Cummings [37]

$$H_{\text{JC}} = \hbar\omega_0 |e\rangle\langle e| + \hbar\omega a^\dagger a + i\hbar\Omega\left[|g\rangle\langle e| a^\dagger - |e\rangle\langle g| a\right]. \quad (1.30)$$

Lorsque le couplage est nul ($\Omega = 0$), les états propres du système sont les états produits tensoriels $|g, n_{\text{cav}}\rangle$ et $|e, n_{\text{cav}}\rangle$ qui représentent respectivement le système à deux niveaux dans l'état fondamental et dans l'état excité, avec n_{cav} photons peuplant le mode du champ. Il est clair que ce hamiltonien conserve le nombre total d'excitations $N_{\text{exc}} = a^\dagger a + |e\rangle\langle e|$. Par conséquent, on peut le diagonaliser dans chaque sous-espace caractérisé par un nombre d'excitation donné, ces derniers étant engendrés par les deux vecteurs $|g, n_{\text{cav}}\rangle$ et $|e, n_{\text{cav}} - 1\rangle$. Dans le sous-espace caractérisé par un nombre de photons n_{cav}, on trouve les vecteurs propres

$$|+, n_{\text{cav}}\rangle = \cos(\theta_{n_{\text{cav}}})|g, n_{\text{cav}}\rangle + i\sin(\theta_{n_{\text{cav}}})|e, n_{\text{cav}} - 1\rangle \quad (1.31)$$

$$|-, n_{\text{cav}}\rangle = i\sin(\theta_{n_{\text{cav}}})|g, n_{\text{cav}}\rangle + \cos(\theta_{n_{\text{cav}}})|e, n_{\text{cav}} - 1\rangle, \quad (1.32)$$

avec les énergies propres $E_{n_{\text{cav}},\pm} = \hbar\omega n_{\text{cav}} + \frac{\hbar\delta}{2} \pm \frac{\hbar}{2}\sqrt{4n_{\text{cav}}\Omega^2 + \delta^2}$, le désaccord $\delta = \omega_0 - \omega$ et $\tan(2\theta_{n_{\text{cav}}}) = 2\Omega\sqrt{n_{\text{cav}}}/\delta$. Soulignons que ces "états de Bell" ne sont en général pas factorisables. A résonance exacte ($\delta = 0$, $\theta_{n_{\text{cav}}} = \pi/4$), il y a intrication maximum entre le champ et l'atome :

$$|\pm, n_{\text{cav}}\rangle = \frac{1}{\sqrt{2}}\left[|g, n_{\text{cav}}\rangle \pm |e, n_{\text{cav}} - 1\rangle\right]. \quad (1.33)$$

Introduction à l'électrodynamique quantique en cavité

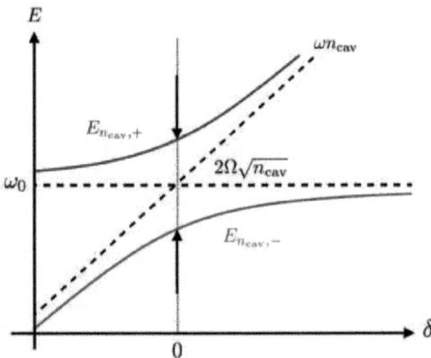

FIGURE 1.2.2 – *Niveaux d'énergie du hamiltonien de Jaynes-Cummings en fonction du désaccord δ. La forme hyperbolique des deux branches verte et bleue est appelée anticroisement de niveaux. Les lignes pointillées noires correspondent aux fréquences des excitations non couplées. À résonance exacte ($\delta = 0$), les deux branches sont séparées par le splitting $2\hbar\Omega\sqrt{n_{\mathrm{cav}}}$.*

1.2. Le régime de couplage fort

Les niveaux d'énergie pour une valeur de n_{cav} quelconque sont donnés sur la figure 1.2.2. Cette forme hyperbolique est appelée un *anticroisement* de niveaux. A résonance, ces deux branches sont séparées par l'écart énergétique (ou splitting) $2\hbar\Omega\sqrt{n_{\text{cav}}}$. Notons que dans ce cas, *le couplage lumière-matière ne modifie pas l'état fondamental* $|G\rangle = |g,0\rangle$ *du système total qui s'écrit comme le produit tensoriel du champ du vide et du système à deux niveaux dans l'état* $|g\rangle$.

1.2.5 Oscillations de Rabi du vide et dissipation

À ce stade, il est intéressant de regarder l'évolution des états propres dans le sous-espace à un photon ($n_{\text{cav}} = 1$), et calculer la probabilité de trouver l'atome dans l'état $|e\rangle$. Cette probabilité est donnée par la relation $P_e(t) = \cos^2(\Omega t/2)$, qui s'interprète en disant que l'atome effectue des cycles d'absorption et d'émission du photon à la fréquence de couplage, en transitant entre son état fondamental et son état excité. Ces cycles portent le nom *d'oscillations de Rabi du vide à un photon* (figure 1.2.4 b). Jusqu'ici, nous n'avons pas tenu compte des phénomènes dissipatifs qui pourraient affecter la mise en évidence expérimentale de ce phénomène. On voit qu'il apparaît en fait deux autres échelles d'énergie cruciales dans ce problème. La première est le taux de pertes de la cavité γ_{cav} qui correspond classiquement au nombre d'allers et retours que peut effectuer un photon avant d'être absorbé ou diffusé par l'environnement extérieur. On ne pourra donc observer les oscillations de Rabi du vide que si $\Omega > \gamma_{\text{cav}}$. En faisant intervenir le facteur de qualité Q du résonateur et en introduisant la fréquence de couplage adimensionnée Ω/ω, cette condition devient $\frac{\Omega Q}{\omega} \gg 1$. La deuxième échelle d'énergie est donnée par le taux de pertes atomique. Dans son état excité, l'atome peut en effet retourner dans son état fondamental via des processus autres que l'émission cohérente d'un photon à l'énergie $\hbar\omega_0$. D'autres états que $|e\rangle$ et $|g\rangle$ peuvent par exemple être impliqués dans des transitions à un ou plusieurs photons[8] de même que l'atome peut se désexciter en émettant des photons dans les autres modes du champ par émission spontanée. En désignant par γ_{el} le taux de pertes radiatives et non-radiatives, on peut alors ajouter la condition $\Omega > \gamma_{\text{el}}$. L'ensemble des deux conditions précédentes définit précisément *le régime de couplage fort* (figures 1.2.1 et 1.3.1). La fréquence de Rabi du vide doit être suffisamment grande

---

8. Dans le cas d'un solide, la diffusion inélastique sur les impuretés du réseau ou encore l'interaction avec les phonons constituent autant de sources de pertes durant les cycles d'oscillations de Rabi.

Introduction à l'électrodynamique quantique en cavité

et/ou les pertes suffisamment faibles pour pouvoir entrer dans ce régime de couplage et ainsi résoudre spectroscopiquement le splitting des niveaux d'énergie. Or, nous avons vu que la fréquence de Rabi est proportionnelle au moment dipolaire atomique et d'après l'équation (1.21), à la variance du champ électrique du vide. On comprend donc la nécessité d'utiliser à la fois un système électronique dont le moment dipolaire est le plus grand possible (large orbite de Bohr), mais également une cavité dont le volume suffisamment faible permet d'augmenter les fluctuations du vide.

1.2.6 Réalisations expérimentales

Il est possible d'observer les oscillations de Rabi du vide dans une expérience de spectroscopie optique où l'on s'intéresse au spectre de transmission de la cavité contenant les atomes. Le régime de couplage fort a ainsi été atteint pour la première fois en considérant des atomes de Césium traversant une cavité métallique de type Fabry-Perot de très petite taille ($V \sim 0.01\text{mm}^3$) et de grand facteur de qualité ($Q \sim 10^5$) [11] (figure 1.2.3). Dans cette expérience, la raie de résonance entre l'état fondamental et le premier état excité est située dans le proche infrarouge et vaut $\lambda_{\text{Ce}} = 0.8\mu\text{m}$. Malgré des temps de cohérence atomiques et photoniques relativement grands, le rayon typique de l'orbite de Bohr est de l'ordre de 0.1nm ce qui limite le couplage obtenu à $\frac{\Omega}{\omega} \sim 10^{-9}$ (le splitting reporté est de l'ordre de 3MHz)[11].

Sur la figure 1.2.4, nous avons représenté une autre expérience dans laquelle les auteurs utilisent un jet d'atomes de Rydberg interagissant un à un avec les photons d'une cavité supraconductrice de très grand facteur de qualité ($Q \sim 10^8$, ce qui correspond à un temps de stockage des photons de l'ordre de 1ms) [12]. On considère alors la transition micro-ondes entre deux états excités de grand nombre quantique principal ($N \sim 50$) correspondant à une fréquence de 50GHz. Dans cette expérience, les taux de perte sont donc extrêmement faibles (le temps de cohérence atomique peut lui aussi atteindre plusieurs dizaines de millisecondes) ce qui permet de réaliser des états intriqués à plusieurs qubits, ou encore des états quantiques mésoscopiques (contenant un grand nombre de photons), réalisation expérimentale du célèbre chat de Schrödinger [12]. Parallèlement, les grands rayons de Bohr (~ 250nm) mis en jeu dans cette expérience ont permis d'augmenter le couplage de deux ordres de grandeur ($\frac{\Omega}{\omega} \sim 10^{-7}$).

1.2. Le régime de couplage fort

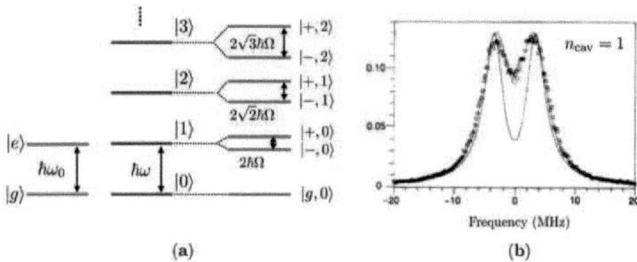

FIGURE 1.2.3 – (a) *Structure des états propres de l'hamiltonien de Jaynes-Cummings à résonance ($\omega = \omega_0$). Le splitting des niveaux correspondants au sous-espace n_{cav} est donné par $2\sqrt{n_{\text{cav}}}\Omega$.* (b) *Splitting des niveaux d'énergie observé par spectroscopie optique dans l'expérience [11]. L'écart entre les deux pics de résonance vaut 2Ω ($n_{\text{cav}} = 1$) et leur largeur est déterminée par les taux de perte atomique et photonique. La figure* (b) *est adaptée de la référence [11].*

On pourrait bien sur imaginer d'autres systèmes que des atomes pour faire ces expériences d'électrodynamique quantique en cavité [41–44]. Les boîtes quantiques semiconductrices constituent dès lors un exemple assez naturel du fait de la nature discrète de leur spectre. On les appelle d'ailleurs pour cette raison des atomes artificiels. Le régime de couplage fort a notamment été démontré en 2004 dans une cavité semiconductrice constituée de micropiliers comportant une couche mince de boîtes quantiques InGaAs. Pour une transition de longueur d'onde $\lambda = 0.9\mu$m, les auteurs ont observé un splitting de 33GHz ce qui correspond à $\frac{\Omega}{\omega} \sim 10^{-4}$ [43]. À la fin des années 80, l'avènement de l'électronique quantique a permis l'invention d'autres types d'atomes artificiels. L'utilisation de jonctions Josephson au sein d'un circuit électrique permet en effet de créer des systèmes mésoscopiques possédant un spectre discret, certains pouvant être décris par un système à deux niveaux. L'intégration de ces "circuits quantiques" au sein d'une ligne de transmission supraconductrice servant de résonateur peut alors permettre de réaliser le modèle de Jaynes-Cummings [40, 45, 46].

Introduction à l'électrodynamique quantique en cavité

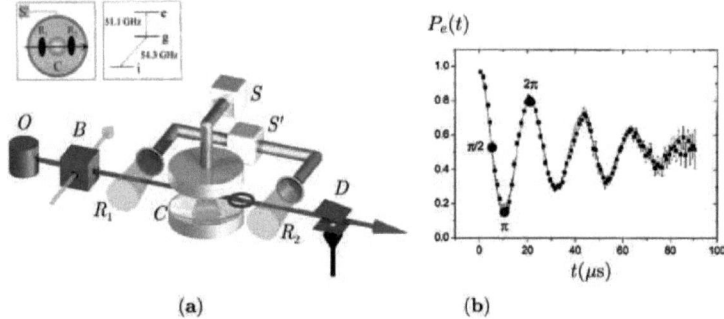

FIGURE 1.2.4 – (a) *Schéma du dispositif expérimental utilisé dans la référence [12]. Des atomes de Rydberg produits au point B traversent un à un une cavité supraconductrice C pour être finalement détectés au point D. L'image du haut représente la distribution du champ à l'intérieur de la cavité (à gauche), ainsi que les 3 niveaux d'énergie jouant un rôle important dans cette expérience (à droite). La transition résonante avec le champ est celle entre les états $|e\rangle$ et $|g\rangle$ de fréquence 51.1GHz. (b) Oscillations de Rabi du vide. L'atome dans l'état $|e\rangle$ entre dans la cavité où il interagit avec le mode considéré. P_e représente la probabilité de détecter l'atome dans l'état $|e\rangle$ en fonction du temps. Les figures sont extraites des références [12] et [13].*

1.3. Le régime de couplage ultrafort

Remarque

Jusqu'ici, nous n'avons pas considéré les degrés de liberté internes des particules. Il est toutefois possible de lever cette restriction en ajoutant aux observables $\mathbf{r}$ et $\mathbf{p}$ l'opérateur de spin $\mathbf{S}$. En raison du moment magnétique $\mathbf{M}_i = g_L \frac{q^*}{2m^*c} \mathbf{S}_i$ associé à ce spin (g_L est le facteur de Landé intrinsèque de la particule i), un nouveau terme doit être ajouté au hamiltonien (1.26) :

$$W_S = -\sum_i \mathbf{M}_i \cdot \mathbf{B}(\mathbf{r}_i). \tag{1.34}$$

Ce dernier prend donc en compte le couplage des moments magnétiques de spin des particules avec les fluctuations du champ magnétique du vide $\mathbf{B}$. Notons au passage que le régime de couplage fort entre un ensemble de spins et une ligne de transmission supraconductrice à notamment été réalisé dans deux expériences récentes en considérant des impuretés magnétiques [47] ou encore des paires azote-lacune [48] dans le diamant. Nous reviendrons au chapitre 2 sur l'ordre de grandeur de ce couplage magnétique dans le système qui nous intéresse.

1.3 Le régime de couplage ultrafort

Nous avons vu que le couplage fort de l'électrodynamique quantique en cavité est caractérisé lorsque la fréquence de Rabi du vide est supérieure aux pertes du système. Dans cette section, nous allons voir que l'on peut à nouveau distinguer deux régimes qualitativement différents en comparant la fréquence de Rabi du vide à la fréquence de la transition.

1.3.1 Effet des termes antirésonants

Revenons au hamiltonien (1.29) en considérant les termes antirésonants négligés dans la section précédente. On peut alors remarquer que ces derniers sont responsables d'un couplage entre les différents sous-espaces correspondant à un nombre d'excitations total donné[9]. Le fait de les négliger correspond à l'approximation de l'onde tournante (RWA) valable lorsque $\Omega/\omega_0 \ll 1$, ce qui est le cas dans les expériences de la section précédente. À résonance ($\omega = \omega_0$) et en considérant ces termes comme une perturbation $W = i\hbar\Omega(|e\rangle\langle g| a^\dagger - |g\rangle\langle e| a)$, on peut en effet remarquer que le nouvel état fondamental

---

[9]. Remarquons toutefois que *la parité* de ce nombre d'excitations reste conservée.

Introduction à l'électrodynamique quantique en cavité

$$|G\rangle = |g, 0\rangle - i\frac{\Omega}{2\omega_0}|e, 1\rangle + \mathcal{O}(\frac{\Omega^2}{\omega_0^2}), \tag{1.35}$$

devient significativement différent de $|g, 0\rangle$ lorsque $\frac{\Omega}{\omega_0} \sim 1$. D'un point de vue énergétique, la prise en compte des termes antirésonants conduit à un déplacement de la résonance $\propto \frac{\Omega^2}{\omega_0}$ appelé déplacement de Bloch-Siegert [49]. D'après (1.35), il est clair que le nouvel état fondamental $|G\rangle$ est très différent de $|g, 0\rangle$ au sens où il contient *un nombre d'excitations photoniques et électroniques non-nul*. Sous l'effet du couplage entre les différents sous-espaces nombre, des excitations apparaissent spontanément dans la cavité. Il convient cependant de remarquer que ces photons du vide sont virtuels et ne peuvent être observées qu'en modulant le couplage lumière-matière de façon non-adiabatique [17–19, 50]. *L'ensemble de ces propriétés correspond au régime de couplage ultrafort défini lorsque la fréquence de Rabi du vide devient comparable à la fréquence de transition* [17, 51]. Au regard des ordres de grandeur donnés dans la section précédente, il est naturel de se demander si cette situation peut vraiment être réalisée en laboratoire. Avant de donner quelques exemples pratiques dans les semiconducteurs, mentionnons que l'électrodynamique quantique des circuits supraconducteurs nous fournit une première réponse positive à cette question [52]. Le couplage ultrafort a en effet été observé dans deux expériences récentes utilisant un qubit de flux couplé inductivement à un résonateur [53, 54]. Selon la géométrie de ce résonateur, la fréquence de Rabi du vide peut alors varier entre 5% et 12% de la fréquence de transition. L'observation de ces valeurs considérables est en fait dû à plusieurs raisons. La première tient au fait que le couplage dépend directement du rapport entre la taille du dipôle atomique et la longueur typique du résonateur. Or, dans les expériences d'électrodynamique quantique en cavité, ce rapport est naturellement très faible (borné par la constante de structure fine) ce qui limite fortement la valeur de $\frac{\Omega}{\omega_0}$. En revanche, la marge de manoeuvre sur l'ajustement de ces deux paramètres en électrodynamique quantique des circuits est plus importante. La deuxième raison tient au fait que le calcul de cette constante de couplage fait naturellement apparaître le rapport entre l'énergie de charge et l'énergie Josephson [55]. En fonction du dispositif utilisé, ce rapport peut alors devenir important ce qui augmente la valeur du couplage.

1.3. Le régime de couplage ultrafort

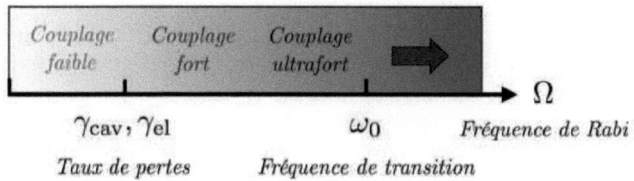

FIGURE 1.3.1 – *On peut distinguer les différents régimes de couplage en fonction de la valeur relative de la fréquence de Rabi du vide Ω. Lorsque $\Omega < \gamma_{\text{cav}}, \gamma_{\text{el}}$, la dynamique de population des niveaux d'énergie atomiques est irréversible, il s'agit du couplage faible. Lorsque $\Omega > \gamma_{\text{cav}}, \gamma_{\text{el}}$, on a un échange quasi-réversible d'énergie entre l'atome et les photons de cavité correspondant au régime de couplage fort. Si la fréquence de Rabi du vide devient comparable à la fréquence de la transition elle-même, on passe alors en régime de couplage ultrafort où les termes antirésonants ne peuvent plus être négligés et conduisent à la présence de photons virtuels dans l'état fondamental du système total.*

1.3.2 Couplage collectif et état de l'art dans les semiconducteurs

D'une façon générale, il existe un effet collectif permettant d'augmenter la fréquence de Rabi du vide de façon très importante. Si l'on considère un nombre $\mathcal{N}$ d'atomes couplés au même mode de cavité, la constante de couplage (tout comme le splitting des niveaux d'énergie) est multipliée par un facteur $\sqrt{\mathcal{N}}$. On peut alors décrire le système comme *un spin fictif collectif* couplé à un oscillateur harmonique [10]. Dans le cas où $\mathcal{N}$ est suffisamment grand, les excitations électroniques sont d'une nature très différentes de celle du modèle de Jaynes-Cummings. Il est clair que pour un seul système à deux niveaux, le principe de Pauli assure le caractère fermionique des excitations. En revanche, les excitations du système composé de $\mathcal{N}$ qubits sont *collectives* et créées par des superpositions du type $\sum_{i=1}^{\mathcal{N}} \frac{1}{\sqrt{\mathcal{N}}} |e\rangle_i \langle g|_i$ (voir annexe A.3). Si l'on considère un état contenant un nombre n_{el} d'excitations de ce type, on s'attend à ce que les effets dus au principe de Pauli soient d'ordre $n_{\text{el}}/\mathcal{N}$, et donc négligeables dans la limite thermodynamique. Par conséquent, ces modes

---
[10]. la généralisation du modèle de Jaynes-Cummings au cas de $\mathcal{N}$ systèmes à deux niveaux s'appelle le modèle de Tavis-Cummings [56].

Introduction à l'électrodynamique quantique en cavité

correspondent à des excitations *bosoniques* dans la limite diluée $n_{el} \ll \mathcal{N}$ (où de façon équivalente $\mathcal{N} \to \infty$). Tout comme en matière condensée où ce sont ces excitations cohérentes qui minimisent l'énergie d'interaction Coulombienne à longue portée (voir section 2.2.3), ces mêmes modes minimisent l'énergie de couplage au champ de cavité et émergent ainsi du continuum des excitations incohérentes (appelées modes noirs en optique quantique).

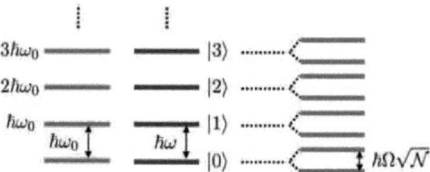

FIGURE 1.3.2 – *Représentation des niveaux d'énergie des excitations "nues" dans un modèle de Jaynes-Cummings collectif (modèle de Tavis-Cummings) : $\mathcal{N}$ systèmes à deux niveaux sont couplés au même mode bosonique. Les excitations électroniques consistent en des superpositions cohérentes d'excitations individuelles, bosoniques dans la limite thermodynamique $\mathcal{N} \gg 1$. Si l'on suppose que le mode de cavité est homogène spatialement, seule la superposition symétrique (facteur de phase 1 $\forall i \in [1, \mathcal{N}]$) appelée mode "brillant" est couplée au champ électromagnétique. Lorsque l'on branche l'interaction lumière-matière, les énergies de ces deux modes sont déplacées d'une quantité proportionnelle à $\hbar \Omega \sqrt{\mathcal{N}}$.*

Remarquons que le couplage entre chacun des $\mathcal{N}$ atomes et le champ n'est jamais parfaitement cohérent. Outre les processus évoqués dans la section 1.2.5, les mouvements relatifs de ces atomes ainsi que les inhomogénéités du champ électromagnétique sont autant de processus qui vont affecter les phases relatives des dipôles et détruire les phénomènes que nous venons d'esquisser. Si à cause de ces perturbations, la décohérence entre atomes est totale, les interférences vont se brouiller et les grandeurs énergétiques seront simplement égales à $\mathcal{N}$ fois celles du modèle de Jaynes-Cummings.

On comprend dès lors l'intérêt d'utiliser un système contenant un nombre macroscopique de porteurs de charges, ce qui permet d'augmenter la fréquence de Rabi du vide tout en ayant une longueur de cohérence suffisamment im-

1.3. Le régime de couplage ultrafort   31

portante. L'exemple le plus naturel est alors le solide cristallin dans lequel la longueur de cohérence (essentiellement limitée par la diffusion avec les phonons du réseau) peut dans certains cas devenir de l'ordre de la taille de l'échantillon ($\sim$ mm). Dans ce cas, on s'attend à ce que la fréquence de Rabi soit proportionnelle à la racine carrée de la densité électronique. Lorsque les bandes d'énergie sont gapées, c'est à dire si les électrons peuvent transiter d'une bande à l'autre avec une fréquence finie, on est alors en mesure d'augmenter le couplage lumière-matière de façon importante en jouant sur le dopage de la structure.

Cette idée à notamment été appliquée au cas des semiconducteurs, en considérant la transition entre les deux premières sous-bandes de la bande de conduction couplée à un mode de cavité [57–59]. Dans ce type de systèmes, la fréquence de transition est située dans l'infrarouge et les temps de cohérence sont typiquement très faibles (les facteurs de qualité sont de l'ordre de $10 - 1000$ pour des temps d'amortissement électroniques $\sim 10 - 100$ps). En revanche, $\mathcal{N}$ est un nombre macroscopique ce qui permet d'obtenir des dipôles collectifs très grands.

On peut notamment citer l'exemple de la référence [57] où les auteurs utilisent une région active constituée de 70 puits quantiques GaAs dopés d'une largeur de 6.5nm, séparés par des barrières AlGaAs de 8nm. Le dopage est choisi de telle sorte que seule la première sous-bande est remplie, la deuxième demeurant complètement vide. La transition "intersousbande" correspondante a une fréquence ~ 30THz et la constante de couplage mesurée est de l'ordre de 10% de cette fréquence de transition. Cette expérience a permis de mettre clairement en évidence les contributions dues à la présence des termes antirésonants et du terme diamagnétique, et constitue ainsi la première démonstration expérimentale du régime de couplage ultrafort de l'électrodynamique quantique en cavité (figure 1.3.4).

La plus grande valeur de couplage obtenue dans ce type de système est donnée dans l'article [59]. Le système est alors constitué d'une structure contenant 25 puits quantiques GaAs/AlGaAs dopés et couplés à un mode d'une boîte optique (le confinement du champ a lieu dans les trois directions) de très petite taille (figure 1.3.5). Dans cette expérience, la transition intersousbande a une énergie de 3THz pour un splitting reporté valant 48% de cette fréquence de transition ($\frac{\Omega}{\omega} \sim 0.24$). Dans le chapitre 3, nous verrons qu'il est possible de dépasser cette valeur en considérant la transition cyclotron entre deux niveaux de Landau consécutifs couplée à un résonateur opérant également dans le térahertz.

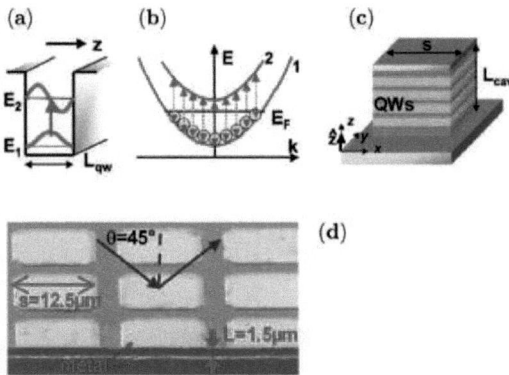

FIGURE 1.3.3 – (a) *Puits quantique semiconducteur avec deux sous-bandes d'énergie E_1 et E_2. (b) Dispersion parabolique des deux sous-bandes en fonction du vecteur d'onde dans le plan (mouvement libre). Les flèches schématisent la polarisation qui apparaît entre les deux sous-bandes lors de l'interaction avec les photons de cavité. (c) Structure à multi-puits quantiques utilisée dans l'expérience [59], placée entre deux miroirs métalliques (plaques jaunes) confinant le champ dans la direction z. Le confinement dans les deux autres directions est dû à la discontinuité d'impédance entre l'air et le GaAs. (d) Image du réseau de "patch cavities" métal-diélectrique-métal utilisé dans l'expérience [59] obtenue par microscopie électronique. Les quatre figures sont extraites de la référence [59].*

1.3. Le régime de couplage ultrafort 33

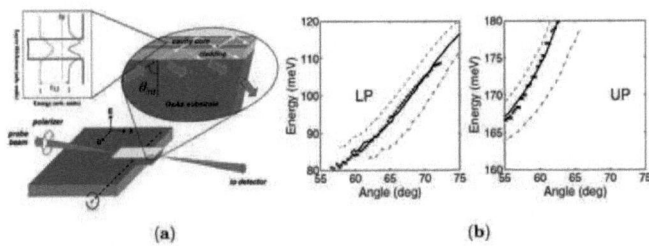

FIGURE 1.3.4 – (a) *Schéma du dispositif expérimental utilisé dans la référence [57]. En variant l'angle d'incidence de la sonde, on peut reconstruire la dispersion des excitations en fonction du vecteur d'onde des modes de cavité.* (b) *Dispersion des deux modes propres ("Lower Polariton" et "Upper Polariton"). La courbe rouge en pointillés correspond à l'énergie des excitations calculée en négligeant les termes antirésonants. La courbe en pointillés bleus représente quant à elle l'énergie des excitations en négligeant les termes antirésonants ainsi que le terme diamagnétique (voir section 1.2.2). Enfin, la courbe noire correspond au spectre du hamiltonien complet sur laquelle se superpose les points expérimentaux. Les figures sont extraites de la référence [57].*

Introduction à l'électrodynamique quantique en cavité

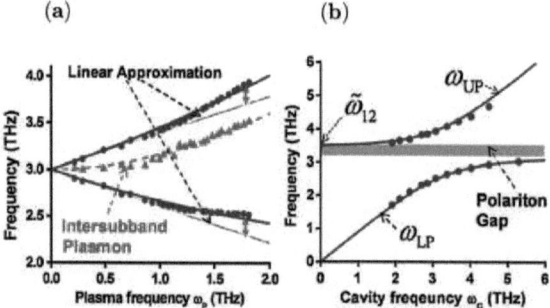

FIGURE 1.3.5 – (a) Splitting des niveaux d'énergie en fonction de la fréquence plasma (proportionnelle à la densité d'électrons dans la première sous-bande). Les triangles rouges représentent les points expérimentaux correspondants au mode collectifs induit par la partie longue portée des interactions de Coulomb (plasmon intersousbande). (b) Fréquences des deux modes propres ω_{UP} et ω_{LP} ("Upper Polariton" et "Lower Polaritons") en fonction de la fréquence de résonance de la cavité. Les points bleus correspondent aux points expérimentaux et les lignes bleues aux prédictions théoriques. L'existence de la bande interdite ("Polariton Gap") est due à la présence du terme diamagnétique (voir chapitres 2 et 3). Les deux figures sont extraites de la référence [59].

1.3. Le régime de couplage ultrafort

Une autre expérience récente a permise d'aller encore plus loin dans l'exploration du régime de couplage ultrafort [58]. Les auteurs ont ici considéré une région active constituée de 50 puits quantiques GaAs *non dopés* séparés par des barrières AlGaAs. Dans ce cas, seule la bande de valence est complètement remplie et l'idée consiste à utiliser une impulsion laser ultracourte ($\sim$ 12fs) résonante avec la transition entre le haut de la bande de valence et la première sous-bande de la bande de conduction. Ce processus permet ainsi de contrôler la population d'électrons de la première sous-bande, électrons qui vont ensuite effectuer des transitions entre les deux sous-bandes en interagissant avec les photons de cavité (la cavité est accordée pour que le mode du champ soit résonant avec la transition intersousbande considérée). Ce dispositif a non seulement permis de caractériser les excitations lumière-matière sur une large plage allant du couplage faible au couplage ultrafort, atteignant entre autre un rapport de couplage $\frac{\Omega}{\omega_0} \approx 0.1$, mais également de mettre en évidence le fait que les nouvelles excitations issues du couplage ultrafort apparaissent *instantanément* après que la pompe ait promu les électrons dans la première sous-bande. Plus précisément, ces excitations apparaissent après un temps plus court que la période d'oscillation du champ électrique associé aux photons de cavité ($\sim$ 37fs). Il est donc possible d'allumer ou d'éteindre l'interaction lumière-matière sur un temps de l'ordre de 10fs, ce qui pourrait permettre d'observer les photons du vide relâchés dès lors que le nouvel état fondamental $|G\rangle$ n'est plus état propre du système[11] (figure 1.3.6).

Maintenant que nous avons défini les concepts clés qui entrent en jeu en électrodynamique quantique en cavité et donné quelques exemples parmi les expériences pionnières de ce domaine, nous sommes désormais en mesure de passer à la description du premier système qui va nous intéresser dans ce manuscrit. Nous verrons alors que l'on peut prédire un couplage lumière-matière ultrafort dont découlent certaines des propriétés non-conventionnelles que nous avons évoquées au cours de ce chapitre.

---

[11]. Lorsque l'interaction est éteinte, l'état fondamental du système est donné par $|g, 0\rangle$ qui ne contient aucun photon.

Introduction à l'électrodynamique quantique en cavité

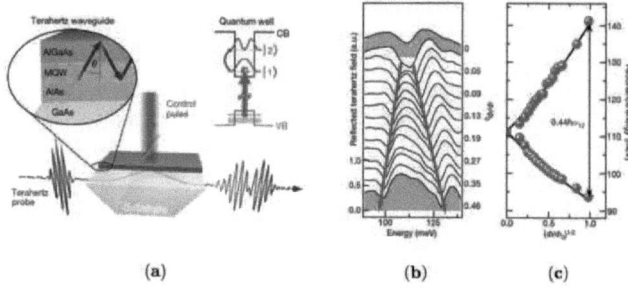

FIGURE 1.3.6 – (a) *Structure contenant 50 puits quantiques GaAs non-dopés séparés par des barrières AlGaAs, et placée à l'intérieur d'un guide d'onde planaire fonctionnant par réflexion totale interne aux interfaces. Le schéma de la structure de bande ("CB" pour la bande de conduction et "VB" pour la bande de valence) montre comment la transition électronique entre les deux premières sous-bandes* $|1\rangle$ *et* $|2\rangle$ *(de longueur d'onde* $\lambda_{12} = 11.3\mu m$*) est activée par une impulsion laser de* $\sim$ *12fs dans le proche infrarouge (*$\lambda = 0.8\mu m$*) (faisceau rouge), et dont le rôle est de peupler le niveau* $|1\rangle$*. La transition intersousbande est résonante avec le mode TM (moyen infrarouge) se propageant à un angle* $\theta = 65°$. (b) *Spectre de réflectivité mesuré à température ambiante en changeant le flux* ϕ *de l'impulsion de contrôle à travers l'échantillon. Les minima de réflectivité indiquent les excitations du système. Pour* $\phi = 0$*, seul le mode de photons "nus" est observé.* (c) *Splitting des excitations en fonction du flux* ϕ*. Les points expérimentaux sont dessinés en rouge tandis que la courbe noire désigne les simulations numériques incluant les termes antirésonants. Lorsque* $\phi = \phi_0$ *(densité maximum d'électrons peuplant la première sous-bande), le rapport de couplage correspond à* $\frac{\Omega}{\omega} \approx 0.1$*. Figures extraites de la référence* [58].

Chapitre 2

Couplage ultrafort de la transition cyclotron aux modes optiques d'un résonateur, le cas des semiconducteurs

Ce chapitre présente une dérivation microscopique du hamiltonien de couplage entre le gaz d'électrons bidimensionnel du puits quantique semiconducteur, et les modes optiques d'une cavité planaire. Dans la première section, nous commencerons par des rappels concernant le puits quantique GaAs/AlGaAs, ainsi que la quantification de Landau apparaissant dans le plan en présence d'un champ magnétique perpendiculaire. Nous introduirons ensuite les arguments physiques permettant de prévoir l'existence du couplage ultrafort dans ce système, dresserons un aperçu des autres échelles d'énergie et commenterons les effets d'élargissement de la résonance cyclotron induits par le désordre. Avec ces considérations qualitatives en tête, nous serons alors en mesure de nous consacrer à la dérivation proprement dite du hamiltonien de couplage lumière-matière en présence des interactions de Coulomb. Nous montrerons explicitement que ce système peut entrer en régime de couplage ultrafort avec les modes de la cavité, et diagonaliserons numériquement le hamiltonien total à l'aide d'une transformation de Hopfield-Bogoliubov généralisée. Nous commenterons pour finir les différents résultats obtenus, dont la plupart sont exposés dans l'article [60].

Chapitre 2. Couplage ultrafort de la transition cyclotron aux modes optiques d'un résonateur, le cas des semiconducteurs

2.1 Quantification de Landau d'un gaz d'électron bidimensionnel

Dans cette première section, nous rappelons les différents résultats relatifs aux propriétés du puits quantique semiconducteur, ainsi qu'à la quantification de Landau du gaz d'électron bidimensionnel en présence d'un champ magnétique perpendiculaire.

2.1.1 Le puits quantique GaAs

Le puits quantique GaAs/AlGaAs est un type particulier d'hétérostructure parmi les plus utilisés de nos jours [25]. Il est constitué d'une couche mince de GaAs de largeur l_{QW} possédant un faible gap de bande, pris entre deux couches de AlGaAs de gap plus grand. Dans une telle structure, les électrons sont *libres* de ce déplacer dans le plan (xOy) mais soumis à un potentiel $\mathcal{V}(z)$ qui les confine dans la direction de croissance z, au sein de la couche intermédiaire. Le modèle le plus simple consiste alors à choisir le potentiel de confinement comme :

$$\mathcal{V}(z) = \begin{cases} 0 & \text{pour} \quad -l_{\text{QW}}/2 < z < l_{\text{QW}}/2 \\ +\infty & \text{partout ailleurs} \end{cases}. \quad (2.1)$$

En raison de la présence du réseau cristallin sous-jacent et des interactions Coulombiennes, la masse des électrons dans une telle structure est renormalisée. Cette masse effective mesurée dans le GaAs vaut $m^* \approx 0.067 m_0$ où m_0 désigne la masse d'un électron nu. L'énergie d'un électron est donc quantifiée dans la direction z en différentes *sous-bandes* indexées par un entier positif j, et disperse de façon quadratique en fonction du vecteur d'onde $\mathbf{q}$ dans le plan :

$$E_{\mathbf{q},j} = \frac{j^2 \pi^2 \hbar^2}{2m^* l_{\text{QW}}^2} + \frac{\hbar^2 \mathbf{q}^2}{2m^*}. \quad (2.2)$$

Pour un échantillon de surface S, les fonctions d'onde associées sont données par $\psi_{\mathbf{q},j}(\mathbf{r}, z) = \frac{1}{\sqrt{S}} e^{i\mathbf{q}\cdot\mathbf{r}} \xi_j(z)$ avec

$$\xi_j(z) = \begin{cases} \sqrt{\frac{2}{l_{\text{QW}}}} \cos\left[\frac{j\pi z}{l_{\text{QW}}}\right] & j \text{ impair} \\ \sqrt{\frac{2}{l_{\text{QW}}}} \sin\left[\frac{j\pi z}{l_{\text{QW}}}\right] & j \text{ pair} \end{cases} \quad (2.3)$$

2.1. Quantification de Landau d'un gaz d'électron

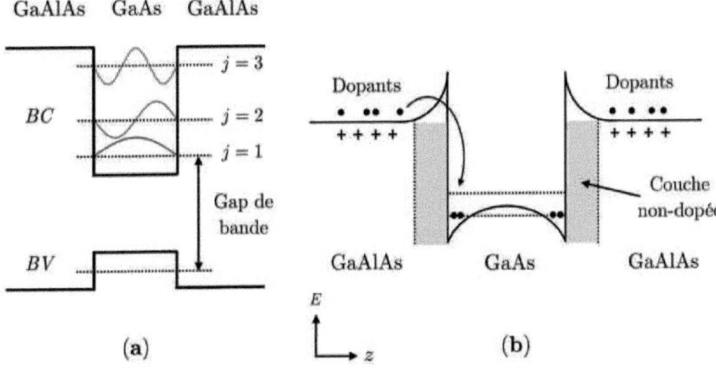

FIGURE 2.1.1 – (a) Représentation schématique d'un puits quantique GaAs/AlGaAs. Les acronymes "BV" et "BC" se réfèrent respectivement aux Bandes de Valence et de Conduction. Les fonctions d'onde des trois premiers niveaux d'énergie sont représentés dans la bande de conduction du GaAs. (b) Schéma des bandes d'énergie dans un puits quantique. Les deux semiconducteurs n'ont pas le même gap entre leur bandes de valence et de conduction. Le niveau de Fermi du GaAs est plus bas que celui de AlGaAs, situé au niveau des dopants récepteurs. Les électrons des sites récepteurs peuvent alors migrer dans la première sous-bande du GaAs en laissant des charges positives sur ces sites. La présence de ces charges a pour effet de courber la structure de bandes au voisinage des interfaces. Finalement, il se forme un gaz d'électrons bidimensionnel au niveau des interfaces. Notons que la courbure de bande peut être calculée de façon auto-consistante en résolvant l'équation de Schrödinger dans le cadre d'une approximation de champ moyen.

Chapitre 2. Couplage ultrafort de la transition cyclotron aux modes optiques d'un résonateur, le cas des semiconducteurs

et $\mathbf{r}$, le vecteur position dans le plan. Si la largeur l_{QW} du puits est suffisamment petite (typiquement de l'ordre de quelques dizaines de nanomètres), la différence d'énergie entre les deux premières sous-bandes peut devenir beaucoup plus grande que l'énergie de Fermi associée au mouvement dans le plan. Dans ce cas, les électrons provenant du dopage de la structure remplissent la première sous-bande tandis que toutes les autres restent vides [1]. Le gaz d'électron est alors *purement* bidimensionnel et l'énergie associée au mouvement selon z est une simple constante qui peut être négligée. Il s'agit précisément de la situation envisagée dans ce manuscrit. D'après la forme du potentiel (2.1), on voit clairement que la partie du hamiltonien décrivant le mouvement selon z commute avec celle décrivant le mouvement dans le plan. Nous traiterons donc ces deux parties indépendamment.

2.1.2 Trajectoires classiques dans le plan

Considérons un électron sans spin, de charge $-e$ et de masse m^* se déplaçant dans le plan en présence d'un champ magnétique statique $\mathbf{B}_0 = B\mathbf{e}_z$. On introduit le potentiel vecteur $\mathbf{A}_0$ définit par la relation $\mathbf{B}_0 = \nabla \times \mathbf{A}_0$. Le Lagrangien du système s'obtient par le couplage minimal [61]

$$\mathcal{L}(\mathbf{r}, \dot{\mathbf{r}}) = \frac{1}{2} m^* \dot{\mathbf{r}}^2 - \frac{e}{c} \mathbf{A}_0(\mathbf{r}) \cdot \dot{\mathbf{r}}, \qquad (2.4)$$

et satisfait aux équations d'Euler-Lagrange

$$\frac{d}{dt}\frac{\partial \mathcal{L}}{\partial \dot{x}} - \frac{\partial \mathcal{L}}{\partial x} = 0 \quad \text{et} \quad \frac{d}{dt}\frac{\partial \mathcal{L}}{\partial \dot{y}} - \frac{\partial \mathcal{L}}{\partial y} = 0. \qquad (2.5)$$

En introduisant la fréquence cyclotron $\omega_0 = \frac{eB}{m^*c}$ et avec la définition du potentiel vecteur, les équations du mouvement (2.5) s'intègrent selon :

$$\dot{x} = -\omega_0(y - Y), \qquad \dot{y} = \omega_0(x - X), \qquad (2.6)$$

où $\mathbf{R} = (X, Y)$ est une constante du mouvement. On peut maintenant effectuer le changement de variable $\boldsymbol{\eta} = \mathbf{r} - \mathbf{R}$ qui nous permet d'écrire les équations du mouvement pour la nouvelle variable, $\ddot{\eta}_x = -\omega_0^2 \eta_x$ et $\ddot{\eta}_y = -\omega_0^2 \eta_y$. Finalement, les coordonnées de la trajectoire classique sont donnés par

---

[1]. Il y a bien sur une condition analogue concernant les excitations thermiques.

2.1. Quantification de Landau d'un gaz d'électron

$$x(t) = X + r\cos(\omega_0 t + \phi) \quad \text{et} \quad y(t) = Y + r\sin(\omega_0 t + \phi), \tag{2.7}$$

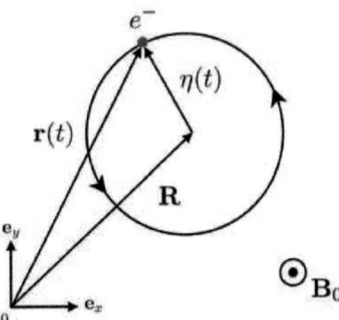

FIGURE 2.1.2 – *Trajectoire classique d'un électron dans un champ magnétique.* **R** *correspond aux coordonnées du centre de guidage et* **η** *à celles du mouvement relatif.*

et le mouvement de l'électron peut donc se décomposer en un mouvement circulaire de rayon $|\boldsymbol{\eta}|$ autour du centre de guidage **R** qui est une constante du mouvement. ϕ correspond à l'angle formé entre l'axe (Ox) et le vecteur $\mathbf{r}(t=0) - \mathbf{R}$. Les moments conjugués relatifs aux coordonnées x et y sont donnés par

$$p_x = \frac{\partial \mathcal{L}}{\partial \dot{x}} = m^* \dot{x} - \frac{e}{c} A_{0x} \quad \text{et} \quad p_y = \frac{\partial \mathcal{L}}{\partial \dot{y}} = m^* \dot{y} - \frac{e}{c} A_{0y}, \tag{2.8}$$

où les deux couples de variables conjuguées (x, p_x) et (y, p_y) vérifient les relations de commutation canoniques. A partir des vitesses données par l'équation (2.6), on peut introduire un jeu de moments invariants de jauge :

$$\Pi_x \equiv m^* \dot{x} = p_x + \frac{e}{c} A_{0x}, \qquad \Pi_y \equiv m^* \dot{y} = p_y + \frac{e}{c} A_{0y}. \tag{2.9}$$

En effectuant une transformation de Legendre sur le Lagrangien (2.4), on peut alors écrire le hamiltonien du système comme

$$\mathcal{H} = \dot{x}\frac{\partial \mathcal{L}}{\partial \dot{x}} + \dot{y}\frac{\partial \mathcal{L}}{\partial \dot{y}} - \mathcal{L} = \frac{1}{2m^*}\left(\Pi_x^2 + \Pi_y^2\right), \qquad (2.10)$$

qui d'après l'équation (2.6) ne dépend que des seules coordonnées relatives η_x et η_y. Comme attendu, ce hamiltonien peut être obtenu directement à partir du hamiltonien libre $\frac{\mathbf{p}^2}{2m^*}$ à $B=0$ en effectuant le couplage minimal standard $\mathbf{p} \to \mathbf{\Pi}$. Avant de passer au traitement quantique du problème, rappelons les différents choix de jauge possibles pour le potentiel vecteur $\mathbf{A}_0$.

2.1.3 Invariance de jauge

En examinant la définition du potentiel vecteur, on constate que ce dernier n'est défini qu'à une transformation de jauge près. En effet, la transformation

$$\mathbf{A}_0'(\mathbf{r}) \to \mathbf{A}_0(\mathbf{r}) + \nabla\chi(\mathbf{r}), \qquad (2.11)$$

où $\chi(\mathbf{r})$ est une fonction quelconque de $\mathbf{r}$ ne change pas le champ magnétique $\mathbf{B}_0$. Les deux jauges les plus fréquemment utilisées sont la jauge de Landau[2] $\mathbf{A}_0(\mathbf{r}) = Bx\mathbf{e}_y$ et la jauge symétrique $\mathbf{A}_0(\mathbf{r}) = \frac{1}{2}\mathbf{B}_0 \times \mathbf{r}$. Remarquons que la jauge est choisie uniquement pour des raisons de commodité de calcul. Par exemple, la jauge de Landau est invariante par translation dans la direction y et paraît donc appropriée pour étudier des systèmes possédant cette symétrie. Évidemment, les résultats physiques demeurent eux complètement indépendants de ce choix.

2.1.4 Quantification canonique, niveaux de Landau

Mouvement relatif

Le formalisme précédent nous permet d'introduire naturellement la quantification canonique en remplaçant les variables dynamiques du système par des opérateurs vérifiant les règles de commutation

$$[x, p_x] = [y, p_y] = i\hbar \quad \text{et} \quad [x, y] = [p_x, p_y] = [x, p_y] = [y, p_x] = 0. \qquad (2.12)$$

En introduisant la longueur cyclotron $l_0 = \sqrt{\frac{\hbar c}{eB}}$, on voit facilement que les moments conjugués (2.9) vérifient les relations de commutation invariantes de jauge

---

2. On peut tout aussi bien faire le choix $\mathbf{A}_0(\mathbf{r}) = -By\mathbf{e}_x$.

2.1. Quantification de Landau d'un gaz d'électron

$$[\Pi_x, \Pi_y] = -i\left(\frac{\hbar}{l_0}\right)^2 \quad \text{et} \quad [\Pi_x, \Pi_x] = [\Pi_y, \Pi_y] = 0. \quad (2.13)$$

Cette relation montre que les composantes de la vitesse ne commutent pas en présence d'un champ magnétique perpendiculaire. D'autre part, la forme du hamiltonien (2.10) nous incite à choisir les deux moments Π_x et Π_y comme première paire de variables conjuguées, et nous fait également remarquer qu'il s'agît d'un oscillateur harmonique à une dimension. On introduit donc un jeu d'opérateurs d'échelle associés à l'énergie :

$$d_{\rm r} = \frac{l_0}{\hbar\sqrt{2}}(\Pi_y + i\Pi_x) = \frac{1}{l_0\sqrt{2}}(\eta_x - i\eta_y)$$
$$d_{\rm r}^\dagger = \frac{l_0}{\hbar\sqrt{2}}(\Pi_y - i\Pi_x) = \frac{1}{l_0\sqrt{2}}(\eta_x + i\eta_y), \quad (2.14)$$

qui nous permettent de réécrire le hamiltonien (2.10) sous la forme bien connue :

$$\mathcal{H} = \hbar\omega_0\left(d_{\rm r}^\dagger d_{\rm r} + \frac{1}{2}\right). \quad (2.15)$$

Le spectre est donc constitué d'une infinité de niveaux régulièrement espacés dont l'énergie est quantifiée par un entier naturel N, valeur propre de l'opérateur nombre $d_{\rm r}^\dagger d_{\rm r}$, i.e.

$$E_N = \hbar\omega_0\left(N + \frac{1}{2}\right). \quad (2.16)$$

Ces niveaux d'énergie sont appelés *niveaux de Landau* et l'on désignera dans la suite par le terme *transition cyclotron*, la transition électronique entre deux niveaux de Landau consécutifs séparés par l'énergie $\hbar\omega_0$.

Mouvement du centre de guidage

Le problème considéré étant bidimensionnel, il nous manque donc une deuxième paire de variables conjuguées pour prendre en compte tous les degrés de liberté du système et ainsi déterminer son spectre complet. Dans la section (2.1.2), nous avons vu que les équations du mouvement font intervenir les constantes X et Y correspondant aux coordonnées du centre de guidage de

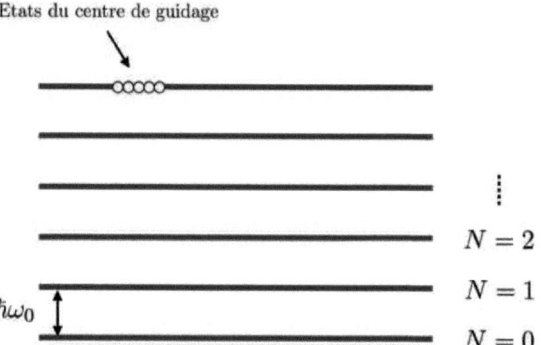

FIGURE 2.1.3 – *Niveaux de Landau d'un gaz d'électrons bidimensionnel en présence d'un champ magnétique perpendiculaire. Ces niveaux sont équidistants (séparés par l'énergie $\hbar\omega_0$) et macroscopiquement dégénérés en raison du mouvement associé aux centres de guidages.*

la trajectoire classique. On s'attend donc en mécanique quantique à ce que les opérateurs correspondants vérifient les relations de commutations $[X, \mathcal{H}] = 0$, $[Y, \mathcal{H}] = 0$, signifiants que les valeurs propres associées sont de bons nombres quantiques. Toutefois, l'existence du champ magnétique implique que ces deux variables ne commutent plus. En utilisant (2.9) et (2.6), les positions des centres de guidage s'expriment en effet comme

$$X = x - \frac{l_0^2}{\hbar}\Pi_y, \qquad Y = y + \frac{l_0^2}{\hbar}\Pi_x, \qquad (2.17)$$

et vérifient la relation de commutation également invariante de jauge

$$[X, Y] = il_0^2. \qquad (2.18)$$

Après s'être assuré des relations $[X, \Pi_j] = [Y, \Pi_j] = 0$ $(j = x, y)$, il parait désormais naturel de choisir les composantes X et Y associées à la position du centre de guidage comme deuxième paire de variable conjuguées, et de définir les opérateurs d'échelle correspondants

2.1. Quantification de Landau d'un gaz d'électron

$$d_c = -\frac{1}{l_0\sqrt{2}}(X+iY), \quad d_c^\dagger = -\frac{1}{l_0\sqrt{2}}(X-iY). \quad (2.19)$$

Physiquement, la non-commutativité de ces deux constantes du mouvement est liée au fait que l'invariance par translation est partiellement brisée [25]. Si les états propres de $\mathcal{H}$ ne sont plus invariants sous l'action du générateur des translations $T = (T_x \equiv p_x, T_y \equiv p_x)$, on peut néanmoins considérer le système comme invariant sous l'action du groupe des translations magnétiques généré par les opérateurs

$$T_x = \frac{\hbar}{l_0^2} Y \quad \text{et} \quad T_y = -\frac{\hbar}{l_0^2} X, \quad (2.20)$$

vérifiant les règles de commutations

$$[x, T_x] = [y, T_y] = i\hbar, \quad [y, T_x] = [x, T_y] = 0, \quad \text{et} \quad [T_x, T_y] = i\frac{\hbar^2}{l_0^2}. \quad (2.21)$$

La dernière relation de l'équation (2.21) implique que les deux composantes du générateur des translations magnétiques ne peuvent pas être simultanément spécifiées. En outre, la relation de commutation équivalente (2.18) implique que les deux composantes de la position du centre de guidage vérifient une relation d'incertitude de type Heisenberg $\Delta X \Delta Y \gtrsim l_0^2$ [61]. Considérons un échantillon macroscopique de surface $S = L_x L_y$, où L_x et L_y désignent respectivement les longueurs de cet échantillon dans les directions x et y. On voit donc que dans un niveau de Landau donné (pour un état de mouvement relatif donné), chaque état associé aux différents centres de guidage occupe une surface minimale. Les électrons étant des fermions obéissants au principe de Pauli, le nombre de ces états ou *la dégénérescence d'un niveau de Landau* $\mathcal{N}$ sera proportionnelle au rapport macroscopique S/l_0^2. En introduisant le quantum de flux $\phi_0 = hc/e$, ainsi que $\phi = BS$ le flux du champ magnétique à travers la surface S, on voit que $\mathcal{N} \propto \frac{\phi}{\phi_0}$ et la dégénérescence est donc donnée par le nombre de quanta de flux qui pénètrent dans l'échantillon pour un champ magnétique externe donné. Si l'on considère maintenant un nombre $N_{2DEG} = \rho_{2DEG} S$ d'électrons présents dans le système, ces derniers vont remplir successivement tous les états croissants en énergie jusqu'au niveau de Fermi. On peut alors définir *le facteur de remplissage* $\nu = \frac{N_{2DEG}}{\mathcal{N}}$ qui représente précisément le nombre de

Chapitre 2. Couplage ultrafort de la transition cyclotron aux modes optiques d'un résonateur, le cas des semiconducteurs

niveaux de Landau remplis. A densité fixée, lorsque l'on diminue la valeur du champ, la dégénérescence des niveaux de Landau ainsi que l'espacement $\hbar\omega_0$ entre ces niveaux diminuent également. Il en résulte que le facteur de remplissage augmente. Nous verrons dans la suite que ce paramètre joue un rôle prépondérant lorsque l'on s'intéresse au système composé d'un gaz d'électron bidimensionnel sous champ magnétique perpendiculaire couplé à un résonateur optique.

2.1.5 Fonctions d'onde

Rappelons ici l'expression des fonctions d'onde dans les deux jauges les plus fréquemment utilisées.

Jauge de Landau

En jauge de Landau, le potentiel vecteur ne possède qu'une composante que l'on choisit comme $\mathbf{A}_0(\mathbf{r}) = Bx\mathbf{e}_y$. L'équation de Schrödinger s'écrit donc

$$\left[-\frac{\hbar^2 \Delta}{2m^*} + \omega_0 x p_y + \frac{1}{2}m^*\omega_0^2 x^2\right]\psi(\mathbf{r}) = E\psi(\mathbf{r}). \tag{2.22}$$

Remarquons que le hamiltonien de l'équation précédente ne dépend pas de y et que seule l'impulsion p_y y apparaît. Cette propriété d'invariance par translation dans la direction y nous permet alors d'écrire les solutions de (2.22) sous la forme factorisée :

$$\psi_k(\mathbf{r}) = \frac{1}{\sqrt{L}}e^{-iky}\chi_k(x). \tag{2.23}$$

En injectant cette solution dans (2.22), nous obtenons l'équation suivante vérifiée par la fonction $\chi_k(x)$:

$$\left[\frac{p_x^2}{2m^*} + \frac{1}{2}m^*\omega_0^2\left(x - kl_0^2\right)^2\right].\chi_k(x) = E\chi_k(x). \tag{2.24}$$

Il s'agit bien là de l'équation d'un oscillateur harmonique à une dimension avec comme position d'équilibre la quantité kl_0^2. Cette équation admet les solutions :

$$\chi_{N,k}(x) = \frac{1}{\sqrt{2^N N! l_0 \sqrt{\pi}}} e^{-\frac{(x-kl_0^2)^2}{2l_0^2}} H_N\left(\frac{x - kl_0^2}{l_0}\right). \tag{2.25}$$

2.1. Quantification de Landau d'un gaz d'électron

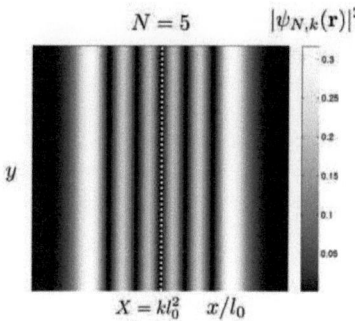

FIGURE 2.1.4 – *Module carré de la fonction d'onde $|\psi_{N,k}(\mathbf{r})|^2$ dans la jauge de Landau pour $N = 5$. Cette fonction est délocalisée dans la direction y mais exponentiellement localisée dans la direction x. Le trait blanc en pointillés correspond à la position d'équilibre $X = k l_0^2$.*

Le nombre quantique N se réfère toujours au niveaux de Landau et H_N désigne le polynôme d'Hermite d'ordre N. Ces fonctions sont donc délocalisées dans la direction y et exponentiellement localisées dans la direction x avec une extension spatiale de l'ordre de $l_0\sqrt{2N}$. L'indice k correspond lui aux valeurs propres de p_y qui coïncide dans cette jauge avec le générateur T_y des translations selon y. En appliquant des conditions aux limites périodiques dans cette direction, on trouve immédiatement que les valeurs de k sont quantifiées selon

$$k = \frac{2\pi p}{L_y} \quad \text{avec} \quad p \in \mathbb{Z}. \tag{2.26}$$

La dégénérescence d'un niveau de Landau est alors donnée par le domaine de variation de k. Pour déterminer ce domaine, remarquons tout d'abord que la relation (2.21) implique que T_x est un générateur des translations dans la direction x. En désignant par le ket $|N, k\rangle$ l'état admittant la représentation position (2.23), on constate que l'opérateur $Q_x = e^{-\frac{2i\pi l_0^2 T_x}{\hbar L_y}}$ qui translate[3] x de la quantité $\Delta_x = 2\pi l_0^2/L_y$ agissant sur $|N, k\rangle$ augmente[4] la valeur de k de $2\pi/L_y : Q_x |N, 2\pi p/L_y\rangle = |N, 2\pi(p+1)/L_y\rangle$. Une telle translation ne peut être

---
3. On utilise la relation $e^{-i\frac{\mathbf{p}\cdot\mathbf{u}}{\hbar}} f(\mathbf{r}) = f(\mathbf{r} - \mathbf{u})$.
4. Tout en conservant l'énergie.

répétée au maximum que $\mathcal{N} = \frac{L_x}{\Delta_x} = \frac{S}{2\pi l_0^2}$ fois, ce qui détermine précisément la dégénérescence $\mathcal{N}$ d'un niveau de Landau. Dans cette jauge, un électron se comporte finalement comme un oscillateur harmonique à une dimension dont la position d'équilibre correspond au centre de guidage $X = k l_0^2$ tel que $X \ket{N,k} = k l_0^2 \ket{N,k}$. Notons également que les opérateurs d'échelle d_c et $d_c^\dagger$ associés au centre de guidage n'ont pas ici d'interprétation physique simple. En revanche, on peut générer tous les états physiques (N,k) en jauge de Landau par application des opérateurs $d_r^\dagger$ et Q_x, i.e.

$$\ket{N,k} = \frac{(d_r^\dagger)^N}{\sqrt{N!}} (Q_x)^k \ket{0,0}, \qquad (2.27)$$

où $\ket{0,0}$ correspond à l'état fondamental de l'oscillateur harmonique avec la position d'équilibre $X = 0$.

Jauge symétrique

En jauge symétrique, le potentiel vecteur est donné par $\mathbf{A}_0(\mathbf{r}) = -\frac{By}{2}\mathbf{e}_x + \frac{Bx}{2}\mathbf{e}_y$, et l'équation de Schrödinger prend la forme

$$\left[-\frac{\hbar^2 \Delta}{2m^*} + \frac{\omega_0}{2} L_z + \frac{1}{8} m^* \omega_0^2 \left(x^2 + y^2 \right) \right] \psi(\mathbf{r}) = E \psi(\mathbf{r}). \qquad (2.28)$$

$L_z = x p_y - y p_x$ désigne la composante du moment cinétique selon l'axe (Oz). Le hamiltonien de l'équation précédente étant invariant par rotation autour de cette direction ($[\mathcal{H}, L_z] = 0$), on peut alors chercher les solutions de (2.28) comme fonctions propre de L_z, ce qui conduit à

$$\begin{aligned}\psi_{N,M}(\mathbf{r}) &= \frac{e^{-r^2/4l_0^2}}{\sqrt{2\pi l_0^2}} \{ \Theta(M) \sqrt{\frac{N-M!}{N!}} \left(\frac{z}{l_0 \sqrt{2}} \right)^M L_{N-M}^M \left(\frac{r^2}{2l_0^2} \right) & (2.29) \\ &+ \Theta(-M) \sqrt{\frac{N!}{N-M!}} \left(\frac{z^*}{l_0 \sqrt{2}} \right)^{-M} L_N^{-M} \left(\frac{r^2}{2l_0^2} \right) \}, & (2.30)\end{aligned}$$

avec $z = x + iy$, $r = |z|$, et où Θ désigne la fonction de Heaviside telle que $\Theta(M) = 1$ si $M \geq 0$ et $\Theta(M) = 0$ si $M < 0$. L'indice N se réfère toujours aux niveaux de Landau d'énergies $E_N = \hbar \omega_0 (N + 1/2)$, et l'indice M correspond aux valeurs propres de l'opérateur moment cinétique L_z avec la condition supplémentaire $-\infty < M \leq N$. En remarquant que L_z peut être exprimé comme

2.1. Quantification de Landau d'un gaz d'électron

$$L_z = xp_y - yp_x = \frac{l_0^2}{2\hbar}\left(\Pi_x^2 + \Pi_y^2\right) - \frac{\hbar}{2l_0^2}\left(X^2 + Y^2\right) = \hbar\left(d_r^\dagger d_r - d_c^\dagger d_c\right), \quad (2.31)$$

où l'on a utilisé les définitions (2.14) et (2.19), on voit que l'action de l'opérateur $d_c^\dagger$ (d_c) sur un état propre $|N,M\rangle$ donne un état auquel, M ayant diminué (augmenté) d'une unité, il faut attribuer un moment cinétique $-\hbar$ ($+\hbar$). On peut alors effectuer le changement de variables $M = N - l$, et la condition $-\infty < M \leq N$ devient simplement $l \geq 0$. Dans cette représentation, les nombres quantiques N et l jouent donc des rôles *symétriques* et un électron se comporte comme un ensemble de deux oscillateurs harmoniques indépendants dont un est "fictif" (sa fréquence propre associée est nulle)[61]. En utilisant les relations (2.19) et (2.14), on voit facilement que les opérateurs $|\mathbf{R}| = \sqrt{X^2 + Y^2}$ et $|\boldsymbol{\eta}| = \sqrt{\eta_x^2 + \eta_y^2}$ s'expriment respectivement comme $|\mathbf{R}| = l_0\sqrt{2d_c^\dagger d_c + 1}$ et $|\boldsymbol{\eta}| = l_0\sqrt{2d_r^\dagger d_r + 1}$. Les états propres sont donc situés sur une couronne de rayon $\sim l_0\sqrt{2l}$ et d'extension $\sim l_0\sqrt{2N}$. Si l'on considère un échantillon en forme de disque de surface $S = \pi R_{\max}^2$, la dégénérescence d'un niveau de Landau se calcul en remarquant que les états sont situés à l'intérieur de la couronne de rayon $R_{\max}$. Dans la limite $l \gg 1$, on retrouve bien la relation $\mathcal{N} = \frac{S}{2\pi l_0^2}$. Finalement, les états propres sont générés par l'action des opérateurs d'échelle $d_r^\dagger$ et $d_c^\dagger$, i.e.

$$|N,l\rangle = \frac{\left(d_r^\dagger\right)^N}{\sqrt{N!}}\frac{\left(d_c^\dagger\right)^l}{\sqrt{l!}}|0,0\rangle \quad N,l \in \mathbb{N}, \quad (2.32)$$

où $|0,0\rangle$ désigne l'état fondamental des deux oscillateurs. En représentation position, cet état à pour expression générale[5]

$$\psi_{N,l}(\mathbf{r}) = \frac{e^{-r^2/4l_0^2}}{\sqrt{2\pi l_0^2}}\left[\Theta(N-l)\mathcal{G}_{N,l}\left(\frac{iz}{l_0}\right) + \Theta(l-N)\mathcal{G}_{l,N}\left(\frac{-iz^*}{l_0}\right)\right], \quad (2.33)$$

où la fonction $\mathcal{G}$ est définie dans l'annexe A.1. Notons pour finir que la fonction d'onde de moment cinétique nul ($N = l$) est donnée par

---

5. Notons que l'on multiplié la fonction d'onde obtenue pour $N < l$ ($M < 0$) par un facteur de phase $(-1)^{l-N}$, de façon à ce que les fonctions d'onde finales vérifient exactement les quatre relations d'échelles $\mathcal{E}|\mathcal{C}\rangle = \sqrt{\mathcal{C}}|\mathcal{C}-1\rangle$ et $\mathcal{E}^\dagger|\mathcal{C}\rangle = \sqrt{\mathcal{C}+1}|\mathcal{C}+1\rangle$ avec $\mathcal{C} = N,l$ et $\mathcal{E} = d_r, d_c$.

$$\psi_{N,N}(\mathbf{r}) = \frac{e^{-r^2/4l_0^2}}{\sqrt{2\pi l_0^2}} L_N^0\left(\frac{r^2}{2l_0^2}\right). \tag{2.34}$$

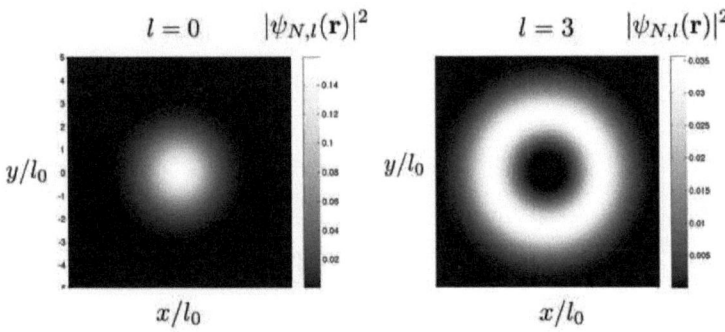

FIGURE 2.1.5 – *Module carré $|\psi_{N,l}(\mathbf{r})|^2$ des fonctions d'onde $l = 0$ et $l = 3$ dans le plus bas niveau de Landau ($N = 0$).*

Montrons pour finir qu'en empruntant un chemin quelque peu différent, on peut trouver une autre famille de fonctions propres également solutions de l'équation de Schrödinger (2.28) en jauge symétrique. En effectuant une transformation de jauge convenablement choisie, il est en effet possible de dériver directement ces fonctions d'onde à partir de celles trouvées en jauge de Landau. Considérons pour cela la transformation

$$\mathbf{A}_{0S}(\mathbf{r}) = \mathbf{A}_{0L}(\mathbf{r}) + \nabla\chi(\mathbf{r}) \qquad \text{avec} \qquad \chi(\mathbf{r}) = -\frac{Bxy}{2}, \tag{2.35}$$

où les indices L et S se réfèrent respectivement à la jauge de Landau et à la jauge symétrique. La forme (2.35) implique que les fonctions d'onde se transforment comme

$$\psi_S(\mathbf{r}) = e^{-i\frac{e}{\hbar}\chi(\mathbf{r})}\psi_L(\mathbf{r}), \tag{2.36}$$

et l'on obtient bien une deuxième classe de fonctions propres en jauge symétrique. Finalement, ces fonctions s'écrivent comme le produit des fonctions d'onde dans la jauge de Landau (section 2.1.5) multipliées par un facteur de phase local :

2.2. Couplage ultrafort à un résonateur optique

$$\psi_{N,k}(\mathbf{r}) = \frac{1}{\sqrt{L}} e^{-iky} e^{i\frac{xy}{2l_0^2}} \chi_{N,k}(x). \qquad (2.37)$$

2.2 Couplage ultrafort à un résonateur optique

Ayant passé en revue les principales propriétés électroniques du gaz d'électron bidimensionnel sous champ magnétique, nous sommes maintenant en mesure d'expliquer en quoi ce système est un candidat particulièrement adapté à l'exploration du régime de couplage ultrafort en présence d'une cavité optique.

2.2.1 Analogie avec les atomes de Rydberg

Dans la section 1.2.6, nous avons évoqué le cas des atomes de Rydberg où la transition entre deux états de grands nombres quantiques principaux N est couplé à un mode de cavité. Les dipôles atomiques sont alors proportionnels au carré du nombre quantique principal [6]. Dans le cas d'un couplage dipolaire électrique (section 1.2.3), nous avons vu que la fréquence de Rabi du vide (qui quantifie le couplage lumière-matière) est proportionnelle à ce moment dipolaire, permettant ainsi d'augmenter le couplage avec le champ en choisissant des valeurs de N suffisamment élevées (limite des grands nombres quantiques). Néanmoins, le nombre d'atomes interagissant avec le champ étant d'ordre unité dans ces expériences, un tel dispositif ne permet pas d'obtenir une fréquence de Rabi de l'ordre de la fréquence de la transition. C'est en fait l'extrême petitesse des pertes qui permet à ce système d'entrer dans le régime de couplage fort, tout en vérifiant $\Omega/\omega_0 \ll 1$. Par analogie avec l'exemple précédent, l'idée est de remplacer les atomes de Rydberg par un gaz d'électrons bidimensionnel soumis à un champ magnétique perpendiculaire. *En diminuant l'intensité du champ, le rayon des orbites semi-classiques associées au mouvement relatif des électrons augmente, ce qui permet d'augmenter également le moment dipolaire correspondant.* À titre de comparaison, pour un champ magnétique de 10mT, la longueur magnétique est de l'ordre de 250nm ce qui est comparable aux rayons de Bohr atomiques de l'expérience [12]. En fait, le gros avantage du gaz d'électrons bidimensionnel tient surtout à l'effet collectif important qui apparaît en raison du nombre macroscopique de porteurs de charges impliqués dans la transition électronique.

---

6. Précisément, le moment dipolaire d'un atome de Rydberg de numéro atomique Z est donné par la relation $d = \frac{ea_B N^2}{Z}$, où $a_B = \frac{\hbar^2}{m_0 e^2}$ désigne le rayon de Bohr.

Chapitre 2. Couplage ultrafort de la transition cyclotron aux modes optiques d'un résonateur, le cas des semiconducteurs

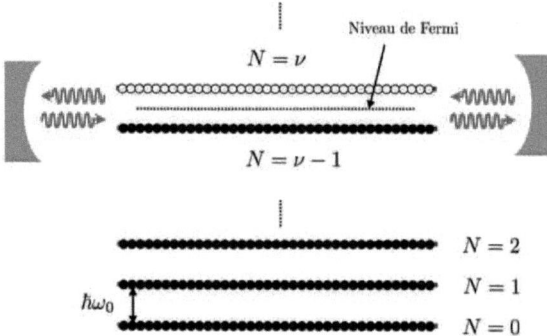

FIGURE 2.2.1 – *Représentation schématique du système de base considéré. Les ν premiers niveaux de Landau sont complètement remplis (les cercles noirs désignent les états occupés), les autres niveaux étant vides (les cercles blancs correspondent à des états vides). Le niveau de Fermi (ligne horizontale en pointillés) se situe entre les niveaux $N = \nu - 1$ et $N = \nu$.*

2.2.2 Échelle du couplage dipolaire électrique

Considérons un gaz d'électrons bidimensionnel de surface S contenu dans le plan (xOy), et soumis à un champ magnétique statique $\mathbf{B}_0 = B\mathbf{e}_z$. Nous choisissons la densité de ce gaz de telle sorte que le système se trouve dans le régime des facteurs de remplissage entiers (section 2.1.4), le niveau de Fermi d'énergie $\sim \hbar\omega_0\nu$ se situant alors dans le gap cyclotron entre les niveaux de Landau $N = \nu - 1$ et $N = \nu$ (figure 2.2.1). Supposons maintenant que ce système est placé à l'intérieur d'une cavité de volume $V = S\lambda/2$, remplie d'un milieu matériel effectif de permittivité ϵ[7] et considérons pour simplifier un seul mode du champ électromagnétique du vide de longueur d'onde λ et de fréquence ω. Nous avons vu dans la section 1.2.3 que la fréquence de Rabi du vide est proportionnelle à l'opérateur de moment dipolaire. Dans notre cas, cet opérateur fait intervenir les coordonnées relatives des électrons selon $\hat{d} = e\eta$, où η désigne l'une des composantes du vecteur associé au mouvement relatif. On peut alors utiliser les opérateurs d'échelle (2.14) et le principe de

---

7. Dans le cas qui nous intéresse, ϵ correspond à la constante diélectrique du GaAs ($\epsilon \approx 13$).

2.2. Couplage ultrafort à un résonateur optique

Pauli pour montrer que le seul élément de matrice de $\hat{d}$ non nul est donné par $d \sim \frac{el_0}{\sqrt{2}} \langle \nu | d_r^\dagger | \nu - 1 \rangle = \frac{eR_C}{2}$. $R_C = l_0\sqrt{2\nu}$ désigne ici le rayon cyclotron correspondant à l'extension spatiale du mouvement relatif au niveau de Fermi. Cette relation caractéristique de l'oscillateur harmonique signifie que seuls les électrons du dernier niveau de Landau rempli ($N = \nu - 1$) peuvent transiter dans les états du premier niveau vide [8] ($N = \nu$). On se retrouve finalement dans un cas similaire à celui de la section 1.2.3 à la différence près que ce sont maintenant $\mathcal{N}$ systèmes à deux niveaux, séparés par l'énergie $\hbar\omega_0$, qui se couplent au mode du résonateur. En utilisant la relation (1.14) et en choisissant un mode résonant avec la transition cyclotron ($\omega = \omega_0$), la fréquence de Rabi adimensionnée peut s'écrire comme

$$\frac{\Omega}{\omega_0} \sim \frac{d\mathcal{E}_\omega}{\hbar\omega_0}\sqrt{\frac{\mathcal{N}}{\epsilon V}} = \frac{eR_C}{2}\sqrt{\frac{4\pi}{\hbar\epsilon S\lambda\omega_0}}\sqrt{\mathcal{N}}. \tag{2.38}$$

Rappelons que le facteur $\sqrt{\mathcal{N}}$ à été introduit en raison du couplage collectif qui fait intervenir les $\mathcal{N}$ électrons du niveau $N = \nu - 1$. En utilisant les relations $\omega = \frac{2\pi c}{\lambda\sqrt{\epsilon}}$ et $\mathcal{N} = \frac{S}{2\pi l_0^2}$, nous obtenons finalement

$$\frac{\Omega}{\omega_0} \sim \sqrt{\frac{\alpha\nu}{\sqrt{\epsilon}}}, \tag{2.39}$$

où $\alpha = \frac{e^2}{\hbar c} \approx \frac{1}{137}$ désigne la constante de structure fine. *La fréquence de Rabi adimensionnée est donc proportionnelle à la racine carrée du facteur de remplissage des niveaux de Landau.* On comprend dès lors qu'il est possible d'entrer dans le régime de couplage ultrafort ($\Omega/\omega_0 \lesssim 1$) dans la limite $\nu \gg 1$, ce qui complète l'analogie avec les atomes de Rydberg. Comme $\nu \propto \rho_{2\text{DEG}}/B$, ceci correspond bien au régime des faibles champs magnétiques et/ou des hautes densités électroniques. Comme nous l'avons déjà signalé, la possibilité d'atteindre de fortes densités est un avantage du gaz d'électron bidimensionnel. Les techniques de croissance modernes comme l'épitaxie par jets moléculaire (MBE), ou encore le dépôt chimique en phase vapeur (MOCVD) permettent en outre de superposer plusieurs puits quantiques (typiquement de l'ordre d'une dizaine) au sein d'un même échantillon. Lorsque l'écrantage dans la direction de croissance est suffisamment important, les gaz d'électrons bidimensionnels apparaissant à chaque interface sont indépendants, parallèles entre eux, et séparés par une distance ($\sim 0.1\mu$m) beaucoup plus petite que la longueur ty-

---

8. Notons que cet argument reste valable si l'on se restreint aux processus à un photon.

pique de variation du champ électromagnétique[9]. Si l'on considère une structure composée de n_{QW} puits quantiques, la densité ρ_{2DEG} du gaz d'électron est alors remplacée par la densité effective $\rho_{\text{2DEG}} n_{\text{QW}}$, et la constante de couplage adimensionnée est augmentée d'un facteur $\sqrt{n_{\text{QW}}}$:

$$\frac{\Omega}{\omega_0} \sim \sqrt{\frac{\alpha \nu n_{\text{QW}}}{\sqrt{\epsilon}}}. \qquad (2.40)$$

Finissons cette section en rappelant que la limite $\nu \gg 1$ ne doit pas être confondue avec la limite semi-classique[61]. Un état semi-classique à une particule correspond en effet à un état cohérent formé d'une superposition de différents niveaux de Landau, alors que les électrons du dernier niveau de Landau rempli $N = \nu - 1$ se comportent de façon quantique, y compris dans la limite $\nu \gg 1$.

2.2.3 Interactions résiduelles

L'idée étant clairement posée, nous devons maintenant considérer les autres échelles d'énergie pouvant affecter les propriétés de notre système. Dans cette section, nous tenterons d'en dresser un aperçu.

Effet Zeeman

Dans la section 1.2.6 du chapitre 1, nous avons évoqué le couplage magnétique entre les degrés de liberté de spin des électrons et le champ magnétique fluctuant dans la cavité. Dans le cas présent, le système d'électrons bidimensionnels étant soumis à un champ magnétique statique aligné selon l'axe (Oz), on doit rajouter un terme similaire au hamiltonien total. La composante du spin **S** d'un électron selon z prend alors les deux valeurs $S_z = \hbar/2$ pour un électron de spin "up", et $S_z = -\hbar/2$ pour un électron de spin "down". En introduisant le magnéton de Bohr $\mu_{\text{B}} = \frac{\hbar e}{2 m_0 c}$ et le facteur de Landé g_{L} des électrons[10], le hamiltonien de la relation (1.34) avec $\mathbf{B} \equiv \mathbf{B}_0$ donne les deux énergies

$$E_{\text{Z}} = \pm \frac{g_{\text{L}} \mu_{\text{B}} B}{2}. \qquad (2.41)$$

---

9. À proprement parlé, ceci n'est valable que pour les modes optiques de grande longueur d'onde
10. Dans le GaAs, le facteur de Landé effectif vaut $g_{\text{L}} = -0.44$.

2.2. Couplage ultrafort à un résonateur optique

Chaque niveau de Landau est donc séparé en deux *sous-niveaux Zeeman* de dégénérescence $\mathcal{N}$, et séparés par un gap d'énergie $\hbar\Delta_Z = g_L\mu_B B$. Le niveau de plus basse énergie $-|g_L|\mu_B B/2$ est rempli par des électrons de spin up tandis que le niveau d'énergie supérieure $|g_L|\mu_B B/2$ est rempli par des électron de spin down. On peut également remarquer que le rapport entre le gap Zeeman et le gap cyclotron $\hbar\omega_0$ ne dépend que du facteur de Landé, $\frac{|\Delta_Z|}{\omega_0} = \frac{|g_L|}{2}\frac{m^*}{m_0} \approx 0.015$ dans le GaAs. Comme l'absorption ou l'émission de photons ne change pas le spin des électrons, il est clair que les excitations lumière-matière préservent la symétrie SU(2) associée. On pourra tenir compte de ces degrés de liberté en multipliant simplement la dégénérescence due au centres d'orbites par un facteur $g_S = 2$, i.e. $\mathcal{N} = \frac{g_S S}{2\pi l_0^2}$.

Le couplage magnétique

En présence d'une interaction magnétique entre le spin des électrons et le champ magnétique du vide (section 1.2.6), la symétrie SU(2) évoquée précédemment est brisée et le couplage au champ électromagnétique fait apparaitre des excitations collectives de spin total nul [11]. On citera par exemple les modes "ondes de spin" impliquant des transitions entre les deux sous-niveaux Zeeman au sein d'un même niveau de Landau, ou encore les modes "spin flip", correspondants à des transitions entre deux niveaux de Landau consécutifs avec retournement du spin[62]. Il est alors instructif de donner un ordre de grandeur du couplage magnétique dans notre système. Pour cela, considérons $\mathcal{N}$ électrons de spin 1/2, couplés magnétiquement à un mode du champ du vide de longueur d'onde λ et de fréquence ω. Comme dans ce qui précède, ces électrons sont placés à l'intérieur d'une cavité de volume $V = S\lambda/2$ remplie d'un milieu matériel de permittivité ϵ. Considérons tout d'abord les modes "spin-flip". D'après les relations (1.16) et (1.34), l'énergie qui leur est associée (normalisée par la fréquence du gap cyclotron ω_0) est donnée par

$$\frac{W_{SF}}{\omega_0} \sim \frac{g_L\mu_B 2\pi \mathcal{A}_\omega}{\hbar\omega_0 \lambda}\sqrt{\frac{\mathcal{N}}{\epsilon V}} = g_L\mu_B\sqrt{\frac{4\pi}{\hbar\epsilon S \lambda \omega_0}}\sqrt{\mathcal{N}}, \qquad (2.42)$$

où nous avons utilisé les relations $\mathcal{A}_\omega = c\mathcal{E}_\omega/\omega$, $\omega = \frac{2\pi c}{\lambda\sqrt{\epsilon}}$, ainsi que la condition de résonance $\omega = \omega_0$. On obtient finalement

---
[11]. Ces excitations apparaissent en plus des excitations dipolaires électrique discutées précédemment

$$\frac{W_{\text{SF}}}{\omega_0} \sim g_{\text{L}} \frac{v_0}{c} \frac{m^*}{m_0} \sqrt{\frac{\alpha}{\sqrt{\epsilon}}}, \qquad (2.43)$$

où $v_0 = \omega_0 l_0$ correspond à la vitesse d'un électron dans le plus bas niveau de Landau (vitesse de point zéro). Une rapide inspection de la relation (2.43) montre que l'on a $\frac{W_{\text{SF}}}{\omega_0} \ll 1$ quelque soit la valeur de B. Si l'on considère maintenant un mode du champ électromagnétique résonant avec le gap Zeeman $\omega = \Delta_{\text{Z}}$, il est facile de voir que l'énergie de couplage des modes "ondes de spin" vérifie $\frac{W_{\text{SW}}}{\Delta_{\text{Z}}} \ll \frac{W_{\text{SF}}}{\omega_0} \ll 1$. Par conséquent, on peut dire que le couplage dipolaire électrique domine complètement l'interaction lumière-matière, particulièrement dans le régime $\nu \gg 1$. Nous négligerons dans ce manuscrit les couplages magnétiques provenant de l'interaction entre les spins et le champ du vide.

Interactions de Coulomb

Les interactions Coulombiennes, et plus généralement l'étude des corrélations au sein d'un gaz d'électron bidimensionnel sous champ magnétique est un sujet complexe, dont la compréhension à permise l'émergence de nouveaux concepts théoriques en physique de la matière condensée. La première chose que l'on peut remarquer est l'existence d'un argument crucial lié au principe d'exclusion de Pauli, qui permet de distinguer deux situations qualitativement très différentes. Considérerons d'abord la situation présentée dans la section précédente où le facteur de remplissage est un nombre entier. Dans ce cas, les niveaux de Landau sont complètement remplis jusqu'au niveau $N = \nu - 1$ et complètement vides au dessus, le niveau de Fermi étant situé au milieu du gap cyclotron. En présence des interactions, l'état fondamental du système contient un nombre fini d'excitations élémentaires, i.e. de paires électron-trou formées entre des niveaux de Landau différents et séparés par l'énergie $m\hbar\omega_0$ ($m = 1, 2 \cdots$). On parle aussi de mélange de niveaux induit par les interactions. En outre, l'échelle $\frac{e^2}{\epsilon l_0 \hbar \omega_0}$ qui quantifie ce mélange ne dépend que de la valeur du champ magnétique. Dans le régime des forts champs $\frac{e^2}{\epsilon l_0 \hbar \omega_0} \ll 1$, le mélange de niveaux ainsi que les corrections Hartree-Fock sont faibles : l'énergie des niveaux de Landau est faiblement renormalisée. Si le régime des faibles champs magnétiques $\frac{e^2}{\epsilon l_0 \hbar \omega_0} \gtrsim 1$ est en revanche caractérisé par un mélange de niveaux important, cela ne signifie pas forcement l'échec des théories perturbatives de type champ moyen. En effet, ces dernières reposent sur des développements en puissance du paramètre de corrélations r_s donné par le rapport entre l'énergie

2.2. Couplage ultrafort à un résonateur optique   57

d'interaction Coulombienne $\mathcal{V}_\mathrm{C} \sim e^2/\epsilon\bar{d}$ et l'énergie cinétique d'un électron au niveau de Fermi $\hbar\omega_0\nu$. $\bar{d} = \frac{1}{\sqrt{\pi\rho_\mathrm{2DEG}}}$ représente ici la distance moyenne entre électrons. En introduisant le rayon de Bohr effectif $a_\mathrm{B}^* = \frac{\hbar^2\epsilon}{m^*e^2}$, ce rapport est donné par $r_\mathrm{s} \sim \bar{d}/a_\mathrm{B}^*$ et ne dépend que de la densité du gaz [12]. Indépendamment de la valeur du champ magnétique, on peut alors distinguer plusieurs régime de corrélations. Lorsque $r_\mathrm{s} \lesssim 1$, le système se trouve dans le régime des hautes densité où l'énergie cinétique domine et les corrélations sont faibles. Il est alors légitime d'avoir recours aux développements perturbatifs mentionnés plus hauts. À l'inverse, la répulsion Coulombienne domine l'énergie cinétique dans le régime des basses densités $r_\mathrm{s} \gg 1$: les électrons sont fortement corrélés. L'état fondamental ne peut plus s'écrire comme un simple determinant de Slater, et il n'existe pas de méthode générale permettant de traiter le problème.

Le régime qui nous intéresse tout particulièrement ici est le régime des hauts facteurs de remplissage, car le système entre alors en couplage ultrafort avec les modes du résonateur. Or, la condition $\nu \gg 1$ est typiquement réalisée en considérant de faibles champs magnétiques, ce qui implique inévitablement un mélange de niveaux important, mais également de fortes densités garantissant tout de même la validité des approches perturbatives. On peut alors citer l'approche de type champ moyen (Approximation de Hartree-Fock dépendante du temps) introduite par Kallin et Halperin [62], permettant de montrer que le spectre est constitué d'une famille de modes appelés *magnéto-excitons*, et dont les énergies acquièrent une dispersion en fonction du vecteur d'onde $\mathbf{q}$ [13]. On peut alors séparer plusieurs contributions. D'une part, il existe une énergie de liaison du système électron+trou qui nous permet de définir les magnéto-excitons comme des quasiparticules de type "hydrogénoïde". On désigne parfois ce terme par "excitonic shift" en anglais. Le deuxième terme représente la somme des contributions d'échange associées à l'électron promu dans un niveau de Landau excité et au trou laissé par cet électron (contributions Hartree-Fock). Enfin, la dernière correspond au "depolarization shift" obtenu dans le cadre de la RPA ("Random Phase Approximation"). Comme

---
12. Remarquons que le paramètre de corrélations r_s peut être également obtenu en faisant le rapport entre l'échelle d'énergie Coulombienne $e^2/\epsilon R_\mathrm{C}$ et l'énergie de la transition cyclotron $\hbar\omega_0$.

13. Lorsque l'on se limite aux excitations neutres, l'invariance par translation est restaurée et il devient possible d'associer un vecteur d'onde conservé à ces modes. En prenant en compte les degrés de liberté de spin, notons que les modes collectifs impliquant des états de spin différents (voir paragraphe précédent) acquièrent également une dispersion calculable dans le cadre de la même approximation de champ moyen [62].

**Chapitre 2. Couplage ultrafort de la transition cyclotron aux
58   modes optiques d'un résonateur, le cas des semiconducteurs**

dans la théorie des modes collectifs introduite par Nozières et Pines dans le cas $B = 0$[63], on observe dans le secteur $|\mathbf{q}|R_C \ll 1$ (partie longue portée des interactions Coulombiennes prise en compte par la RPA) l'émergence d'un mode collectif appelé plasmon, correspondant classiquement à une polarisation du système à longue portée. Dans ce secteur, il est intéressant de constater que les deux premières contributions se compensent exactement, et seule reste la contribution RPA qui s'annule lorsque $\mathbf{q} \to 0$[25]. Cette propriété est en fait une manifestation du très élégant théorème de Kohn qui stipule qu'en l'absence de désordre, un champ électromagnétique extérieur *homogène* ne se couple qu'aux degrés de liberté associés au centres d'orbites [64]. Par conséquent, les effets Coulombiens affectant le mouvement relatif des électrons ne peuvent être sondés par un tel champ, et l'on s'attend à ce que les énergies des magnéto-excitons tendent vers leurs valeurs non perturbées $m\hbar\omega_0$ dans la limite $\mathbf{q} \to 0$.

Mentionnons ici que la validité de la RPA à été étendue au régime des hauts facteurs de remplissage $\nu \gg 1$ par Westfahl *et al.* au moyen d'une procédure de bosonisation analogue au modèle de Luttinger pour le problème unidimensionnel à $B = 0$ (voir section 2.2.5) [21]. En présence d'une cavité, le couplage dipolaire avec un mode optique $\mathbf{q}$ sélectionne un mode de magnéto-exciton correspondant à une modulation de la densité électronique de longueur d'onde $2\pi/|\mathbf{q}|$. Le point crucial est que les vecteurs d'onde optiques alors mis en jeu vérifient toujours la condition $|\mathbf{q}|R_C \ll 1$. Autrement dit dans un résonateur optique, la renormalisation de l'énergie de la transition cyclotron est due à la partie longue portée des interactions, et en vertu du théorème de Kohn on peut d'ores et déjà s'attendre à une faible correction pour des facteurs de remplissage raisonnables. Nous reviendrons plus précisément sur ces propriétés dans les sections suivantes.

Finissons ce paragraphe en discutant brièvement le cas où les niveaux de Landau sont partiellement remplis. Un argument simple permet alors de comprendre que cette situation est radicalement différente de celle que nous avons considéré jusque là. Toute permutation au sein du dernier niveau de Landau (partiellement) occupé change en effet l'état quantique à N corps sans coûter d'énergie cinétique. Ces états sont donc hautement dégénérés et l'on comprend que l'interaction Coulombienne, aussi petite soit-elle, va lever la dégénérescence et déterminer ainsi *entièrement* le nouvel état fondamental. *Le système se trouve de fait dans le régime des fortes corrélations.* Cette absence de coût en

2.2. Couplage ultrafort à un résonateur optique

énergie cinétique autorise notamment l'existence de phases de symétrie brisée. D'une façon générale, on peut traiter les interactions dans un modèle restreint à un seul niveau de Landau coïncidant avec le niveau de Fermi, et séparer plusieurs régimes en comparant la distance moyenne entre électrons exprimée en fonction de la densité dans le dernier niveau de Landau rempli $\bar{d} = \frac{1}{\sqrt{\pi \rho_{\text{2DEG}}^\nu}}$, à l'échelle de variation R_C du potentiel de Coulomb effectif[14][61].

Lorsque $\bar{d} \gg 2R_C$, les corrélations sont si fortes que la formation d'un cristal de Wigner est énergétiquement favorable [65, 66]. Le recouvrement entre les fonctions d'onde est négligeable et les électrons ne ressentent que la partie longue portée du potentiel Coulombien. Dans le cas intermédiaire $\bar{d} \sim 2R_C$, les fonctions d'onde commencent à se recouvrir et les états propres correspondants sont ceux d'un liquide incompressible dont les excitations possèdent une charge fractionnaire. Il s'agit du liquide de Laughlin qui a permis d'interpréter l'effet Hall quantique fractionnaire qui se manifeste aux facteurs de remplissage $\nu = \frac{1}{2p+1}$ ($p \in \mathbb{N}$) [67]. Bien sur, ce liquide échappe complètement à la description perturbative en termes de quasiparticules du liquide de Fermi normal. Notons qu'il existe également un effet Hall quantique fractionnaire à $\nu = \frac{k}{2pk+1}$ ($k \in \mathbb{N}$) qui à été interprété plus tardivement par Jain et sa théorie des fermions composites [68]. Lorsque $\bar{d} \ll 2R_C$, le potentiel de Coulomb effectif présente des plateaux [69] en raison du fait que le recouvrement entre les fonctions d'onde varie peu sur l'intervalle $0 < \bar{d} \lesssim 2R_C$. Des phases cristallines d'électrons prenant la forme d'îlots ou de rubans deviennent énergétiquement favorables (ondes de densité de charge de période $\sim R_C$) [70, 71]. On peut ici tenir compte des corrélations au niveau de l'approximation de Hartree-Fock, en supposant toutefois l'existence de cette onde de densité de charge.

2.2.4 Résolution de la résonance cyclotron

Une rapide application numérique de la relation (2.40) nous montre qu'il est possible d'atteindre le régime de couplage ultrafort avec des paramètres physiques paraissant à première vue acceptables. Le problème qui se pose maintenant concerne les phénomènes de diffusion affectant la résolution spectrale de la résonance cyclotron à ω_0. En effet, la diffusion par les impuretés ionisées des couches dopées et les inhomogénéités de surface, ou encore les collisions avec les phonons du réseau sont autant de phénomènes qui affectent

---

14. Dans un modèle restreint à un seul niveau de Landau, le facteur de forme provenant du niveau considéré est pris en compte dans la définition d'un potentiel de Coulomb effectif.

la densité d'état électronique en provoquant un élargissement des niveaux de Landau. De façon équivalente, on peut définir un temps de vie τ relié à la largeur des niveaux par la relation $\tau = \hbar/\Gamma$, et dire que la résonance cyclotron est bien définie si la condition $\omega_0 \tau > 1$ est satisfaite[15]. Soulignons que cette largeur finie des niveaux de Landau est indispensable pour comprendre les propriétés particulières du transport électronique dans les systèmes à effet Hall quantique, et peut être déterminée expérimentalement par des mesures de résistivité (notamment les fameuses oscillations de Shubnikov-De-Haas). Ce phénomène d'élargissement des niveaux détermine finalement la largeur de la résonance cyclotron, qui peut être caractérisée par un temps de vie que nous noterons τ_{CR}. Outre de la température, ce temps de vie dépend du domaine spectral dans lequel se situe la résonance cyclotron. Les mécanismes de diffusion affectant la phases des électrons n'opèrent en effet pas tous dans la même gamme d'énergie. Or, nous avons vu dans la section précédente que le couplage ultrafort pouvait être atteint dans le régime des faibles champs magnétiques. Pour un champ typique de 0.1T, la fréquence cyclotron se situe alors dans le domaine des micro-ondes ($\omega_0 \sim 260\text{GHz}$).

Dans la référence [72], les auteurs ont justement mesuré la valeur de τ_{CR} dans une expérience de spectroscopie micro-ondes ($\omega \sim 160 - 200\text{GHz}$) d'un gaz d'électron bidimensionnel à haute mobilité ($\mu_S \sim 1.6 \cdot 10^6 \text{cm}^2\text{V}^{-1}\text{s}^{-1}$). Pour un champ de 80mT et à basse température ($T = 4.2\text{K}$), τ_{CR} est de l'ordre de 65ps, ce qui donne $\omega_0 \tau_{\text{CR}} \approx 14$. Bien que très inférieur à celui des dipôles dans le cas des atomes de Rydberg, ce temps de vie est néanmoins suffisant pour que la résonance cyclotron reste bien définie dans le régime des faibles champs magnétiques. Les auteurs de la référence [72] ont également démontré l'égalité entre le temps de vie de la résonance cyclotron et le temps de transport τ_t dans la limite des basses fréquences. Relié à la mobilité μ_S par la relation $\mu_S = \frac{e\tau_t}{m^*}$ dans le cadre du modèle de Drude, ce temps de transport peut s'identifier avec le temps de relaxation de l'impulsion au cours des collisions successives sur les impuretés. Contrairement au temps de vie des niveaux τ, il n'est pas sensible à la diffusion aux petits angles[16] et peut être significativement différent de τ et τ_{CR} en fonction des échantillons et de la gamme d'énergie considérée [73]. Dans le domaine des micro-ondes, la largeur spectrale de la résonance

---

15. Ceci s'interprète classiquement en disant que le champ magnétique doit être assez intense (et/ou le temps de vie assez grand) pour qu'un électron puisse effectuer au minimum une orbite cyclotron avant de diffuser.

16. Les deux temps τ et τ_t diffèrent par un facteur géométrique $1 - \cos\theta$ où θ est l'angle de diffusion.

2.2. Couplage ultrafort à un résonateur optique

cyclotron est donc entièrement contrôlée par la mobilité du gaz d'électrons. Plus l'échantillon est "propre", plus haute est la mobilité, et meilleure est la résolution de la résonance cyclotron. Pour un champ magnétique de 80mT et une densité typique $\rho_{2\text{DEG}} = 2 \cdot 10^{11}\text{cm}^{-2}$, le facteur de remplissage reporté dans [72] est de l'ordre de $\nu = 50$.

(a) (b) (c)

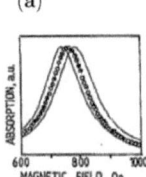
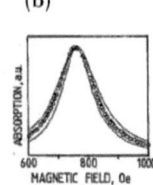

Sample	ρ_{2DEG} (10^{11} cm^{-2})	μ_S (10^6 cm^2/V s)	τ_t (ps)	τ_{CR} (ps)	m^*/m_0
A339	1.5	1.6	0.68	0.65	0.068
A341	1.6	1.2	0.53	0.5	0.068
C42-1	4.2	0.23	0.09	0.1	0.07

FIGURE 2.2.2 – *Résonance cyclotron mesurée dans l'expérience [72] à une fréquence $\omega = 185\text{GHz}$ et à $T = 4.2\text{K}$. Le champ magnétique résonant est $B_0 \approx 800\text{Oe} = 80\text{mT}$. Les données expérimentales sont représentées par les petits cercles noirs et les deux fits sont calculés en utilisant : (a) les masses effectives $m^* = 0.066m_0$ et $m^* = 0.07m_0$ avec le même temps de vie $\tau_{CR} = 62\text{ps}$, et (b) les temps de vie $\tau_{CR} = 55\text{ps}$ et $\tau_{CR} = 80\text{ps}$ avec la même masse $m^* = 0.068m_0$. (c) Tableau récapitulatif des résultats de l'expérience [72] donnant la densité de porteurs, la mobilité, le temps de transport, le temps de vie de la résonance cyclotron et la masse des porteurs normalisée. Cette figure est adaptée de la référence [72].*

A plus haute fréquence ($\omega \sim 300\text{GHz} - 1\text{THz}$), le temps de transport des électrons bidimensionnels reporté est de l'ordre d'une centaine de picosecondes, ce qui correspond à des mobilités importantes ($\mu_S > 3 \cdot 10^6 \text{cm}^2\text{V}^{-1}\text{s}^{-1}$) [74]. Dans l'expérience [74], les temps de vie mesurés sont donné par $\tau_{CR} = 13\text{ps}$ et $\tau = 2.5\text{ps}$. Dans le domaine de l'infrarouge lointain ($\omega \sim 1 - 20\text{THz}$), la résonance cyclotron apparaît dans le régime des champs magnétiques de l'ordre de quelques Tesla et vérifie aisément la condition $\omega_0 \tau_t \gg 1$ [75, 76].

L'autre facteur limitant la résolution dans ce type d'expérience est lié à la température de l'échantillon. Si les fluctuations thermiques $k_B T$ deviennent comparables à la fréquence cyclotron, l'activation thermique des modes de phonons contribue à l'élargissement de la résonance cyclotron dans le régime des champs magnétiques intenses. D'une façon générale, la température de l'échantillon doit satisfaire à la condition $k_\mathrm{B}T \ll \hbar\omega_0$ pour avoir un signal suffisamment intense. Ceci correspond à $T \lesssim 1\mathrm{K}$ pour un champ magnétique de 80mT.

2.2.5 Le système physique

Considérons une structure semiconductrice composée de n_QW puits quantiques de largeur l_QW contenants chacun un gaz d'électrons bidimensionnel parallèle au plan (xOy), et soumise à un champ magnétique statique et homogène $\mathbf{B}_0 = B\mathbf{e}_z$. Cette structure est alors placée à l'intérieur d'une cavité planaire qui confine le champ électromagnétique dans la direction de croissance (Oz) (figure 2.2.3). Nous supposerons d'une part que la structure est invariante par translation dans le plan, et que d'autre part la condition $l_\mathrm{QW} \ll L_z$ nous permet de négliger la taille de la distribution d'électrons selon z par rapport à la longueur typique de variation du champ électromagnétique. En outre, nous considérerons qu'il est légitime de faire cette approximation y compris dans le cas d'une structure à plusieurs puits quantiques. *Nous ferons donc le calcul pour un puits, et généraliserons ensuite à n_QW puits en remplaçant simplement la densité ρ_2DEG du gaz par $\rho_\mathrm{2DEG} n_\mathrm{QW}$* (section 2.2.2). Les électrons bidimensionnels ainsi que le champ électromagnétique du vide sont donc traités comme des degrés de libertés quantiques intrinsèques au système. Le champ magnétique statique est quant à lui considéré comme un champ extérieur, généré par le potentiel vecteur écrit en jauge de Landau $\mathbf{A}_0 = Bx\mathbf{e}_y$. Dans ce cas, le hamiltonien du système total est donné par l'équation (1.26) du chapitre 1, où le potentiel vecteur désigne maintenant la superposition des potentiels vecteurs respectivement associés au champ magnétique statique et au champ électromagnétique du vide,

$$\mathcal{H} = \sum_i \frac{1}{2m^*}\left[\mathbf{p}_i + \frac{e}{c}\mathbf{A}_\mathrm{t}(\mathbf{r}_i,z)\right]^2 + \mathcal{V}(z) + \mathcal{V}_\mathrm{C} + H_\mathrm{ray} \qquad (2.44)$$

avec $\mathbf{p} = p_x\mathbf{e}_x + p_y\mathbf{e}_y + p_z\mathbf{e}_z$, $\mathbf{A}_\mathrm{t}(\mathbf{r},z) = \mathbf{A}_0(\mathbf{r}) + \mathbf{A}(\mathbf{r},z)$ où $\mathbf{A}(\mathbf{r},z)$ est donné par l'équation (2.50), et $\mathcal{V}(z)$ le potentiel de confinement du puits quantique approximé par l'équation (2.1). Le dernier terme représente quant à lui le hamiltonien du champ libre dont nous allons maintenant caractériser les excitations.

2.2. Couplage ultrafort à un résonateur optique

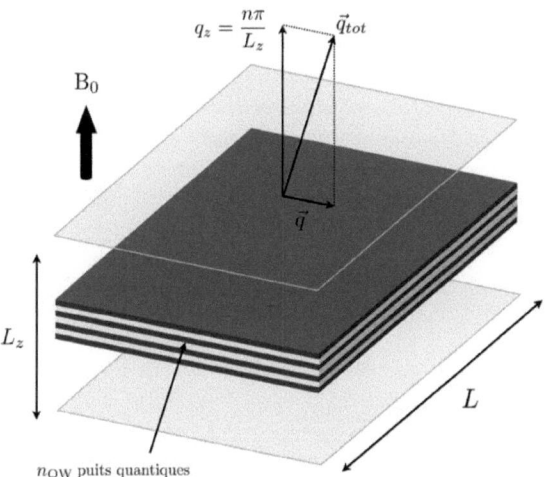

FIGURE 2.2.3 – *Schéma du système considéré dans cette section. Une hétérostructure contenant n_{QW} puits quantiques est placée à l'intérieur d'une cavité planaire. On suppose que la largeur l_{QW} de chaque puits ainsi que la largeur totale de l'hétérostructure sont négligeables devant L_z. L'ensemble est soumis à un champ magnétique statique et homogène $\mathbf{B}_0$.*

2.2.6 La cavité planaire, excitations du champ libre

Le résonateur considéré ici est constituée de six parois métalliques distantes deux à deux de $L_x \equiv L$, $L_y \equiv L$ et L_z dans les trois directions de l'espace, et remplie d'un milieu matériel de permittivité ϵ. Soulignons que le choix de cette géométrie particulière pour la cavité est assez naturel dans la mesure où cette dernière possède le même groupe de symétrie que le gaz d'électron bidimensionnel (invariance par translation dans le plan). On supposera donc que les longueurs de la cavité vérifient la condition $L_z \ll L$ en prenant des conditions aux limites périodiques dans les deux directions x et y [17]. Nous supposerons également que les parois selon z sont parfaitement conductrices si bien que les composantes tangentielles du champ électrique $\mathbf{E}$ et radiales du champ magnétique $\mathbf{B}$ s'y s'annulent exactement. Comme dans la section 1.1.2, l'indice modal q désigne ici les trois composantes du vecteur d'onde du champ électromagnétique. Les conditions aux limites périodiques dans les directions x et y, et strictes dans la direction z imposent la quantification de ce vecteur d'onde selon

$$\mathbf{q} \equiv \left(\frac{2\pi n_x}{L}, \frac{2\pi n_y}{L}\right) \quad \text{et} \quad q_z = \frac{n\pi}{L_z}. \tag{2.45}$$

$\mathbf{q}$ *désigne à partir de maintenant la composante du vecteur d'onde dans le plan, et n l'indice qui spécifie la "branche" associée à la composante q_z du vecteur d'onde selon z.* On notera à ce propos que $n_x, n_y \in \mathbb{Z}$ et $n \in \mathbb{N}$. Pour adopter des notations cohérentes, $\mathbf{r}$ désignera la projection du vecteur position dans le plan et z sa composante selon l'axe (Oz). La résolution des équations de Maxwell nous permet alors de déterminer la forme spatiale des modes $u_{q,j}$ du champ [18] (équation 1.8 de la section 1.1.2) :

$$u_{\mathbf{q},n,x}(\mathbf{r}, z) = u_{\mathbf{q},n,y}(\mathbf{r}, z) = i\sqrt{\frac{2}{V}} e^{i\mathbf{q}\cdot\mathbf{r}} \sin\left(\frac{n\pi z}{L_z}\right) \tag{2.46}$$

$$u_{\mathbf{q},n,z}(\mathbf{r}, z) = \sqrt{\frac{2}{V}} e^{i\mathbf{q}\cdot\mathbf{r}} \cos\left(\frac{n\pi z}{L_z}\right). \tag{2.47}$$

Notons que la fréquence de ces modes vérifie la relation de dispersion $\omega_{\mathbf{q},n} = \frac{c}{\sqrt{\epsilon}}\sqrt{\mathbf{q}^2 + (n\pi/L_z)^2}$ correspondante à la propagation dans un milieu matériel

---
[17]. Ceci est équivalent à prendre $L \to \infty$ et l'on fait donc disparaitre les parois dans ces deux directions en gardant à l'esprit que le volume $V = L_z L^2 = L_z S$ de la boîte reste fini.

[18]. Dans le cas où $n = 0$, la composante des modes selon z est donnée par $u_{\mathbf{q},0,z}(\mathbf{r}, z) = \sqrt{\frac{1}{V}} e^{i\mathbf{q}\cdot\mathbf{r}}$, les autres composantes étant nulles en tout point de l'espace.

2.2. Couplage ultrafort à un résonateur optique

de permittivité ϵ. Dans la base $(\mathbf{e}_{\mathbf{q},n,1}, \mathbf{e}_{\mathbf{q},n,2}, \mathbf{e}_{\mathbf{q},n,3})$ introduite dans la section 1.1.2, les champs s'écrivent finalement comme

$$\mathbf{E}(\mathbf{r},z) = i \sum_{\mathbf{q},n,\eta} \sqrt{\frac{2\pi\hbar\omega_{\mathbf{q},n}}{\epsilon}} \left[a_{\mathbf{q},n,\eta} \mathbf{u}_{\mathbf{q},n,\eta} - a^\dagger_{\mathbf{q},n,\eta} \mathbf{u}^*_{\mathbf{q},n,\eta} \right] \quad (2.48)$$

$$\mathbf{B}(\mathbf{r},z) = \sum_{\mathbf{q},n,\eta} \sqrt{\frac{2\pi\hbar c^2}{\epsilon\omega_{\mathbf{q},n}}} \left[a_{\mathbf{q},n,\eta} \nabla \times \mathbf{u}_{\mathbf{q},n,\eta} + a^\dagger_{\mathbf{q},n,\eta} \nabla \times \mathbf{u}^*_{\mathbf{q},n,\eta} \right] \quad (2.49)$$

$$\mathbf{A}(\mathbf{r},z) = \sum_{\mathbf{q},n,\eta} \sqrt{\frac{2\pi\hbar c^2}{\epsilon\omega_{\mathbf{q},n}}} \left[a_{\mathbf{q},n,\eta} \mathbf{u}_{\mathbf{q},n,\eta} + a^\dagger_{\mathbf{q},n,\eta} \mathbf{u}^*_{\mathbf{q},n,\eta} \right], \quad (2.50)$$

avec le profil spatial des modes pour chaque polarisation [19] [77]

$$\mathbf{u}_{\mathbf{q},n,1}(\mathbf{r},z) = \frac{C_n}{\sqrt{V}} e^{i\mathbf{q}\cdot\mathbf{r}} \begin{pmatrix} i\sin\left(\frac{n\pi z}{L_z}\right)\cos\theta_{\mathbf{q},n}\cos\phi_{\mathbf{q}} \\ i\sin\left(\frac{n\pi z}{L_z}\right)\cos\theta_{\mathbf{q},n}\sin\phi_{\mathbf{q}} \\ -\cos\left(\frac{n\pi z}{L_z}\right)\sin\theta_{\mathbf{q},n} \end{pmatrix} \quad (2.51)$$

et

$$\mathbf{u}_{\mathbf{q},n,2}(\mathbf{r},z) = \frac{C_n}{\sqrt{V}} e^{i\mathbf{q}\cdot\mathbf{r}} \begin{pmatrix} -i\sin\left(\frac{n\pi z}{L_z}\right)\sin\phi_{\mathbf{q}} \\ i\sin\left(\frac{n\pi z}{L_z}\right)\cos\phi_{\mathbf{q}} \\ 0 \end{pmatrix}. \quad (2.52)$$

Dans ce cas, le Hamiltonien du champ libre est caractérisé par les trois nombres quantiques $(\mathbf{q}, n, \eta)$; le premier étant associé à l'impulsion des photons dans le plan, le deuxième aux différents modes provenant de la quantification selon l'axe z et le troisième aux deux polarisations indépendantes $\eta = 1, 2$. Ce Hamiltonien est donné par l'équation

$$H_{\text{ray}} = \sum_{\mathbf{q},n} \sum_{\eta} \hbar\omega_{\mathbf{q},n} a^\dagger_{\mathbf{q},n,\eta} a_{\mathbf{q},n,\eta}. \quad (2.53)$$

2.2.7 Le gaz d'électrons en interaction, excitations électroniques

Dans cette section, nous allons nous intéresser aux deux contributions $\mathcal{H}_\text{L}$ et $\mathcal{V}_\text{C}$ décrivant les propriétés du gaz d'électrons "nu", sans interaction avec

---

[19]. La constante de normalisation C_n est donnée par $C_n = \sqrt{2 - \delta_{n,0}}$.

le champ électromagnétique. Nous caractériserons les excitations de ce gaz en présence des interactions Coulombiennes, et verrons qu'il apparait des modes collectifs appelés *magnéto-excitons*, bosoniques dans le régime des hauts facteurs de remplissage.

Hamiltonien libre

La première contribution $\mathcal{H}_\mathrm{L}$, appelée hamiltonien libre, regroupe les degrés de liberté des électrons bidimensionnels sans interactions, soumis au champ magnétique $\mathbf{B}_0$, et confinés selon z par le potentiel du puits quantique :

$$\mathcal{H}_\mathrm{L} = \sum_i \frac{1}{2m^*}\left[\mathbf{p}_i + \frac{e}{c}\mathbf{A}_0(\mathbf{r}_i)\right]^2 + \mathcal{V}(z). \qquad (2.54)$$

Dans la section 2.1.1, nous avons vu que le mouvement dans le plan était indépendant du mouvement dans la direction de croissance du puits. En outre, nous considérons que seule la première sous-bande est remplie et que la largeur du puits est suffisamment petite pour que l'on puisse négliger les transitions intersousbandes apparaissant à plus haute énergie que la transition cyclotron, i.e. $E_2 - E_1 \gg \hbar\omega_0$ (section 2.1.1). Dans ce cas, les fonctions d'onde électroniques s'écrivent sous la forme factorisée $\psi_{N,k}(\mathbf{r})\xi(z)$ où la partie planaire $\psi_{N,k}(\mathbf{r})$ (jauge de Landau) est donnée par les équations (2.23) et (2.25), et $\xi(z) \equiv \xi_{j=1}(z)$ par l'équation (2.3). En seconde quantification, on introduit les champs de fermions qui se développent dans la base des états propres selon $\Psi(\mathbf{r}, z) = \sum_{N,k} \psi_{N,k}(\mathbf{r})\xi(z)c_{N,k}$, où l'opérateur $c_{N,k}$ ($c^\dagger_{N,k}$) détruit (crée) un fermion dans l'état à une particule (N,k) dans la première sous-bande. Ces opérateurs vérifient les règles d'anticommutation des fermions $\{c_{N,k}, c^\dagger_{N',k'}\} = \delta_{N,N'}\delta_{k,k'}$. En négligeant la constante $\frac{\pi^2\hbar^2}{2m^*l^2_\mathrm{QW}}$, le hamiltonien libre s'écrit finalement comme

$$H_\mathrm{L} = \int d\mathbf{r}\int dz\, \Psi^\dagger(\mathbf{r},z)\mathcal{H}_\mathrm{L}\Psi(\mathbf{r},z) = \sum_{N,k} \hbar\omega_0\left(N + \frac{1}{2}\right)c^\dagger_{N,k}c_{N,k}, \qquad (2.55)$$

où l'on a utilisé la condition de normalisation $\int_{-l_\mathrm{QW}/2}^{l_\mathrm{QW}/2} dz\, \xi^*(z)\xi(z) = 1$. Comme précisé dans la section (2.2.2), nous considérons que l'état fondamental du hamiltonien libre (2.55) à plusieurs électrons consiste en ν niveaux de Landau complètement remplis :

$$|F\rangle = \prod_{N=0}^{\nu-1} \prod_{k=1}^{\mathcal{N}} c_{N,k}^{\dagger} |0\rangle. \tag{2.56}$$

$|0\rangle$ représente ici le vide quantique d'électrons.

Hamiltonien de Coulomb

Nous devons maintenant considérer le terme d'énergie Coulombienne $\mathcal{V}_C = \sum_{i \neq j} \frac{e^2}{\epsilon |\mathbf{r}_i - \mathbf{r}_j|}$ décrivant les interactions entre les électrons du gaz soumis au champ magnétique $\mathbf{B}_0$. En négligeant le mouvement selon z (la diffusion Coulombienne entre les différentes sous-bandes), le Hamiltonien correspondant s'écrit en seconde quantification comme

$$V_C = \frac{1}{2} \iint d\mathbf{r}\, d\mathbf{r}'\, \Psi^{\dagger}(\mathbf{r})\Psi(\mathbf{r})\mathcal{V}_C\Psi^{\dagger}(\mathbf{r}')\Psi(\mathbf{r}'). \tag{2.57}$$

Notons que les champs Ψ et $\Psi^{\dagger}$ ne dépendent ici que des variables du plan, $\Psi(\mathbf{r}) = \sum_{N,k} \psi_{N,k}(\mathbf{r}) c_{N,k}$. En introduisant la transformée de Fourier du potentiel Coulombien

$$\tilde{\mathcal{V}}_C(\mathbf{q}) = \int d\mathbf{r}\, \mathcal{V}_C(\mathbf{r}) e^{-i\mathbf{q} \cdot \mathbf{r}} = \frac{2\pi e^2}{\epsilon |\mathbf{q}|} \quad \text{et} \quad \mathcal{V}_C(\mathbf{r} - \mathbf{r}') = \frac{1}{S} \sum_{\mathbf{q}} \tilde{\mathcal{V}}_C(\mathbf{q}) e^{i\mathbf{q} \cdot (\mathbf{r} - \mathbf{r}')}, \tag{2.58}$$

on voit que le hamiltonien d'interaction fait intervenir les composantes de Fourier de la densité $\hat{\rho}(\mathbf{r}) = \Psi^{\dagger}(\mathbf{r})\Psi(\mathbf{r})$ dans le plan (xOy) :

$$\hat{\rho}_{\mathbf{q}} = \sum_{N,k} \sum_{N',k'} \langle N, k|\, e^{-i\mathbf{q} \cdot \mathbf{r}}\, |N', k'\rangle\, c_{N,k}^{\dagger} c_{N',k'}. \tag{2.59}$$

L'expression des éléments de matrice $\langle N, k|\, e^{-i\mathbf{q} \cdot \mathbf{r}}\, |N', k'\rangle$ de l'annexe A.1 nous permet alors d'exprimer cet opérateur comme [21]

$$\hat{\rho}_{\mathbf{q}} = \hat{\rho}_{0,\mathbf{q}} + \sum_{m=1}^{\infty} \left[\beta_{-\mathbf{q},m}^{\dagger} + \beta_{\mathbf{q},m} \right], \tag{2.60}$$

où

$$\hat{\rho}_{0,\mathbf{q}} = \sum_{N,k} e^{-\frac{|\mathbf{q}|^2 l_0^2}{4}} e^{-i q_x (k + q_y/2) l_0^2} \mathcal{G}_{N,N}\left(-q^* l_0\right) c_{N,k+q_y}^{\dagger} c_{N,k} \tag{2.61}$$

crée une superposition d'excitations au sein de chaque niveau de Landau. Remarquons que la relation $\sum_{N=0}^{\nu-1} \mathcal{G}_{N,N}(0) = \nu$ nous permet de montrer que la valeur moyenne de la densité $\hat{\rho}(\mathbf{r})$ dans l'état fondamental (2.56) n'est autre que la densité du gaz d'électrons ρ_{2DEG} :

$$\langle F| \hat{\rho}(\mathbf{r}) |F\rangle = \frac{1}{S} \sum_{\mathbf{q}} e^{i\mathbf{q}\cdot\mathbf{r}} \langle F| \hat{\rho}_{0,\mathbf{q}} |F\rangle = \frac{\nu \mathcal{N}}{S} = \rho_{\text{2DEG}}. \qquad (2.62)$$

Dans le cas d'un facteur de remplissage fractionnaire, c'est cet opérateur qui permet de décrire les excitations du liquide de Laughlin en utilisant l'algèbre des densités projetées [61]. En revanche, lorsque le facteur de remplissage est entier, le principe de Pauli implique que les seules excitations possibles sont générées par l'opérateur de magnéto-exciton $\beta_{\mathbf{q},m}^\dagger$ ($\beta_{\mathbf{q},m}$) créant (détruisant) une superposition d'excitations entre les niveaux de Landau N et $N+m$ pour tout N. Son expression en seconde quantification est donnée par la relation

$$\beta_{\mathbf{q},m}^\dagger = \sum_{N,k} e^{-\frac{|\mathbf{q}|^2 l_0^2}{4}} e^{i q_x (k-q_y/2) l_0^2} \mathcal{G}_{N+m,N}(-q^* l_0) c_{N+m,k-q_y}^\dagger c_{N,k}, \qquad (2.63)$$

l'opérateur $\beta_{-\mathbf{q},m}$ s'obtenant à partir de l'équation précédente par une conjugaison hermitique suivie du remplacement $\mathbf{q} \to -\mathbf{q}$. Par analogie avec la théorie des plasmons à $B=0$, on peut alors évaluer le commutateur

$$\begin{aligned}\langle F| [\beta_{\mathbf{q},m}, \beta_{\mathbf{q}',m'}^\dagger] |F\rangle &= \sum_{N} \sum_{k,k'} e^{-\frac{(|\mathbf{q}|^2+|\mathbf{q}'|^2) l_0^2}{4}} \mathcal{G}_{N+m,N}(q l_0) \mathcal{G}_{N+m,N}(-q'^* l_0) \\ &\times e^{-i\left[q_x(k-q_y/2)l_0^2 - m\phi_{\mathbf{q}}\right]} e^{i\left[q'_x(k'-q'_y/2)l_0^2 - m'\phi_{\mathbf{q}'}\right]} \\ &\times \left[\Theta(\nu-1-N) - \Theta(\nu-1-N-m)\right] \delta_{m,m'} \delta_{k,k'} \delta_{q_y,q'_y}, \end{aligned} \qquad (2.64)$$

où $\tan\phi_{\mathbf{q}} = q_y/q_x$ et Θ désigne la fonction de Heaviside. Si l'on note n_{el} le nombre d'excitations neutres présente dans le système, on peut remarquer que la relation précédente n'est valable qu'à l'ordre zéro en $n_{\text{el}}/\mathcal{N}$. En utilisant la relation $\sum_{p=1}^{\mathcal{N}} e^{2i\pi p(n_x - n'_x)/\mathcal{N}} = \mathcal{N} \delta_{n_x, n'_x}$ avec $k = 2\pi p/L$, $q_x = 2\pi n_x/L$ et $\mathcal{N} = \frac{S}{2\pi l_0^2}$ ($S = L^2$), ainsi que la définition

$$\mathcal{F}_m(q l_0) = \sum_{N=\nu-m}^{\nu-1} e^{-\frac{|\mathbf{q}|^2 l_0^2}{2}} \mathcal{G}_{N+m,N}(q l_0) \mathcal{G}_{N+m,N}(-q^* l_0) \qquad (2.65)$$

2.2. Couplage ultrafort à un résonateur optique

où $\mathcal{F}_m$ est une fonction réelle, le commutateur se met finalement sous la forme

$$\langle[\beta_{\mathbf{q},m},\beta^{\dagger}_{\mathbf{q}',m'}]\rangle = \mathcal{N}\mathcal{F}_m(ql_0)\,\delta_{\mathbf{q},\mathbf{q}'}\delta_{m,m'}. \tag{2.66}$$

Cette expression montre que les opérateurs normalisés

$$b^{\dagger}_{\mathbf{q},m} = \frac{\beta^{\dagger}_{\mathbf{q},m}}{\sqrt{\mathcal{N}\mathcal{F}_m(ql_0)}} \quad \text{et} \quad b_{\mathbf{q},m} = \frac{\beta_{\mathbf{q},m}}{\sqrt{\mathcal{N}\mathcal{F}_m(ql_0)}} \tag{2.67}$$

vérifient approximativement [20] les règles de commutation bosoniques

$$\left[b_{\mathbf{q},m}, b^{\dagger}_{\mathbf{q}',m'}\right] = \delta_{\mathbf{q},\mathbf{q}'}\delta_{m,m'}. \tag{2.68}$$

Dans le régime des facteurs de remplissage entiers, les fluctuations de densité $\delta\hat{\rho}_{\mathbf{q}} = \hat{\rho}_{\mathbf{q}} - \hat{\rho}_{0,\mathbf{q}}$ sont entièrement pilotées par des excitations collectives bosoniques dans la limite diluée [21] :

$$\delta\hat{\rho}_{\mathbf{q}} = \sum_{m=1}^{\infty} \sqrt{\mathcal{N}\mathcal{F}_m(ql_0)} \left[b^{\dagger}_{-\mathbf{q},m} + b_{\mathbf{q},m}\right]. \tag{2.69}$$

Remarquons que cette construction est tout à fait analogue à la bosonisation de Tomonaga-Luttinger pour le liquide unidimensionnel [23, 24]. Dans le régime des hauts facteurs de remplissage $N \sim \nu \gg 1$, pour des excitations de basse énergie ($m \ll \nu$), et dans le secteur $|\mathbf{q}|l_0 \ll \sqrt{\nu}$, on peut alors simplifier les expressions (2.63) et (2.65) pour aboutir à une expression asymptotique des opérateurs de magnéto-exciton :

$$b^{\dagger}_{\mathbf{q},m} = \frac{1}{\sqrt{m\mathcal{N}}}\sum_{N,k} e^{i[q_x(k-q_y/2)l_0^2 - m(\phi_{\mathbf{q}}-\pi/2)]} c^{\dagger}_{N+m,k-q_y} c_{N,k}. \tag{2.70}$$

Revenons maintenant au Hamiltonien de Coulomb donné par l'équation (2.57). Ce dernier fait clairement intervenir le produit des deux composantes $\hat{\rho}_{\mathbf{q}}$ et $\hat{\rho}_{-\mathbf{q}}$ de la densité :

$$V_{\text{C}} = \frac{1}{2}\sum_{\mathbf{q}} \tilde{\mathcal{V}}_{\text{C}}(\mathbf{q})\hat{\rho}_{-\mathbf{q}}\hat{\rho}_{\mathbf{q}}. \tag{2.71}$$

---

20. Comme attendu, la validité de l'approximation bosonique correspond à la limite de faible densité d'excitations (régime dilué), lorsque l'état du système n'est pas très différent de $|F\rangle$[21].

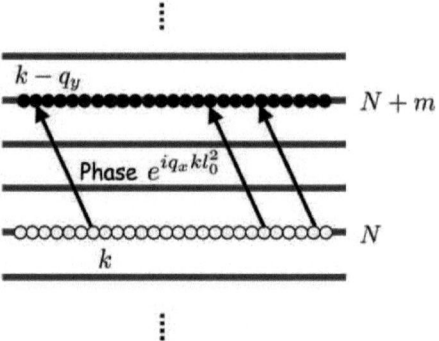

FIGURE 2.2.4 – *Dans le régime des facteurs de remplissage entiers, les excitations collectives (magnéto-excitons) sont des superpositions de paires électron-trou dans chaque centre d'orbite k et chaque niveau de Landau N, correspondantes à des transitions entre les états quantiques (N,k) et $(N+m, k-q_y)$ (invariance par translation dans la direction y). Chaque état individuel est modulé par un facteur de phase $\propto e^{ikq_x l_0^2}$. Pour $\nu \gg 1$ et $m \ll \nu$, ces excitations sont bosoniques et chaque mode est donc caractérisé par les nombres quantiques $(\mathbf{q}, m)$[21].*

2.2. Couplage ultrafort à un résonateur optique 71

En se servant des expressions (2.69) et (2.91), et en négligeant la contribution intra-niveaux $\hat{\rho}_{0,\mathbf{q}}$, ce hamiltonien se met sous la forme quadratique et bosonique [21]

$$V_{\mathrm{C}} = \sum_{\mathbf{q}} \sum_{m,m'} \hbar \zeta_{\mathbf{q},m,m'} \left(b^{\dagger}_{\mathbf{q},m} + b_{-\mathbf{q},m} \right) \left(b^{\dagger}_{-\mathbf{q},m'} + b_{\mathbf{q},m'} \right), \quad (2.72)$$

pour $\nu \gg 1$, $m \ll \nu$ et $|\mathbf{q}|l_0 \ll \sqrt{\nu}$. Remarquons en particulier que la constante de couplage est factorisable :

$$\zeta_{\mathbf{q},m,m'} = \frac{\mathcal{N}}{2\hbar S} \tilde{\mathcal{V}}_{\mathrm{C}}(\mathbf{q}) \sqrt{mm'} J_m\left(|\mathbf{q}|R_{\mathrm{C}}\right) J_{m'}\left(|\mathbf{q}|R_{\mathrm{C}}\right). \quad (2.73)$$

En se servant du paramètre $r_{\mathrm{s}} = \frac{1}{a^*_{\mathrm{B}}\sqrt{\pi \rho_{\mathrm{2DEG}}}}$ où $a^*_{\mathrm{B}} = \frac{\hbar^2 \epsilon}{m^* e^2}$ désigne le rayon de Bohr effectif des électrons, la constante de couplage normalisée peut finalement s'écrire comme

$$\frac{\zeta_{\mathbf{q},m,m'}}{\omega_0} = \frac{\nu r_{\mathrm{s}} g_{\mathrm{S}}}{2|\mathbf{q}|R_{\mathrm{C}}} \sqrt{mm'} J_m\left(|\mathbf{q}|R_{\mathrm{C}}\right) J_{m'}\left(|\mathbf{q}|R_{\mathrm{C}}\right). \quad (2.74)$$

Notons que le préfacteur apparaissant dans l'équation précédente peut s'exprimer comme $\frac{\nu r_{\mathrm{s}} g_{\mathrm{S}}}{2|\mathbf{q}|R_{\mathrm{C}}} = \frac{g_{\mathrm{S}}}{2|\mathbf{q}|l_0} \frac{e^2}{\epsilon l_0 \hbar \omega_0}$, et l'on reconnait l'échelle caractéristique qui quantifie l'importance du mélange de niveaux dans le régime des facteurs de remplissage entiers. Concernant la contribution en énergie cinétique, il convient maintenant de chercher une représentation du hamiltonien H_{L} (équation 2.55) dans la base générée par les modes bosoniques $b^{\dagger}_{\mathbf{q},m}$. Au regard des définitions (2.56) et (2.91), on constate immédiatement que l'état fondamental fermionique $|F\rangle$ coïncide avec le vide de bosons, i.e. $b_{\mathbf{q},m}|F\rangle = 0$. Par conséquent, l'espace de Hilbert bosonique est engendré par l'application successive des opérateurs $b^{\dagger}_{\mathbf{q},m}$ sur l'état fondamental $|F\rangle$, i.e.

$$|\{n_{\mathbf{q},m}\}\rangle = \prod_{\mathbf{q},m} \frac{\left(b^{\dagger}_{\mathbf{q},m}\right)^{n_{\mathbf{q},m}}}{\sqrt{n_{\mathbf{q},m}!}} |F\rangle, \quad (2.75)$$

où $n_{\mathbf{q},m} = 0, 1, 2, \cdots$ désigne le nombre d'occupation du mode $(\mathbf{q}, m)$. On peut maintenant déduire la représentation cherchée à l'aide de l'équation

$$H_{\mathrm{L}} |\{n_{\mathbf{q},m}\}\rangle = \left[H_{\mathrm{L}}, \prod_{\mathbf{q},m} \frac{\left(b^{\dagger}_{\mathbf{q},m}\right)^{n_{\mathbf{q},m}}}{\sqrt{n_{\mathbf{q},m}!}} \right] |F\rangle + \prod_{\mathbf{q},m} \frac{\left(b^{\dagger}_{\mathbf{q},m}\right)^{n_{\mathbf{q},m}}}{\sqrt{n_{\mathbf{q},m}!}} H_{\mathrm{L}} |F\rangle, \quad (2.76)$$

où le commutateur figurant au second membre peut être évalué grâce à la relation $[b_{\mathbf{q},m}, H_{\mathrm{L}}] = m\hbar\omega_0 b_{\mathbf{q},m}$. En remarquant que $H_{\mathrm{L}}|F\rangle = \frac{\mathcal{N}\hbar\omega_0\nu^2}{2}|F\rangle$, l'expression de H_{L} dans la base bosonique est donnée par

$$H_{\mathrm{L}} = \sum_{\mathbf{q},m} m\hbar\omega_0 b^{\dagger}_{\mathbf{q},m} b_{\mathbf{q},m} + \frac{\mathcal{N}\hbar\omega_0\nu^2}{2}. \tag{2.77}$$

Dans l'annexe A.2, nous montrons que les espaces de Hilbert fermionique et bosonique sont égaux si l'on se restreint au sous-espace à une excitation. Dans ce sous-espace, la bosonisation n'introduit donc pas d'états non-physiques. Comme nous l'avions déjà évoqué dans la section 1.3.2, c'est finalement cette propriété qui confirme que notre traitement n'est valide que dans la limite d'un faible nombre d'excitations. Les modes propres électroniques s'obtiennent en diagonalisant le hamiltonien de "magnéto-plasmons"

$$H_{\mathrm{mp}} = \sum_{\mathbf{q},m} m\hbar\omega_0 b^{\dagger}_{\mathbf{q},m} b_{\mathbf{q},m} + \sum_{\mathbf{q}} \sum_{m,m'} \hbar\zeta_{\mathbf{q},m,m'} \left(b^{\dagger}_{\mathbf{q},m} + b_{-\mathbf{q},m} \right) \left(b^{\dagger}_{-\mathbf{q},m'} + b_{\mathbf{q},m'} \right), \tag{2.78}$$

somme des contributions (2.72) et (2.77), au moyen d'une transformation de Bogoliubov généralisée [21]

$$m_{\mathbf{q},j} = \sum_m \mathcal{U}_{\mathbf{q},m,j} b_{\mathbf{q},m} + \mathcal{V}_{\mathbf{q},m,j} b^{\dagger}_{-\mathbf{q},m} \tag{2.79}$$

Il est d'ailleurs intéressant de remarquer la grande similarité avec le hamiltonien de Luttinger du liquide d'électrons unidimensionnel [24, 25].

Le hamiltonien (2.78) peut s'écrire sous la forme diagonale

$$H_{\mathrm{mp}} = \sum_{\mathbf{q},j} \hbar\lambda_{\mathbf{q},j} m^{\dagger}_{\mathbf{q},j} m_{\mathbf{q},j}, \tag{2.80}$$

où les modes propres $\lambda_{\mathbf{q},j}$ sont solutions de l'équation aux valeurs propres $[m_{\mathbf{q},j}, H_{\mathrm{mp}}] = \hbar\lambda_{\mathbf{q},j} m_{\mathbf{q},j}$. En résolvant le système d'équations correspondant, on peut alors montrer que les fréquences propres sont solutions de l'équation transcendante

$$\sum_m \frac{4m\omega_0 \zeta_{\mathbf{q},m,m}}{\lambda_{\mathbf{q},j}^2 - m^2\omega_0^2} = 1, \tag{2.81}$$

donnant les pôles de la fonction diélectrique obtenus par Kallin et Halperin dans le cadre de la RPA et dans la limite des forts champs magnétiques

2.2. Couplage ultrafort à un résonateur optique

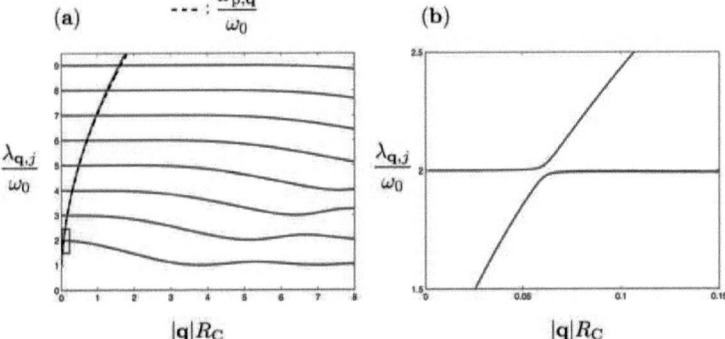

FIGURE 2.2.5 – (a) *Fréquences des magnéto-plasmons normalisés par la fréquence cyclotron* $\lambda_{\mathbf{q},j}/\omega_0$ *en fonction du vecteur d'onde adimensionné* $|\mathbf{q}|R_{\mathrm{C}}$ *(traits pleins bleus). Ces modes propres sont obtenus par une diagonalisation numérique du hamiltonien 2.78 comprennant 15 modes ($m_{\mathrm{c}} = 15$). La courbe en pointillés noirs correspond à la fréquence* $\frac{\omega_{\mathrm{p},\mathbf{q}}}{\omega_0} = \sqrt{1 + \frac{g_{\mathrm{S}}\nu r_{\mathrm{s}}|\mathbf{q}|R_{\mathrm{C}}}{2}}$ *du plasmon en unités de* ω_0. *Les fréquences des magnéto-plasmons tendent vers leurs valeurs non perturbées* $m\omega_0$ *pour* $|\mathbf{q}| \to 0$. *Cette propriété est intrinsèque au modèle, justifié lui-même par le théorème de Kohn [64]*. (b) *Zoom sur la zone de la figure* (a) *délimitée par le rectangle noir. Les modes propres s'anticroisent pour des valeurs particulières du vecteur d'onde. Ces modes sont appelés "modes de Bernstein". Paramètres :* $r_{\mathrm{s}} = 1$, $\nu = 50$, $\epsilon = 13$.

Chapitre 2. Couplage ultrafort de la transition cyclotron aux modes optiques d'un résonateur, le cas des semiconducteurs

[21, 62]. Sur la figure 2.2.5, nous avons représenté les fréquences de ces magnéto-plasmons normalisés par la fréquence cyclotron $\lambda_{\mathbf{q},j}/\omega_0$ en fonction du vecteur d'onde adimensionné $|\mathbf{q}|R_{\mathrm{C}}$ (traits pleins bleus). La courbe en pointillés noirs correspond à la fréquence $\omega_{\mathrm{p},\mathbf{q}}/\omega_0 = \sqrt{1 + g_{\mathrm{S}}\nu r_{\mathrm{s}}|\mathbf{q}|R_{\mathrm{C}}/2}$ du plasmon en unités de ω_0 (voir ci dessous). La densité du gaz est fixée à $\rho_{\mathrm{2DEG}} = 4 \cdot 10^{11} \mathrm{cm}^{-2}$ de façon à obtenir $r_{\mathrm{s}} \approx 1$. Étant intéressés par le régime des hauts facteurs de remplissage, nous avons pris $\nu = 50$, ce qui correspond à un champ magnétique $B = 0.15\mathrm{T}$. On peut remarquer sur la figure 2.2.5 et d'après les relations (2.74) et (2.81), que les énergies des magnéto-plasmons tendent vers leurs valeurs non-perturbées $m\hbar\omega_0$ lorsque $|\mathbf{q}| \to 0$. Cette propriété est donc intrinsèque à ce modèle qui permet de retrouver la contribution RPA, et dont la pertinence à décrire les interactions pour $|\mathbf{q}| \to 0$ est justifiée par le théorème de Kohn [64]. Comme on s'y attendait, la faible valeur du champ magnétique implique que l'échelle quantifiant le mélange de niveaux $\frac{e^2}{\epsilon l_0 \hbar \omega_0} = r_{\mathrm{s}}\sqrt{\nu}$ est de l'ordre de 7. Ceci à pour conséquence un mélange de niveaux de Landau important. *Chaque branche j possède un poids non nul sur tous les modes de magnéto-excitons $m = 1, 2, \cdots$. En raison de la présence des termes antirésonants $b^\dagger_{\mathbf{q},m} b^\dagger_{-\mathbf{q},m'}$ et $b_{\mathbf{q},m} b_{-\mathbf{q},m'}$, l'état fondamental contient un nombre fini de paires électron-trou correspondantes à des transitions entre les niveaux de Landau N et $N + m$ $\forall N, m$.* On remarque également que les différentes branches s'anticroisent pour des valeurs particulières du vecteur d'onde. Ces anticroisements sont appelés *modes de Bernstein* [78] et ont été mesuré par des techniques de spectroscopie dans les gaz d'électrons bidimensionnels [79]. On peut constater numériquement que les coefficients $\mathcal{U}_{\mathbf{q},m=1,j}$ et $\mathcal{V}_{\mathbf{q},m=1,j}$ saturent presque complètement la décomposition (2.79) pour les parties du spectre $(\mathbf{q},j)$ confondues avec la ligne en pointillés noirs ($|\mathbf{q}|R_{\mathrm{C}} \lesssim 1$). Dans ces zones, la transition dipolaire $m = 1$ domine, si bien que l'on peut pratiquement réduire le hamiltonien (2.78) à la seule contribution $m = m' = 1$:

$$H_{\mathrm{mp}} \underset{|\mathbf{q}|R_{\mathrm{C}} \ll 1}{\sim} \sum_{\mathbf{q}} \hbar\omega_0 b^\dagger_{\mathbf{q}} b_{\mathbf{q}} + \hbar\zeta_{\mathbf{q}} \left(b^\dagger_{\mathbf{q}} + b_{-\mathbf{q}}\right)\left(b^\dagger_{-\mathbf{q}} + b_{\mathbf{q}}\right), \quad (2.82)$$

avec

$$\zeta_{\mathbf{q}} \equiv \zeta_{\mathbf{q},1,1} = \frac{e^2 g_{\mathrm{S}}}{2\hbar\epsilon|\mathbf{q}|l_0^2} J_1^2\left(|\mathbf{q}|R_{\mathrm{C}}\right) \underset{|\mathbf{q}|R_{\mathrm{C}} \ll 1}{\sim} \frac{\alpha c g_{\mathrm{S}}|\mathbf{q}|\nu}{4\epsilon}. \quad (2.83)$$

Ce hamiltonien s'écrit sous la forme diagonale $H_{\mathrm{mp}} = \sum_{\mathbf{q}} \hbar\omega_{\mathrm{p},\mathbf{q}} d^\dagger_{\mathbf{q}} d_{\mathbf{q}}$ qui fait apparaitre un mode collectif de fréquence $\omega_{\mathrm{p},\mathbf{q}} = \sqrt{\omega_0^2 + g_{\mathrm{S}}\nu r_{\mathrm{s}}\omega_0^2|\mathbf{q}|R_{\mathrm{C}}/2}$, correspondant au plasmon à deux dimensions modifié par le champ magnétique

2.2. Couplage ultrafort à un résonateur optique

[80, 81]. Notons que la différence principale tient au fait que son énergie ne tend pas vers 0 lorsque $|\mathbf{q}| \to 0$.

Dans la section 2.2.3, nous avons évoqué le fait que les vecteurs d'ondes mis en jeu lors du couplage du gaz d'électrons avec les modes de cavité vérifient toujours la condition $|\mathbf{q}|R_C \ll 1$. Autrement dit, la longueur d'onde de ces modes de cavité $\sim L_z$ est beaucoup plus grande que le rayon de l'orbite cyclotron des électrons au niveau de Fermi. Choisissons un facteur de remplissage élevé de l'ordre de $\nu = 50$ ($B = 0.1$T et $\rho_{\text{2DEG}} = 2.5 \cdot 10^{11}\text{cm}^{-2}$) et un mode de longueur d'onde $\lambda = 100\mu m$ (infrarouge lointain). On voit dans ce cas que l'échelle de dispersion des magnéto-plasmons $|\mathbf{q}|R_C$ est de l'ordre de $5 \cdot 10^{-2}$, *et l'on constate que le couplage aux modes de cavité ne fait intervenir que la partie longue portée de la dispersion des magnéto-plasmons*. Les magnéto-excitons associés à la transition cyclotron d'énergie $\hbar\omega_0$ sont renormalisés en un mode de plasmon de fréquence $\omega_{p,\mathbf{q}}$, très proche de ω_0 mais qui disperse de plus en plus vite lorsque l'on augmente le facteur de remplissage. Dans notre cas, il est clair que cette procédure de bosonisation est particulièrement adaptée au traitement des interactions en présence du résonateur, notamment parce qu'elle a pour avantage d'étendre le domaine d'application de la RPA au régime des champs magnétiques faibles correspondant avec celui du couplage ultrafort lumière-matière $\nu \gg 1$.

Nous allons maintenant dériver l'expression du hamiltonien de couplage lumière-matière dans la base des états de Landau et des modes du champ électromagnétique $(N, k) \otimes (\mathbf{q}, n, \eta)$.

Hamiltonien de couplage

La contribution correspondante au couplage entre les degrés de liberté des électrons et ceux associés au champ du vide est composée de deux termes :

$$\mathcal{H}_{\text{int}} = \sum_i \frac{e}{m^*c}\mathbf{p}_i \cdot \mathbf{A}(\mathbf{r}_i, z) + \frac{e^2}{m^*c^2}\mathbf{A}_0(\mathbf{r}_i) \cdot \mathbf{A}(\mathbf{r}_i, z). \tag{2.84}$$

L'expression de ce hamiltonien en seconde quantification

$$H_{\text{int}} = \int d\mathbf{r} \int dz\, \Psi^\dagger(\mathbf{r}, z)\mathcal{H}_{\text{int}}\Psi(\mathbf{r}, z) \tag{2.85}$$

fait alors apparaitre des éléments de matrice $\langle N, k|\, e^{\pm i\mathbf{q}\cdot\mathbf{r}} p_x \,|N', k'\rangle$, $\langle N, k|\, e^{\pm i\mathbf{q}\cdot\mathbf{r}} p_y \,|N', k'\rangle$ et $\langle N, k|\, e^{\pm i\mathbf{q}\cdot\mathbf{r}} x \,|N', k'\rangle$. Pour les calculer, on peut introduire les combinaisons (2.14) des variables x, p_x et p_y, et se ramener ainsi au cal-

Chapitre 2. Couplage ultrafort de la transition cyclotron aux modes optiques d'un résonateur, le cas des semiconducteurs

cul d'éléments de matrice du type $\langle N,k|\, e^{\pm i\mathbf{q}\cdot\mathbf{r}} d_\mathbf{r}^{(\dagger)}\, |N',k'\rangle \propto \langle N,k|\, e^{\pm i\mathbf{q}\cdot\mathbf{r}}\, |N'\pm 1,k'\rangle$ donnés dans l'annexe A.1. Concernant le mouvement selon z, il apparaît aussi les deux intégrales

$$\int_0^{L_z} dz\, \xi(z - \tfrac{L_z}{2}) \sin\left(\frac{n\pi z}{L_z}\right) \xi(z - \tfrac{L_z}{2}) \quad \text{et} \tag{2.86}$$

$$\int_0^{L_z} dz\, \xi(z - \tfrac{L_z}{2}) \cos\left(\frac{n\pi z}{L_z}\right) \frac{\partial}{\partial z}\xi(z - \tfrac{L_z}{2}). \tag{2.87}$$

Par raisons de symétrie, on voit tout de suite que la dernière de ces intégrales est nulle. En considérant que le puits quantique est placé au milieu de la cavité ($z = L_z/2$), on peut alors approximer la première au simple facteur géométrique $\sin\left(\frac{n\pi}{2}\right)$. *Ceci impose que les modes possédant un noeud en $z = L_z/2$ ne sont pas couplés au résonateur, et fixe donc la parité de n. Introduisons le nombre $m = |N' - N|$ correspondant à la différence entre les deux indices de niveaux impliqués dans une transition entre niveaux de Landau distincts. Dans le régime des hauts facteurs de remplissage $N \sim \nu \gg 1$, pour des excitations de basse énergie ($m \ll \nu$), et dans le secteur $|\mathbf{q}|l_0 \ll \sqrt{\nu}$, le hamiltonien de couplage se met finalement sous une forme quadratique et bosonique :*

$$H_{\text{int}} = \sum_{\mathbf{q},n} \sum_{m=1}^{+\infty} i\hbar\Omega^{(1)}_{\mathbf{q},n,m} \cos\theta_{\mathbf{q},n} \left(b^\dagger_{\mathbf{q},m} - b_{-\mathbf{q},m}\right)\left(a^\dagger_{-\mathbf{q},n,1} + a_{\mathbf{q},n,1}\right)$$
$$+ \sum_{\mathbf{q},n} \sum_{m=1}^{+\infty} \hbar\Omega^{(2)}_{\mathbf{q},n,m} \left(b^\dagger_{\mathbf{q},m} + b_{-\mathbf{q},m}\right)\left(a^\dagger_{-\mathbf{q},n,2} + a_{\mathbf{q},n,2}\right). \tag{2.88}$$

Les constantes de couplage sont données par

$$\Omega^{(1)}_{\mathbf{q},n,m} = \begin{cases} \frac{2m\sqrt{m}}{|\mathbf{q}|R_C} J_m\left(|\mathbf{q}|R_C\right) \sqrt{\frac{\alpha\nu g_S \omega_0^2}{\pi\sqrt{\epsilon}\sqrt{n^2 + |\tilde{\mathbf{q}}|^2}}} & \text{pour } n \text{ impair} \\ 0 & \text{sinon,} \end{cases} \tag{2.89}$$

$$\Omega^{(2)}_{\mathbf{q},n,m} = \begin{cases} 2\sqrt{m} J'_m\left(|\mathbf{q}|R_C\right) \sqrt{\frac{\alpha\nu g_S \omega_0^2}{\pi\sqrt{\epsilon}\sqrt{n^2 + |\tilde{\mathbf{q}}|^2}}} & \text{pour } n \text{ impair} \\ 0 & \text{sinon,} \end{cases} \tag{2.90}$$

avec le vecteur d'onde adimensionné $|\tilde{\mathbf{q}}| = |\mathbf{q}|L_z/\pi$, $\cos\theta_{\mathbf{q},n} = n/\sqrt{n^2 + |\tilde{\mathbf{q}}|^2}$ et $\sin\theta_{\mathbf{q},n} = |\tilde{\mathbf{q}}|/\sqrt{n^2 + |\tilde{\mathbf{q}}|^2}$. J_m désigne la fonction de Bessel de première

2.2. Couplage ultrafort à un résonateur optique

espèce et d'ordre m, et J'_m sa dérivée. Notons la présence du facteur g_S qui prend en compte la dégénérescence de spin. Les opérateurs de magnéto-excitons $b^{(\dagger)}_{\mathbf{q},m}$ et $b^{(\dagger)}_{-\mathbf{q},m}$ apparaissant dans (2.88) sont donnés par la forme asymptotique

$$b^{\dagger}_{\mathbf{q},m} = \frac{1}{\sqrt{m\mathcal{N}}} \sum_{N,k} e^{i\left[q_x(k-q_y/2)l_0^2 - m(\phi_\mathbf{q}-\pi/2)\right]} c^{\dagger}_{N+m,k-q_y} c_{N,k} \quad (2.91)$$

dérivée dans la section précédente. Notons que la présence de ces opérateurs n'est pas vraiment surprenant dans la mesure où le couplage lumière matière considéré ici est d'origine dipolaire électrique, et fait donc apparaître des modes collectifs correspondant aux excitations de la densité de charge aux vecteurs d'onde optiques $\mathbf{q}$ sélectionnés par la cavité. Comme nous l'avons déjà évoqué dans la section précédente, la limite des excitations optiques correspond à la condition $|\mathbf{q}|R_C \ll 1$. Nous allons donc développer les constantes de couplage en puissances du petit paramètre $|\mathbf{q}|R_C$. D'autre part, l'échelle des variations spatiales du couplage lumière-matière est donnée par le vecteur d'onde normalisé par la longueur de cavité L_z, $|\tilde{\mathbf{q}}| = |\mathbf{q}|L_z/\pi$. On pourra donc caractériser les excitations du système par leur dispersion en fonction de $|\tilde{\mathbf{q}}|$. Au regard de (2.88), on constate que le hamiltonien de couplage prend la forme d'un développement multipolaire ($m = 1, 2, 3, \cdots$) dont les contributions correspondant à un m donné commutent deux à deux. À l'ordre zéro en $|\mathbf{q}|R_C$, on obtient

$$\frac{2m\sqrt{m}}{|\mathbf{q}|R_C} J_m(|\mathbf{q}|R_C) \underset{|\mathbf{q}|R_C \ll 1}{\sim} 2\sqrt{m} J'_m(|\mathbf{q}|R_C) \underset{|\mathbf{q}|R_C \ll 1}{\sim} \frac{\sqrt{m}}{m-1!}\left(\frac{|\mathbf{q}|R_C}{2}\right)^{m-1} \quad (2.92)$$

et comme on s'y attendait, le couplage lumière-matière est complètement dominé par la transition cyclotron $m = 1$. Nous nous bornerons par conséquent à étudier le hamiltonien dipolaire

$$H_{\text{int}} = \sum_{\mathbf{q},n} i\hbar\Omega_{\mathbf{q},n} \cos\theta_{\mathbf{q},n} \left(b^{\dagger}_{\mathbf{q}} - b_{-\mathbf{q}}\right)\left(a^{\dagger}_{-\mathbf{q},n,1} + a_{\mathbf{q},n,1}\right)$$
$$+ \sum_{\mathbf{q},n} \hbar\Omega_{\mathbf{q},n} \left(b^{\dagger}_{\mathbf{q}} + b_{-\mathbf{q}}\right)\left(a^{\dagger}_{-\mathbf{q},n,2} + a_{\mathbf{q},n,2}\right) \quad n \text{ impair}, \quad (2.93)$$

avec $b^{\dagger}_{\mathbf{q},1} \equiv b^{\dagger}_{\mathbf{q}}$ et la fréquence de Rabi du vide

$$\Omega_{\mathbf{q},n} = \sqrt{\frac{\alpha\nu g_S \omega_0^2}{\pi\sqrt{\epsilon}\sqrt{n^2 + |\tilde{\mathbf{q}}|^2}}}. \quad (2.94)$$

Chapitre 2. Couplage ultrafort de la transition cyclotron aux modes optiques d'un résonateur, le cas des semiconducteurs

La branche $n = 1$ correspond à la branche optique de plus basse énergie couplée au gaz d'électrons. Nous allons maintenant choisir la condition de résonance telle que la fréquence cyclotron ω_0 coïncide avec la fréquence $\omega_{0,1}$ du mode ($\mathbf{q} = \mathbf{0}, n = 1$), i.e. $\omega_0 = \frac{\pi c}{L_z \sqrt{\epsilon}}$ (ce mode se propage parallèlement à $\mathbf{e}_z$). A résonance, on a $|\tilde{\mathbf{q}}| = 0$, et la fréquence de Rabi adimensionnée s'écrie

$$\frac{\Omega_{0,1}}{\omega_0} = \sqrt{\frac{\alpha \nu g_s n_{\mathrm{QW}}}{\pi \sqrt{\epsilon}}}. \tag{2.95}$$

On notera l'introduction du facteur n_{QW} lorsque la structure se compose de plusieurs puits quantiques. Nous avons donc démontré la loi d'échelle de la section 2.2.2. Comme attendu, ce rapport peut devenir d'ordre unité dans le régime des hauts facteurs de remplissage $\nu \gg 1$ (figure 2.2.6).

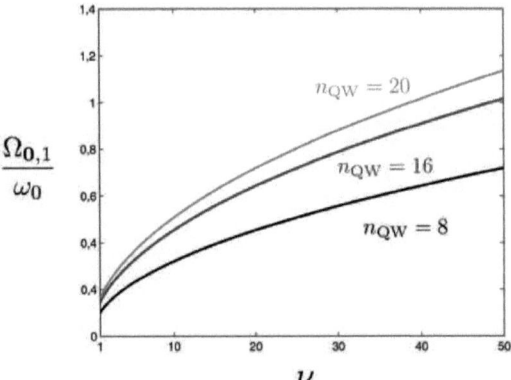

FIGURE 2.2.6 – *Fréquence de Rabi du vide adimensionnée $\frac{\Omega_{0,1}}{\omega_0}$ en fonction du facteur de remplissage ν pour différentes valeurs du nombre de puits quantiques n_{QW}. Le couple d'indices $(\mathbf{0}, 1)$ fait référence au mode résonant avec la transition cyclotron ($\omega_{0,1} = \omega_0$). Nous avons pris $\epsilon = 13$ pour un puits quantique GaAs/AlGaAs.*

Sur la figure 2.2.7, nous avons représenté les constantes de couplage normalisées apparaissant dans le hamiltonien (2.93), en fonction du vecteur d'onde optique $|\tilde{\mathbf{q}}| = \frac{|\mathbf{q}|L_z}{\pi}$ pour $\nu = 50$ et $n_{\mathrm{QW}} = 8$. La polarisation $\eta = 2$ est couplée aux modes électronique via la fréquence de Rabi du vide $\Omega_{\mathbf{q},n}$ (traits en

2.2. Couplage ultrafort à un résonateur optique

pointillés). Le couplage des modes de polarisation $\eta = 1$ fait apparaitre un facteur géométrique $\cos \theta_{\mathbf{q},n}$ (traits pleins). Ce facteur atteint sa valeur maximale $\cos \theta_{0,n} = 1$ lorsque le vecteur d'onde du champ est dirigé selon z. Les modes des deux polarisations sont alors contenus dans le plan (xOy) et le couplage avec les dipôles électroniques est maximal. Dans le cas général, seuls les modes de polarisation $\eta = 2$ sont contenus dans ce plan : le couplage entre les électrons et les modes polarisés $\eta = 1$ est donc moins efficace, voir nul lorsque ces modes sont orthogonaux au plan contenant les dipôles ($|\tilde{\mathbf{q}}| \to \infty$). Les constantes de couplages décroissent respectivement en $\frac{1}{|\tilde{\mathbf{q}}|^{3/2}}$ pour la polarisation $\eta = 1$, et en $\frac{1}{\sqrt{|\tilde{\mathbf{q}}|}}$ pour la polarisation $\eta = 2$.

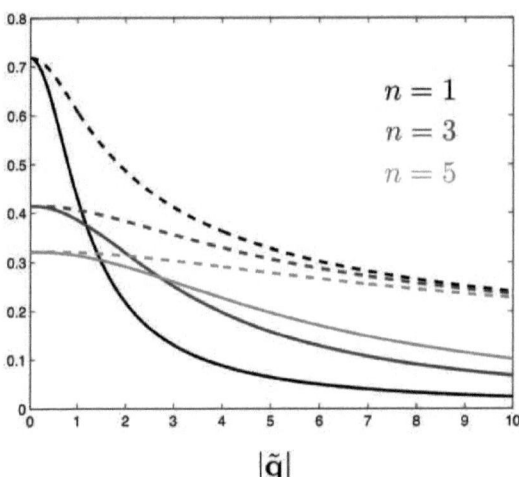

FIGURE 2.2.7 – *Constantes de couplage normalisées apparaissant dans le hamiltonien (2.93) en fonction du vecteur d'onde optique $|\tilde{\mathbf{q}}| = \frac{|\mathbf{q}| L_z}{\pi}$ dans le régime $\nu \gg 1$. La polarisation $\eta = 2$ est couplée aux modes électroniques via la fréquence de Rabi du vide $\Omega_{\mathbf{q},n}$ (traits en pointillés). Le couplage des modes de polarisation $\eta = 1$ fait apparaître un facteur géométrique supplémentaire $\cos \theta_{\mathbf{q},n}$ (traits pleins). Paramètres : $\epsilon = 13$, $n_{\text{QW}} = 8$, $\nu = 50$.*

Nous avons vu qu'en présence des interactions de Coulomb, les magnétoexcitons $m = 1$ sont renormalisés en un mode de plasmon qui disperse en

$\sqrt{1+|\mathbf{q}|^2}$, couplé aux modes optiques de la cavité planaire. Il parait par conséquent raisonnable d'exprimer Le hamiltonien d'interaction H_{int} en fonction des opérateurs $d_\mathbf{q}^\dagger$ et $d_\mathbf{q}$ de la section précédente. Ceci s'effectue au moyen de la transformation

$$b_\mathbf{q} = \frac{\omega_{\text{p},\mathbf{q}} + \omega_0}{2\sqrt{\omega_{\text{p},\mathbf{q}}\,\omega_0}} d_\mathbf{q} - \frac{\omega_{\text{p},\mathbf{q}} - \omega_0}{2\sqrt{\omega_{\text{p},\mathbf{q}}\,\omega_0}} d_{-\mathbf{q}}^\dagger$$
$$b_{-\mathbf{q}}^\dagger = -\frac{\omega_{\text{p},\mathbf{q}} - \omega_0}{2\sqrt{\omega_{\text{p},\mathbf{q}}\,\omega_0}} d_\mathbf{q} + \frac{\omega_{\text{p},\mathbf{q}} + \omega_0}{2\sqrt{\omega_{\text{p},\mathbf{q}}\,\omega_0}} d_{-\mathbf{q}}^\dagger, \qquad (2.96)$$

conduisant à

$$H_{\text{int}} = \sum_\mathbf{q} \sum_{n\text{ impairs}} i\hbar\Omega_{\mathbf{q},n} \sqrt{\frac{\omega_{\text{p},\mathbf{q}}}{\omega_0}} \cos\theta_{\mathbf{q},n} \left(d_\mathbf{q}^\dagger - d_{-\mathbf{q}}\right)\left(a_{-\mathbf{q},n,1}^\dagger + a_{\mathbf{q},n,1}\right)$$
$$+ \sum_\mathbf{q} \sum_{n\text{ impairs}} \hbar\Omega_{\mathbf{q},n} \sqrt{\frac{\omega_0}{\omega_{\text{p},\mathbf{q}}}} \left(d_\mathbf{q}^\dagger + d_{-\mathbf{q}}\right)\left(a_{-\mathbf{q},n,2}^\dagger + a_{\mathbf{q},n,2}\right). \qquad (2.97)$$

Ce Hamiltonien décrit donc le couplage linéaire entre les modes de plasmons et les modes du champ électromagnétique, via une fréquence de Rabi renormalisée par la partie longue portée des interactions Coulombiennes.

Hamiltonien diamagnétique

Nous allons maintenant nous intéresser au troisième terme du hamiltonien total (2.44), le terme diamagnétique. Contrairement à ce qui est souvent le cas en physique atomique, nous verrons alors que ce terme se révèle d'une importance cruciale dans notre système. Le terme diamagnétique correspond à la contribution faisant intervenir le carré du potentiel vecteur électromagnétique :

$$\mathcal{H}_{\text{dia}} = \sum_i \frac{e^2}{2m^* c^2} \mathbf{A}^2(\mathbf{r}_i, z). \qquad (2.98)$$

Comme nous cherchons à décrire les excitations provenant de l'intrication entre les degrés de liberté des électrons et ceux associés au champ du vide, l'expression de ce terme en seconde quantification est donnée par l'équation

$$H_{\text{dia}} = \int d\mathbf{r} \int dz\, \Psi^\dagger(\mathbf{r},z) \mathcal{H}_{\text{dia}} \Psi(\mathbf{r},z). \qquad (2.99)$$

2.2. Couplage ultrafort à un résonateur optique

Le calcul des éléments de matrice de (2.99) s'effectue en moyennant la contribution des degrés de liberté électroniques sur l'état fondamental non perturbé $|F\rangle$. Dans le cadre de cette approximation, on peut dire que les photons de cavité "se voient" par l'intermédiaire du champ moyen généré par les électrons du gaz. On prendra donc ici $\langle c^\dagger_{N,k} c_{N',k'} \rangle = \Theta(\nu - 1 - N)\delta_{N,N'}\delta_{k,k'}$. En utilisant l'expression des éléments $\langle N, k | e^{\pm i(\mathbf{q} \pm \mathbf{q'})\cdot\mathbf{r}} | N, k \rangle$ de l'annexe A.1, on trouve facilement les deux règles de sélection $\mathbf{q} = \mathbf{q'}$ et $\mathbf{q} = -\mathbf{q'}$. Finalement, les deux relations $\sum_{p=1}^{\mathcal{N}} e^{2i\pi p(n_x \pm n'_x)/\mathcal{N}} = \mathcal{N}\delta_{n_x, \mp n'_x}$ et $\mathcal{G}_{N,N}(0) = L_N(0) = 1$ nous permettent de mettre le terme diamagnétique sous la forme $H_{\text{dia}} = H^{(i)}_{\text{dia}} + H^{(p)}_{\text{dia}}$, où le terme

$$H^{(i)}_{\text{dia}} = \sum_{\mathbf{q},n,n'} \hbar D_{\mathbf{q},n,n'} \cos\theta_{\mathbf{q},n} \cos\theta_{\mathbf{q},n'} \left(a_{-\mathbf{q},n,1} + a^\dagger_{\mathbf{q},n,1}\right) \left(a_{\mathbf{q},n',1} + a^\dagger_{-\mathbf{q},n',1}\right)$$
$$+ \sum_{\mathbf{q},n,n'} \hbar D_{\mathbf{q},n,n'} \left(a_{-\mathbf{q},n,2} + a^\dagger_{\mathbf{q},n,2}\right) \left(a_{\mathbf{q},n',2} + a^\dagger_{-\mathbf{q},n',2}\right) \quad (2.100)$$

provient des composantes planaires $A_x^2 + A_y^2$ et regroupe les contributions des modes *impairs* $(n, n' = 1, 3, 5, \cdots)$. La constante de couplage $D_{\mathbf{q},n,n'}$ s'écrie alors sous la forme factorisée [21]

$$D_{\mathbf{q},n,n'} = \frac{\Omega_{\mathbf{q},n}\Omega_{\mathbf{q},n'}}{\omega_0}. \quad (2.101)$$

Le second terme $\propto A_z^2$ provient de la composante du potentiel vecteur selon z et regroupe les contributions des modes *pairs* $(n, n' = 0, 2, 4, \cdots)$:

$$H^{(p)}_{\text{dia}} = \sum_{\mathbf{q},n,n'} N_n N_{n'} \hbar D_{\mathbf{q},n,n'} \sin\theta_{\mathbf{q},n} \sin\theta_{\mathbf{q},n'} \left(a_{-\mathbf{q},n,1} + a^\dagger_{\mathbf{q},n,1}\right) \left(a_{\mathbf{q},n',1} + a^\dagger_{-\mathbf{q},n',1}\right).$$
$$(2.102)$$

Le facteur $N_n = 1/\sqrt{1 + \delta_{n,0}}$ prend en compte la normalisation spécifique du mode $n = 0$. Nous avons vu dans la section précédente (équations (2.93) et (2.94)) que les modes pairs ne sont pas couplés au gaz d'électrons. De plus,

---

21. La forme particulière de cette relation provient du fait que les états propres électroniques ont une structure d'oscillateur harmonique. Dans le cas des transitions intersousbandes [17] ou des atomes artificiels en électrodynamique quantique des circuits [82], on a en général $D \neq \Omega^2/\omega_0$ tout en conservant la relation de proportionnalité $D \propto \Omega^2/\omega_0$ (voir annexe A.3). Nous verrons au chapitre 3 que cette propriété a des conséquences importantes sur la nature des excitations lumière-matière.

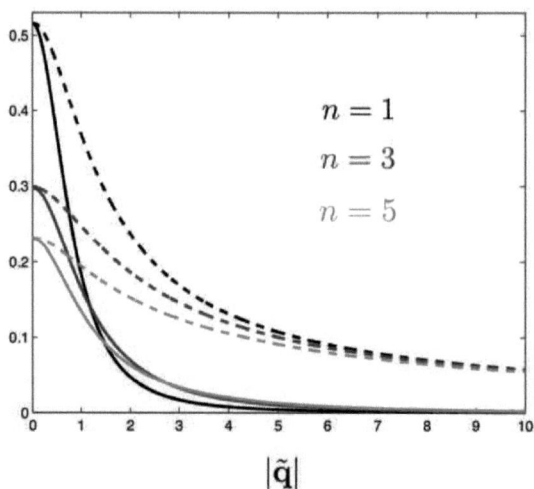

FIGURE 2.2.8 – *Les trois plus grands éléments de matrice du couplage diamagnétique normalisé en fonction du vecteur d'onde optique dans le plan* $|\tilde{\mathbf{q}}|$ *et dans le régime* $\nu \gg 1$. *Pour les modes de polarisation* $\eta = 2$ *(traits en pointillés), ces éléments de matrices correspondent à* $\frac{D_{\mathbf{q},1,n}}{\omega_0}$ *(n = 1, 3, 5) qui décroissent en* $1/|\tilde{\mathbf{q}}|$. *Les modes de polarisation* $\eta = 1$ *(traits pleins) font apparaître les facteurs géométriques* $\cos\theta_{\mathbf{q},1}\cos\theta_{\mathbf{q},n}$ *(n = 1, 3, 5), et décroissent plus rapidement en* $1/|\tilde{\mathbf{q}}|^3$. *On voit alors clairement que le terme diamagnétique est important en régime de couplage ultrafort. Paramètres :* $\epsilon = 13$, $n_{\mathrm{QW}} = 8$, $\nu = 50$.

2.2. Couplage ultrafort à un résonateur optique

comme le terme diamagnétique ne couple pas les modes de parité différentes, on peut d'ores et déjà diagonaliser la somme des contributions paires $H^{(\mathrm{p})} = H_1^{(\mathrm{p})} + H_2^{(\mathrm{p})}$ avec

$$H_1^{(\mathrm{p})} = \sum_{\mathbf{q}} \sum_{n \text{ pairs}} \hbar\omega_{\mathbf{q},n} a_{\mathbf{q},n,1}^\dagger a_{\mathbf{q},n,1} + H_{\mathrm{dia}}^{(\mathrm{p})} \quad (2.103)$$

$$H_2^{(\mathrm{p})} = \sum_{\mathbf{q}} \sum_{n \text{ pairs}} \hbar\omega_{\mathbf{q},n} a_{\mathbf{q},n,2}^\dagger a_{\mathbf{q},n,2}. \quad (2.104)$$

La contribution (2.104) de la polarisation $\eta = 2$ est déjà sous forme diagonale. Par conséquent, les excitations correspondantes coïncident avec les modes non-perturbés d'énergie $\hbar\omega_{\mathbf{q},n}$ ($n = 0, 2, 4, \cdots$). Concernant la polarisation $\eta = 1$, la contribution (2.103) peut être diagonalisée en utilisant une transformation de Bogoliubov généralisée $\tilde{a}_{\mathbf{q},j,1} = \sum_n \mathcal{U}_{\mathbf{q},n,j} a_{\mathbf{q},n,1} + \mathcal{V}_{\mathbf{q},n,j} a_{-\mathbf{q},n,1}^\dagger$. Les fréquences propres sont alors données par l'équation $[\tilde{a}_{\mathbf{q},j,1}, H_1^{(\mathrm{p})}] = \hbar\tilde{\omega}_{\mathbf{q},j} \tilde{a}_{\mathbf{q},j,1}$. En résolvant le système d'équations associé, on obtient l'équation transcendante

$$\sum_{n \text{ pairs}} \frac{4\omega_{\mathbf{q},n} D_{\mathbf{q},n,n}}{\tilde{\omega}_{\mathbf{q},j}^2 - \omega_{\mathbf{q},n}^2} = 1, \quad (2.105)$$

qui peut être résolue numériquement et nous permet alors de calculer les nouvelles résonances $\tilde{\omega}_{\mathbf{q},j}$. Dans la nouvelle base, le hamiltonien $H_1^{(\mathrm{p})}$ prend finalement la forme diagonale

$$H_1^{(\mathrm{p})} = \sum_{\mathbf{q}} \sum_{j} \hbar\tilde{\omega}_{\mathbf{q},j} \tilde{a}_{\mathbf{q},j,1}^\dagger \tilde{a}_{\mathbf{q},j,1}, \quad (2.106)$$

ce qui s'interprète en disant que l'énergie des branches paires du champ électromagnétique est renormalisée ("blueshift") par le terme diamagnétique. De plus, l'état fondamental de la cavité associé à ces modes contient un nombre fini de photons en raison des termes antirésonants provenant du hamiltonien diamagnétique. Il est intéressant de remarquer d'après (2.94) et (2.101) que $\Omega_{\mathbf{q},0}$ diverge en $\frac{1}{\sqrt{|\tilde{\mathbf{q}}|}}$ pour $|\tilde{\mathbf{q}}| \to 0$, ce qui entraîne l'apparition d'une divergence $\frac{1}{|\tilde{\mathbf{q}}|}$ gênante dans le terme (2.102). Fort heureusement, cette divergence est régularisée automatiquement lorsque l'on prend en compte l'énergie des modes libres. L'équation aux valeurs propres (2.105) fait en effet intervenir le produit $\omega_{\mathbf{q},0} D_{\mathbf{q},0,0}$ qui tend vers une limite finie lorsque $|\tilde{\mathbf{q}}| \to 0$.

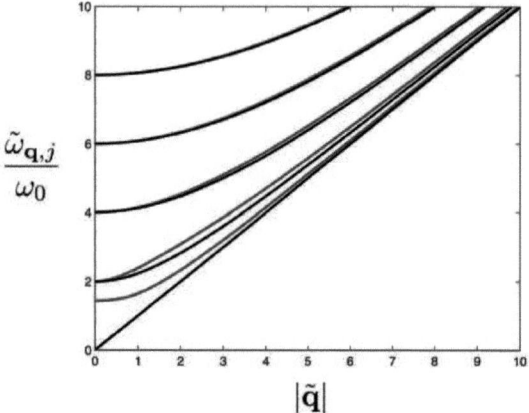

FIGURE 2.2.9 – *Fréquences propres normalisées $\tilde{\omega}_{\mathbf{q},j}/\omega_0$ $j = 1, 2, 3, 4, 5$ (traits bleus) en fonction du vecteur d'onde $|\tilde{\mathbf{q}}|$, obtenues par diagonalisation numérique du hamiltonien (2.103). Les fréquences des modes non-perturbés $\omega_{\mathbf{q},n}$ ($n = 0, 2, 4, \cdots$) correspondent aux traits noirs. Une convergence satisfaisante est atteinte en prenant 8 branches photoniques en compte ($n_c = 14$). Paramètres : $\epsilon = 13$, $n_{\mathrm{QW}} = 8$, $\nu = 50$.*

2.2. Couplage ultrafort à un résonateur optique

Sur la figure 2.2.9, nous avons représenté les 5 premières fréquences propres normalisées $\tilde{\omega}_{\mathbf{q},j}/\omega_0$ (traits bleus) en fonction du vecteur d'onde $|\tilde{\mathbf{q}}|$, obtenues par une diagonalisation numérique du hamiltonien (2.103). Les fréquences des modes non-perturbés $\omega_{\mathbf{q},n}$ ($n = 0, 2, 4, \cdots$) correspondent aux traits noirs. Une convergence satisfaisante est atteinte en prenant 8 branches photoniques en compte ($n_c = 14$). Notons à ce propos que la relation (2.105) implique une convergence rapide en $1/n^4$. On constate que la branche de plus basse énergie $n = 0$ est fortement repoussée de sa valeur non-perturbée $\omega_{\mathbf{q},0}$. En particulier, le splitting correspondant est maximum pour $|\tilde{\mathbf{q}}| = 0$, ce qui provient du fait que $D_{\mathbf{q},0,0} \sin^2 \theta_{\mathbf{q},0}$ diverge lorsque $|\tilde{\mathbf{q}}| \to 0$. L'équation aux valeurs propres (2.105) ne fait intervenir que les termes diagonaux $D_{\mathbf{q},n,n}$. En remarquant que pour $n \neq 0$, $D_{\mathbf{q},n,n} \sin^2 \theta_{\mathbf{q},n} \to 0$ lorsque $|\tilde{\mathbf{q}}| \to 0$, on est en mesure d'expliquer pourquoi l'énergie des modes $n \neq 0$ n'est pas renormalisée à $|\tilde{\mathbf{q}}| = 0$. Notons cependant que le splitting du mode $n = 2$ n'est plus négligeable lorsque $D_{\mathbf{q},2,2} \sin^2 \theta_{\mathbf{q},2}$ atteint sa valeur maximale autour de $|\tilde{\mathbf{q}}| = 2$. En effet, il est facile de voir que les constantes de couplage $D_{\mathbf{q},n,n} \sin^2 \theta_{\mathbf{q},n}$ tendent vers 0 ($\sim 1/|\tilde{\mathbf{q}}|$) lorsque $|\tilde{\mathbf{q}}| \to +\infty$, et les fréquences propres tendent asymptotiquement vers leurs valeurs non-perturbées. On comprend donc maintenant l'origine du "Polariton Gap" évoqué dans la section 1.3.2. En effet, les modes propres associés aux degrés de liberté photoniques n'ont pas les mêmes énergies selon la valeur du paramètre $|\tilde{\mathbf{q}}|$ servant à caractériser leur dispersion. À $|\tilde{\mathbf{q}}| = 0$, le "blue shift" est maximal alors que l'on retrouve l'énergie des modes libres pour $|\tilde{\mathbf{q}}| \to +\infty$. Il ne nous reste désormais que les contributions impaires pour les deux polarisations

$$H^{(i)} = \sum_{\mathbf{q},\eta} \sum_{n \text{ impairs}} \hbar \omega_{\mathbf{q},n} a^\dagger_{\mathbf{q},n,\eta} a_{\mathbf{q},n,\eta} + H^{(i)}_{\text{dia}}, \qquad (2.107)$$

que nous allons maintenant diagonaliser avec les autres contributions.

2.2.8 Excitations lumière-matière

Nous disposons désormais des différentes contributions qui composent le hamiltonien total (2.44), qui peut alors se mettre sous une forme bosonique et quadratique dans le régime des hauts facteurs de remplissage. Nous allons le diagonaliser au moyen d'une transformation qui porte le nom de transformation de Hopfield-Bogoliubov lorsqu'elle décrit le couplage entre des champs bosoniques de natures différentes. En regroupant les différentes contributions, nous obtenons $H = H_{\text{mp}} + H_{\text{int}} + H^{(i)}$ auquel on doit ajouter la contribution des modes pairs

$$H^{(\text{p})} = \sum_{\mathbf{q}} \sum_j \hbar\tilde{\omega}_{\mathbf{q},j} \tilde{a}^\dagger_{\mathbf{q},j,1} \tilde{a}_{\mathbf{q},j,1} + \sum_{\mathbf{q}} \sum_{n\text{ pairs}} \hbar\omega_{\mathbf{q},n} a^\dagger_{\mathbf{q},n,2} a_{\mathbf{q},n,2}, \quad (2.108)$$

dont les valeurs propres ont été tracé sur la figure 2.2.9. La contribution H_{int} décrivant le couplage linéaire entre le plasmon et les modes de cavité est donnée par l'équation

$$H_{\text{int}} = \sum_{\mathbf{q}} \sum_{n\text{ impairs}} i\hbar\Omega_{\mathbf{q},n} \sqrt{\frac{\omega_{\text{p},\mathbf{q}}}{\omega_0}} \cos\theta_{\mathbf{q},n} \left(d^\dagger_{\mathbf{q}} - d_{-\mathbf{q}}\right) \left(a^\dagger_{-\mathbf{q},n,1} + a_{\mathbf{q},n,1}\right)$$
$$+ \sum_{\mathbf{q}} \sum_{n\text{ impairs}} \hbar\Omega_{\mathbf{q},n} \sqrt{\frac{\omega_0}{\omega_{\text{p},\mathbf{q}}}} \left(d^\dagger_{\mathbf{q}} + d_{-\mathbf{q}}\right) \left(a^\dagger_{-\mathbf{q},n,2} + a_{\mathbf{q},n,2}\right). \quad (2.109)$$

Les contributions restantes sont quant à elles données par

$$H^{(i)} = \sum_{\mathbf{q}} \sum_{n,n'\text{ impairs}} \hbar D_{\mathbf{q},n,n'} \cos\theta_{\mathbf{q},n} \cos\theta_{\mathbf{q},n'} \left(a_{-\mathbf{q},n,1} + a^\dagger_{\mathbf{q},n,1}\right) \left(a_{\mathbf{q},n',1} + a^\dagger_{-\mathbf{q},n',1}\right)$$
$$+ \sum_{\mathbf{q}} \sum_{n,n'\text{ impairs}} \hbar D_{\mathbf{q},n,n'} \left(a_{-\mathbf{q},n,2} + a^\dagger_{\mathbf{q},n,2}\right) \left(a_{\mathbf{q},n',2} + a^\dagger_{-\mathbf{q},n',2}\right)$$
$$+ \sum_{\mathbf{q},\eta} \sum_{n\text{ impairs}} \hbar\omega_{\mathbf{q},n} a^\dagger_{\mathbf{q},n,\eta} a_{\mathbf{q},n,\eta}, \quad (2.110)$$

et l'énergie du mode de plasmon

$$H_{\text{mp}} = \sum_{\mathbf{q}} \hbar\omega_{\text{p},\mathbf{q}} d^\dagger_{\mathbf{q}} d_{\mathbf{q}}. \quad (2.111)$$

Il convient de remarquer que l'on peut pas séparer les contributions associées à chaque polarisation $\eta = 1, 2$ de façon à former deux termes qui commutent. Les différents modes n étant directement couplés via le terme diamagnétique, seuls les modes $\mathbf{q}$ sont indépendants ce qui provient du fait que l'impulsion totale dans le plan est conservée. Autrement dit, tant que l'on se limite aux excitations neutres, le vecteur d'onde dans le plan demeure un bon nombre quantique. En introduisant des variables d'impulsion et de position fictives, combinaisons linéaires des opérateurs électroniques et photoniques, on peut alors montrer que le hamiltonien précédent est défini positif quelque soit la

2.2. Couplage ultrafort à un résonateur optique

valeur de ν, ce qui implique que ce dernier est toujours diagonalisable. En suivant la démarche introduite par Hopfield [14, 83–85], introduisons les modes normaux (ou "magnéto-polaritons")

$$\begin{aligned}p_{\mathbf{q},j} &= \sum_n W^{(1)}_{\mathbf{q},n,j} a_{\mathbf{q},n,1} + \sum_n W^{(2)}_{\mathbf{q},n,j} a_{\mathbf{q},n,2} + X_{\mathbf{q},j} d_{\mathbf{q}} \\ &+ \sum_n Y^{(1)}_{\mathbf{q},n,j} a^{\dagger}_{-\mathbf{q},n,1} + \sum_n Y^{(2)}_{\mathbf{q},n,j} a^{\dagger}_{-\mathbf{q},n,2} + Z_{\mathbf{q},j} d^{\dagger}_{-\mathbf{q}},\end{aligned} \quad (2.112)$$

qui diagonalisent le hamiltonien total, i.e.

$$H = \sum_{\mathbf{q},j} E_{\mathbf{q},j} p^{\dagger}_{\mathbf{q},j} p_{\mathbf{q},j} \quad (2.113)$$

à une constante près. Les coefficients de Hopfield vérifient la condition de normalisation

$$\sum_n |W^{(1)}_{\mathbf{q},n,j}|^2 + \sum_n |W^{(2)}_{\mathbf{q},n,j}|^2 + |X_{\mathbf{q},j}|^2 - \sum_n |Y^{(1)}_{\mathbf{q},n,j}|^2 - \sum_n |W^{(2)}_{\mathbf{q},n,j}|^2 - |Z_{\mathbf{q},j}|^2 = 1. \quad (2.114)$$

Il est alors commode d'introduire les notations

$$\begin{aligned}\vec{\Omega}_{\mathbf{q},1} &= (\Omega_{\mathbf{q},1}\cos\theta_{\mathbf{q},1}, \Omega_{\mathbf{q},3}\cos\theta_{\mathbf{q},3}, \Omega_{\mathbf{q},5}\cos\theta_{\mathbf{q},5}, \cdots)^{\mathrm{T}} \\ \vec{\Omega}_{\mathbf{q},2} &= (\Omega_{\mathbf{q},1}, \Omega_{\mathbf{q},3}, \Omega_{\mathbf{q},5}, \cdots)^{\mathrm{T}},\end{aligned} \quad (2.115)$$

où l'exposant T désigne la transposition matricielle, et

$$\begin{aligned}\underline{\omega}_{\mathbf{q}} &= \mathrm{Diag}\,(\omega_{\mathbf{q},1}, \omega_{\mathbf{q},3}, \omega_{\mathbf{q},5}, \cdots) \\ \underline{D}_{\mathbf{q},1} &= \frac{\vec{\Omega}_{\mathbf{q},1}\vec{\Omega}^{\mathrm{T}}_{\mathbf{q},1}}{\omega_0} \\ \underline{D}_{\mathbf{q},2} &= \frac{\vec{\Omega}_{\mathbf{q},2}\vec{\Omega}^{\mathrm{T}}_{\mathbf{q},2}}{\omega_0}.\end{aligned} \quad (2.116)$$

Avec ces conventions, l'équation aux valeurs propres $[p_{\mathbf{q},j}, H] = E_{\mathbf{q},j} p_{\mathbf{q},j}$ se met sous la forme matricielle $\hbar \underline{M}_{\mathbf{q}} \vec{V}_{\mathbf{q},j} = E_{\mathbf{q},j} \vec{V}_{\mathbf{q},j}$, avec les vecteurs propres

$$\vec{V}_{\mathbf{q},j} = \left(W^{(1)}_{\mathbf{q},1,j}, \cdots, W^{(2)}_{\mathbf{q},1,j}, \cdots, X_{\mathbf{q},j}, Y^{(1)}_{\mathbf{q},1,j}, \cdots, Y^{(2)}_{\mathbf{q},1,j}, \cdots, Z_{\mathbf{q},j}\right)^{\mathrm{T}}, \quad (2.117)$$

et la matrice de Hopfield

$$\underline{\mathcal{M}}_{\mathbf{q}} = \begin{pmatrix} \underline{\mathcal{Q}}_{\mathbf{q}} & \underline{\mathcal{K}}_{\mathbf{q}} \\ -\underline{\mathcal{K}}_{\mathbf{q}}^{\dagger} & -\underline{\mathcal{Q}}_{\mathbf{q}}^{\mathrm{T}} \end{pmatrix}. \qquad (2.118)$$

Les "sous-matrices" de l'équation précédente sont données par les deux relations

$$\underline{\mathcal{Q}}_{\mathbf{q}} = \begin{pmatrix} \underline{\omega}_{\mathbf{q}} + 2\underline{D}_{\mathbf{q},1} & \underline{0} & i\vec{\Omega}_{\mathbf{q},1}\sqrt{\frac{\omega_{\mathrm{p,q}}}{\omega_0}} \\ \underline{0} & \underline{\omega}_{\mathbf{q}} + 2\underline{D}_{\mathbf{q},2} & \vec{\Omega}_{\mathbf{q},2}\sqrt{\frac{\omega_0}{\omega_{\mathrm{p,q}}}} \\ -i\vec{\Omega}_{\mathbf{q},1}^{\mathrm{T}}\sqrt{\frac{\omega_{\mathrm{p,q}}}{\omega_0}} & \vec{\Omega}_{\mathbf{q},2}^{\mathrm{T}}\sqrt{\frac{\omega_0}{\omega_{\mathrm{p,q}}}} & \omega_{\mathrm{p,q}} \end{pmatrix} \qquad (2.119)$$

et

$$\underline{\mathcal{K}}_{\mathbf{q}} = \begin{pmatrix} -2\underline{D}_{\mathbf{q},1} & \underline{0} & i\vec{\Omega}_{\mathbf{q},1}\sqrt{\frac{\omega_{\mathrm{p,q}}}{\omega_0}} \\ \underline{0} & -2\underline{D}_{\mathbf{q},2} & -\vec{\Omega}_{\mathbf{q},2}\sqrt{\frac{\omega_0}{\omega_{\mathrm{p,q}}}} \\ i\vec{\Omega}_{\mathbf{q},1}^{\mathrm{T}}\sqrt{\frac{\omega_{\mathrm{p,q}}}{\omega_0}} & -\vec{\Omega}_{\mathbf{q},2}^{\mathrm{T}}\sqrt{\frac{\omega_0}{\omega_{\mathrm{p,q}}}} & 0 \end{pmatrix}. \qquad (2.120)$$

Notons que $\underline{0}$ désigne une matrice de zéros de même taille que $\underline{\omega}_{\mathbf{q}}$ et $\underline{D}_{\mathbf{q},i}$ ($i = 1, 2$).

Sur la figure 2.2.10, nous avons représenté les fréquences des 7 premiers modes propres (magnéto-polaritons) normalisées par la fréquence cyclotron $\frac{E_{\mathbf{q},j}}{\hbar\omega_0}$ ($j = 1, 2, \cdots, 7$), en fonction du vecteur d'onde optique adimensionné $|\tilde{\mathbf{q}}|$ (traits pleins). Ces modes propres sont obtenus par diagonalisation numérique de la matrice de Hopfield 2.118, en utilisant un cutoff $n_{\mathrm{c}} = 15$ suffisant pour atteindre la convergence. La fréquence cyclotron ω_0 ainsi que les fréquences des modes optiques $\omega_{\mathbf{q},n}$ sont respectivement représentées par des lignes en pointillés et en tirets noirs. Au vecteur d'onde résonant $|\tilde{\mathbf{q}}| = 0$, le splitting des différentes branches de polaritons est maximal, tout comme le mélange des composantes photoniques et électroniques. La branche de plus basse énergie $j = 1$ (trait plein noir) est alors clairement déplacée vers 0 et possède un poids électronique $|X_{0,1}|^2 - |Y_{0,1}|^2 \approx 0.9$. L'état fondamental $|G\rangle$ du système total définit par $p_{\mathbf{q},j}|G\rangle = 0$, ainsi que les états excités obtenus par application des opérateurs $p_{\mathbf{q},j}^{\dagger}$ sur $|G\rangle$ sont des états intriqués lumière-matière, analogues aux états de Bell (1.32) du chapitre 1. Lorsque l'on s'éloigne de la résonance ($|\tilde{\mathbf{q}}| \to +\infty$), il y a désintrication des degrés de liberté électroniques et photoniques, les fréquences propres convergent vers les fréquences des excitations non-couplées. En particulier, la fréquence de la branche $j = 1$ tend vers la

2.2. Couplage ultrafort à un résonateur optique

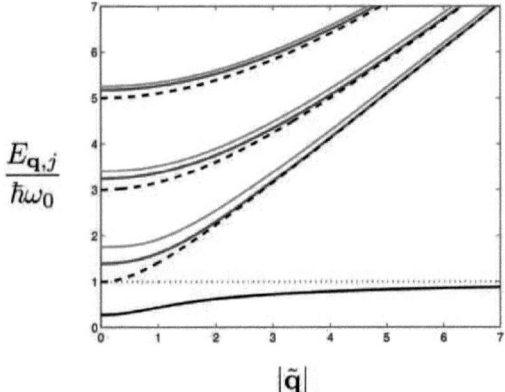

FIGURE 2.2.10 – *Fréquences des 7 premiers modes propres (magnéto-polaritons) normalisées par la fréquence cyclotron $\frac{E_{\mathbf{q},j}}{\hbar\omega_0}$ ($j = 1, 2, \cdots, 7$) en fonction du vecteur d'onde optique adimensionné $|\tilde{\mathbf{q}}|$ (traits pleins), à ν fixé. Ces modes propres sont obtenus par diagonalisation numérique de la matrice de Hopfield 2.118 en utilisant un cutoff $n_c = 15$ suffisant pour atteindre la convergence. La fréquence cyclotron ainsi que celles des modes optiques $\omega_{\mathbf{q},n}$ sont respectivement représentés par des lignes en pointillés et en tirets noirs. Paramètres : $\epsilon = 13$, $n_{\mathrm{QW}} = 8$, $\nu = 50$.*

fréquence cyclotron avec un poids électronique se rapprochant de plus en plus de 1. Les branches bleues ($j = 2, 4, 6, \cdots$) et vertes ($j = 3, 5, 7, \cdots$) se décomposent respectivement sur les modes de polarisation $\eta = 1$ et $\eta = 2$ lorsque $|\tilde{\mathbf{q}}| \to +\infty$. On remarque également que le gap de polariton entre les branches $j = 1$ et $j = 2$ est clairement visible.

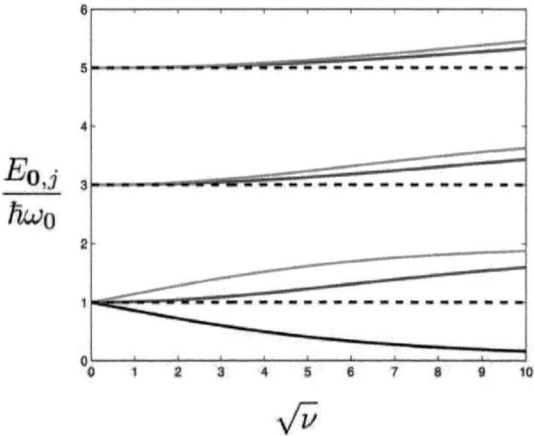

FIGURE 2.2.11 – *Fréquences des 7 premiers modes propres (magnétopolaritons) normalisées par la fréquence cyclotron $\frac{E_{0,j}}{\hbar\omega_0}$, en fonction de la racine carrée du facteur de remplissage (le rapport de couplage $\frac{\Omega_{0,1}}{\omega_0}$ est proportionnel à $\sqrt{\nu}$). Le vecteur d'onde $\mathbf{q} = \mathbf{0}$ choisit ici est celui du mode $0, 1$ résonant avec la transition cyclotron. Les modes propres sont obtenus par diagonalisation numérique de la matrice de Hopfield 2.118 en utilisant un cutoff $n_c = 15$ suffisant pour atteindre la convergence. Les fréquences des modes optiques $\frac{\omega_{0,n}}{\omega_0} = n$ sont représentées par des lignes en tirets noirs. Paramètres : $\epsilon = 13$, $n_{\text{QW}} = 8$, $|\tilde{\mathbf{q}}| = 0$.*

La figure 2.2.11 représente les énergies propres normalisées $\frac{E_{0,j}}{\hbar\omega_0}$ en fonction de la racine carrée du facteur de remplissage (la fréquence de Rabi normalisée $\frac{\Omega_{0,1}}{\omega_0}$ est proportionnelle à $\sqrt{\nu}$), pour le vecteur d'onde résonant avec la transition cyclotron $|\tilde{\mathbf{q}}| = 0$. Les courbes en tirets noirs correspondent aux fréquences des modes optiques à $|\mathbf{q}| = 0$ ($\omega_{0,n}/\omega_0 = n$). On voit que le splitting entre les

2.2. Couplage ultrafort à un résonateur optique

excitations $j = 1$ (courbe noire) et $j = 3$ (courbe verte) devient comparable à la fréquence cyclotron (couplage ultrafort) dès $\nu \sim 20$.

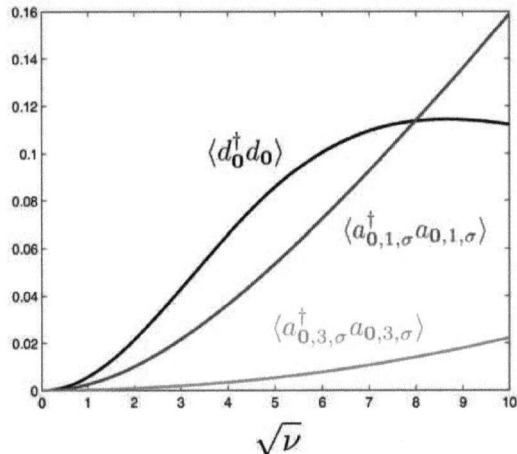

FIGURE 2.2.12 – *Valeurs moyennes des nombres d'excitations sur l'état fondamental $|G\rangle$ en fonction de $\sqrt{\nu}$, à résonance ($|\tilde{\mathbf{q}}| = 0$). Paramètres : $\epsilon = 13$, $n_{\mathrm{QW}} = 8$, $|\tilde{\mathbf{q}}| = 0$.*

Sur la figure 2.2.12, nous avons représenté les valeurs moyennes des nombres d'excitations sur l'état fondamental $|G\rangle$ en fonction de $\sqrt{\nu}$, à résonance ($|\tilde{\mathbf{q}}| = 0$). Il est facile de montrer que ces valeurs moyennes sont reliées aux modules carrés des coefficients de Hopfield $Y^{(i)}_{\mathbf{0},n,j}$ et $Z_{\mathbf{0},j}$ ($\eta = 1, 2$),

$$\langle a^{\dagger}_{\mathbf{0},n,\eta} a_{\mathbf{0},n,\eta} \rangle = \sum_{j} |Y^{(\eta)}_{\mathbf{0},n,j}|^2 \qquad (2.121)$$

$$\langle d^{\dagger}_{\mathbf{0}} d_{\mathbf{0}} \rangle = \sum_{j} |Z_{\mathbf{0},j}|^2. \qquad (2.122)$$

On constate que les nombres de photons des deux polarisations sont égaux, ce qui n'est pas surprenant étant donné la symétrie du hamiltonien total (à $|\tilde{\mathbf{q}}| = 0$, on a $\cos \theta_{\mathbf{0},n} = 1$). Les coefficients de Hopfield "anormaux" apparaissant dans l'équation précédente permettent d'estimer l'importance des termes

Chapitre 2. Couplage ultrafort de la transition cyclotron aux modes optiques d'un résonateur, le cas des semiconducteurs

antirésonants. Lorsque le rapport de couplage augmente ($\frac{\Omega_{0,1}}{\omega_0} \lesssim 1$), on ne peut plus négliger ces termes et la contribution des coefficients anormaux devient importante. On constate bien que le nombre d'excitations non-nul dans l'état fondamental lumière-matière est une propriété caractéristique du couplage ultrafort. En particulier, notons que l'on a $n_{\text{el}} = \langle d_0^\dagger d_0 \rangle \lesssim 0.1$, ce qui justifie de façon auto-cohérente la validité de l'approximation bosonique utilisée. Nous montrons en effet dans l'annexe A.2 l'égalité stricte entre les sous-espaces de Hilbert fermionique et bosonique à une excitation ($n_{\text{el}} = 1$). Pour finir, remarquons que pour $\nu \approx 70$, le nombre d'excitation électroniques devient inférieur au nombre de photons dans le mode $n = 1$. Ceci est dû au fait que pour $\nu = 70$ et $n_{\text{QW}} = 8$, le rapport de couplage $\frac{\Omega_{0,1}}{\omega_0} \approx 0.8$ (figure 2.2.6), et le terme diamagnétique $\propto \left(\frac{\Omega_{0,1}}{\omega_0}\right)^2$ commence à dominer le terme de couplage linéaire.

Résumons ici les principaux résultats de ce chapitre. Nous avons montré que la transition cyclotron d'un gaz d'électrons bidimensionnel renormalisée par la partie longue portée des interactions Coulombiennes peut être couplée ultrafortement aux modes optiques d'une cavité planaire dans le régime des hauts facteurs de remplissage. Ce régime de couplage inédit est alors caractérisé lorsque la fréquence de Rabi du vide devient comparable à la fréquence des excitations non-couplées. Nous avons montré que le couplage lumière-matière est dominé par des modes collectifs appelés magnéto-excitons "dipolaires", correspondant à des excitations électron-trou entre deux niveaux de Landau consécutifs et impliquant tous les centres d'orbites. Les modes optiques de la cavité sélectionnent alors les magnéto-excitons de grande longueur d'onde, renormalisés en un mode de plasmon dispersif en raison de la partie longue portée des interactions Coulombiennes. Finalement, ces excitations électroniques peuvent être considérées comme bosoniques dans la limite diluée ($n_{\text{el}} \ll 1$) et dans le régime de hauts facteurs de remplissage. Nous avons vu que le modèle de bosons libres de type Luttinger est tout à fait pertinent à prendre en compte les interactions Coulombiennes en présence du résonateur et dans le régime $\nu \gg 1$. Les excitations du système total (magnéto-polaritons) ont été caractérisées en diagonalisant un hamiltonien quadratique et bosonique au moyen d'une transformation de Hopfield-Bogoliubov généralisée. L'état fondamental du système contient un petit nombre d'excitations électroniques en raison des termes antirésonants qui proviennent du hamiltonien d'interaction. Le terme diamagnétique joue quant à lui un rôle prépondérant au sens où il permet au hamiltonien d'être définit positif quelque soit la valeur du couplage. Dans ce

2.2. Couplage ultrafort à un résonateur optique

terme diamagnétique, on peut finalement séparer les contributions résonantes (qui conservent le nombre de photons) responsables d'une renormalisation de l'énergie des modes de la cavité (existence du gap de polariton), et les termes antirésonants qui provoquent l'apparition d'un nombre de photons non-nul dans l'état fondamental.

Chapitre 3

Couplage ultrafort de la transition cyclotron d'un gaz d'électrons 2D à un métamatériau térahertz

Nous arrivons ici à l'un des points clé de ce travail de thèse, au cours de laquelle les prédictions théoriques présentées dans le chapitre précédent ont donné lieu à une vérification expérimentale spectaculaire dans le contexte de la spectroscopie térahertz de transmission [86]. Dans ce chapitre, nous présentons les résultats de l'article [86], démontrant que le couplage ultrafort est atteint dans un "métamatériau" térahertz où la transition cyclotron d'un gaz d'électrons bidimensionnel à haute mobilité est couplée aux modes photoniques d'un réseau de résonateurs "split-ring". Nous verrons en particulier que la loi de scaling donnant le rapport entre la fréquence de Rabi du vide et la fréquence de la transition cyclotron $\frac{\Omega}{\omega_0} \sim \sqrt{\alpha \nu n_{\mathrm{QW}}}$ est en bon accord avec les données expérimentales. α, ν et n_{QW} désignent respectivement la constante de structure fine, le facteur de remplissage des niveau de Landau et le nombre de puits quantiques de la structure. Finalement, le spectre des excitations peut être reproduit avec un modèle à deux modes bosoniques indépendants dans lequel la géométrie particulière du résonateur n'intervient qu'à travers un facteur de forme d'ordre unité.

3.1 Système physique

3.1.1 Les échantillons

On considère ici deux échantillons que nous appellerons S et S_4, constitués d'une hétérostructure semiconductrice contenant respectivement un ($n_{\text{QW}} = 1$) et quatre ($n_{\text{QW}} = 4$) puits quantiques dans une matrice de GaAs (figure 3.1.1). La région active de S est un puits triangulaire composé d'une couche de $Al_{0.3}Ga_{0.7}As$ dopée en Silicium d'une largeur de 40nm. La concentration et la mobilité du gaz d'électron bidimensionnel apparaissant à l'interface sont déterminés par des mesures de transport, et valent respectivement $\rho_S = 3.2 \cdot 10^{11}\text{cm}^{-2}$ et $\mu_S = 10^6 \text{cm}^2\text{V}^{-1}\text{s}^{-1}$ à $T = 1.5$K. L'échantillon S_4 est constitué d'une succession de quatre puits quantiques de largeur $\sim 30\mu$m, séparés par une distance de 170nm. La densité de porteurs induite par modulation symétrique dans chacun des gaz d'électrons est donnée par $\rho_{S_4} = 4.45 \cdot 10^{11}\text{cm}^{-2}$, et la mobilité mesurée à 1.5K est $\mu_{S_4} = 6.7 \cdot 10^6 \text{cm}^2\text{V}^{-1}\text{s}^{-1}$. Enfin, la largeur totale de la région active est de l'ordre de 1μm.

3.1.2 Le résonateur

Le type de résonateur utilisé dans cette expérience est basé sur la technologie des métamatériaux. Ces derniers consistent en un agencement périodique de petites boucles métalliques appelées résonateurs "split-ring", dont la taille est de l'ordre de quelques microns. Ces boucles admettent des résonances de type LC dans le domaine du térahertz avec de bons facteurs de qualité, et surtout des composantes du champ électrique dans le plan importantes. À la différence des résonateurs utilisés dans la référence [59] où la polarisation électronique est dirigée selon l'axe (Oz), le champ électrique confiné sous la métasurface considérée ici est essentiellement contenu dans le plan. Soulignons que c'est cette propriété qui permet le couplage des modes optiques avec la transition cyclotron du gaz d'électrons bidimensionnel. Les deux résonateurs R et R' considérés dans cette expérience sont respectivement schématisés sur les figures 3.1.2 et 3.1.3. A champ magnétique nul, R admet une résonance de type LC (notée $j = 1$) à une fréquence $f_1 \approx 0.9$THz, ainsi qu'une autre résonance de type "cut-wire" (notée $j = 2$) à $f_2 \approx 2.3$THz. Dans le premier cas, le champ électrique dans le plan est principalement concentré sur les armatures de la capacité situé au centre du résonateur. Le second mode est en revanche délocalisé sur les bords (figure 3.1.2).

3.1. Système physique

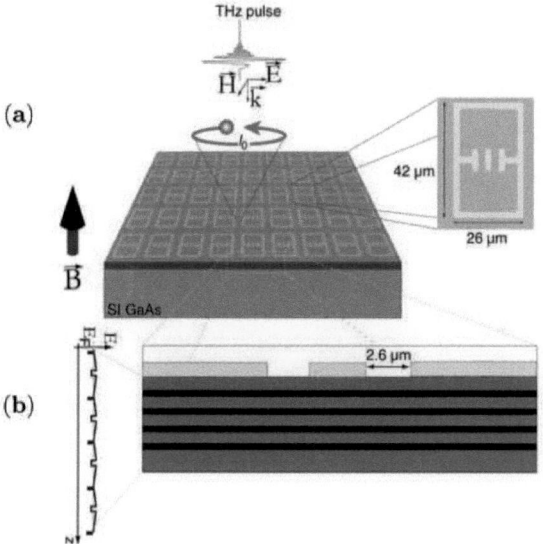

FIGURE 3.1.1 – (a) *Représentation schématique du système considéré dans l'expérience. Une hétérostructure semiconductrice contenant un puits quantique pour l'échantillon S et quatre puits pour l'échantillon S_4, est soumise à un champ magnétique statique dirigé selon l'axe (Oz). Une "métasurface" composée de résonateurs split-ring est déposée à la surface du semiconducteur. À droite : Image d'un résonateur split-ring de taille $42\mu m \times 26\mu m$ obtenue par microscopie électronique. (b) La structure de bande de la région active est représentée en face de la position des puits quantiques correspondants (l'échelle n'est pas respectée).*

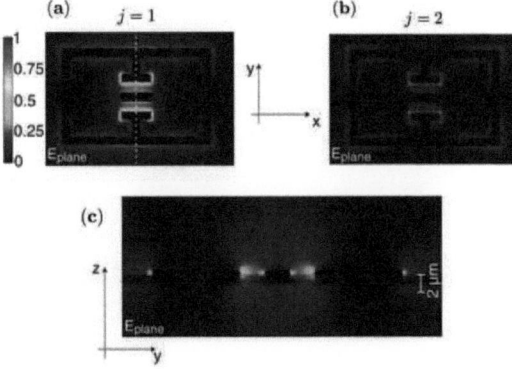

FIGURE 3.1.2 – *Distribution spatiale du champ électrique dans le plan $E_{\text{plan}} = \sqrt{E_x^2 + E_y^2}$ pour les deux modes du résonateur de type R. (**a**) Pour le mode $j = 1$ ($f_1 \approx 0.9\text{THz}$). (**b**) Pour le mode $j = 2$ ($f_2 \approx 2.3\text{THz}$). Les simulations sont obtenues en utilisant un logiciel à éléments finis (Comsol). L'altitude z est fixée à 100nm sous la surface du semiconducteur. (**c**) Intensité du champ électrique E_{plan} dans le plan (yOz) pour le mode $j = 1$ (la coupe est indiquée sur (**a**) par la ligne en pointillés blancs.*

3.2. Résultats expérimentaux

R' possède une géométrie un peu différente et admet une seule résonance à la fréquence $f = 500\text{GHz}$. Le champ électrique correspondant est localisé dans le gap entre les armatures latérales, tandis que son extension selon l'axe (Oz) est plus importante que pour le mode $j = 1$ de R (figure 3.1.3). Ces résonateurs sont déposés sur le substrat par photo-lithographie standard, suivie d'une métallisation utilisant un composé Ti/Au, et d'une procédure de "lift-off". En outre, ce substrat affecte le facteur de qualité des différentes résonances. Pour le résonateur R, et pour chacun des deux échantillons S et S_4, les facteurs de qualité mesurés sont donnés par $Q_S^{f_1} \sim 3.1$ et $Q_{S_4}^{f_1} \sim 2.2$ pour la première résonance, ainsi que $Q_S^{f_2} \sim 5.3$ et $Q_{S_4}^{f_2} \sim 3.6$ pour la seconde. Remarquons pour finir que le confinement du champ selon l'axe transverse (Oz) est obtenu grâce à la discontinuité d'impédance liée au contraste entre les indices optiques de l'air et du GaAs.

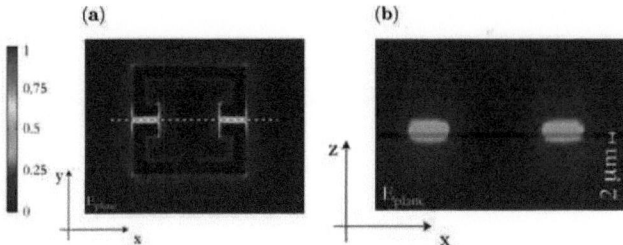

FIGURE 3.1.3 – (a) *Distribution spatiale du champ électrique dans le plan* $E_{\text{plan}} = \sqrt{E_x^2 + E_y^2}$ *pour le mode du résonateur* R' *de fréquence* $f = 500\text{GHz}$. *Les simulations sont effectuées en utilisant un logiciel à éléments finis (Comsol). L'altitude* z *est fixée à 100nm sous la surface du semiconducteur.* (b) *Intensité du champ électrique* E_{plan} *dans le plan* (yOz) *(la coupe est indiquée sur* (a) *par la ligne en pointillés blancs.*

3.2 Résultats expérimentaux

Les résonateurs décrits dans la section précédente opèrent tous les deux dans le domaine du térahertz. On doit donc considérer des champs magnétiques de l'ordre de quelques Tesla pour que la transition cyclotron soit comprise dans cette gamme de fréquence. La sonde utilisée dans cette expérience consiste en une impulsion térahertz à large bande, générée par un laser Ti :Sapphire délivrant des impulsions de 75fs. Le cryostat contenant l'échantillon est équipé d'une bobine supraconductrice qui produit le champ magnétique B.

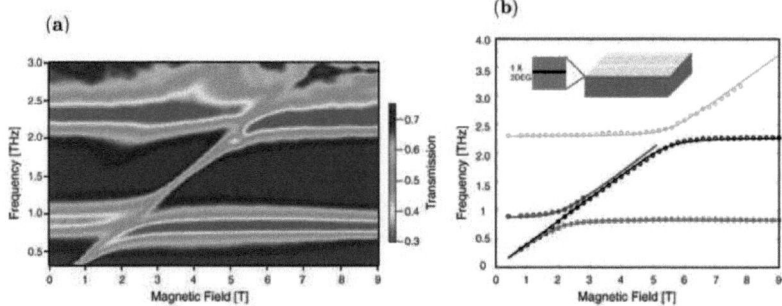

FIGURE 3.2.1 – (a) *Transmission $|T|$ de l'échantillon S en fonction du champ magnétique B, après déposition des résonateurs split-ring de type R à la surface. La référence correspond à l'échantillon S "nu" et à $B = 0$. Les mesures sont effectuées à une température $T = 2.2$K.* (b) *Fit des minima de transmission correspondants aux petits cercles de couleur, en utilisant le modèle à deux modes indépendants décrit dans la section 3.3. Le paramètre de fit est le rapport de couplage $\frac{\Omega_j}{\omega_j}$ ($j = 1, 2$).*

Sur la figure 3.2.1 (a), nous avons représenté l'évolution de la transmission $|T| = |\frac{E_{S,R}(B)}{E_S(0)}|$ de l'échantillon S sur lequel on a déposé une métasurface de résonateurs de type R, en fonction du champ magnétique B. Notons que la transmission est normalisée par le champ électrique $E_S(0)$ transmis à travers l'échantillon "nu" (sans dépôt préalable de la métasurface) et à champ magnétique nul. Lorsque l'on augmente ce champ magnétique, on observe une profonde modification de la transmission de l'échantillon. On peut noter l'apparition de deux anticroisements lorsque la fréquence cyclotron est à résonance avec la fréquence de chaque modes, ce qui correspond à $B = 2$T pour le mode $j = 1$ et $B = 5.5$T pour le mode $j = 2$. Sur la figure 3.2.1 (b), les minima de transmission (correspondants aux absorptions du système) sont tracés en fonction du champ magnétique (petits cercles de couleur). Les courbes sont

3.2. Résultats expérimentaux

obtenues en utilisant un modèle à deux modes indépendants décrit dans la section 3.3, avec comme paramètre de fit le rapport de couplage $\frac{\Omega_j}{\omega_j}$ où $\omega_j = 2\pi f_j$ désigne la pulsation du mode optique correspondant. Cette procédure nous permet de déterminer les deux valeurs $\frac{\Omega_1}{\omega_1} = 0.17$ et $\frac{\Omega_2}{\omega_2} = 0.075$. Comme on s'y attendait, le rapport de couplage augmente avec le facteur de remplissage des niveaux, correspondant à $\nu(B = 2\text{T}) \approx 3$ et $\nu(B = 5.5\text{T}) \approx 1$ en utilisant la densité ρ_S et le facteur $g_S = 2$ pour la dégénérescence de spin.

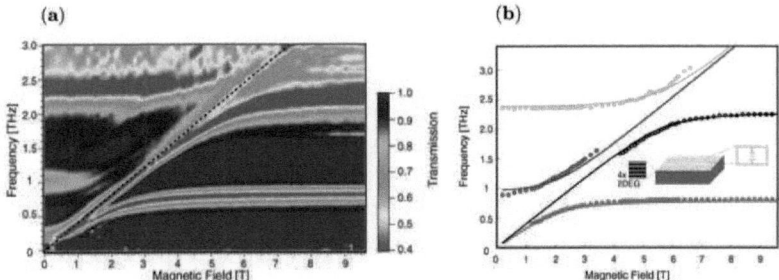

FIGURE 3.2.2 – (a) Transmission $|T|$ de l'échantillon S_4 en fonction du champ magnétique B, après déposition des résonateurs split-ring de type R à la surface. La référence correspond à l'échantillon S_4 "nu" et à $B = 0$. Les mesures sont effectuées à une température $T = 10\text{K}$. (b) Fit des minima de transmission correspondants aux petits cercles de couleur, en utilisant le modèle à deux modes indépendants décrit dans la section 3.3. Le paramètre de fit est le rapport de couplage $\frac{\Omega_j}{\omega_j}$ $(j = 1, 2)$.

Sur la figure 3.2.2, nous avons représenté la transmission $|T| = |\frac{E_{S_4,R}(B)}{E_{S_4}(0)}|$ de l'échantillon S_4 (contenant 4 puits quantiques) en fonction du champ magnétique B, après déposition d'une métasurface de type R. Comme précédemment, la transmission est normalisée par le champ électrique $E_{S_4}(0)$ transmis à travers l'échantillon "nu" et à champ magnétique nul. Le splitting observé montre clairement que le système atteint le régime de couplage ultrafort. En utilisant la même procédure de fit que précédemment, on trouve en effet un rapport de couplage $\frac{\Omega_1}{\omega_1} = 0.36$ pour le premier mode, supérieur à la valeur 0.1 à partir de laquelle la contribution des termes antirésonants devient observable [57]. De plus, on peut remarquer qu'à champ magnétique nul, la fréquence du mode $j = 1$ est clairement déplacée de sa valeur "nue" obtenue loin de la résonance ($B \to \infty$). Il s'agit du gap de polariton déjà évoqué dans les chapitres précédents, et dont l'origine est directement liée à la présence du terme diamagnétique. Bien que le facteur de qualité du mode $j = 2$ soit sensiblement plus grand que celui du mode $j = 1$, on constate que l'élargissement des branches de polaritons est plus important dans le premier cas. Cela signifie que la largeur de raies est dominée par celle de la résonance cyclotron. Les facteurs de remplissage correspondants aux deux résonances sont respectivement donnés par $\nu(B = 2T) \approx 4.4$ et $\nu(B = 5.5T) \approx 1.6$ avec la densité ρ_{S_4}. En comparant le rapport

$$\frac{\left(\frac{\Omega_1}{\omega_1}\right)_{S_4}}{\left(\frac{\Omega_1}{\omega_1}\right)_S} = \frac{0.36}{0.17} = 2.11 \tag{3.1}$$

déterminé expérimentalement avec la prédiction théorique

$$\sqrt{\frac{4\rho_{S_4}}{\rho_S}} = 2.35, \tag{3.2}$$

on peut conclure que le rapport de couplage varie bien comme $\sqrt{\rho_{2\text{DEG}}\, n_{\text{QW}}}$. En outre, rappelons que cette relation a été démontrée au chapitre précédent en supposant que le champ électrique du résonateur ne variait pas en fonction de l'altitude z des différents puits quantiques. Étant donnée la géométrie du système, on peut alors interpréter la petite différence entre les valeurs expérimentale (3.1) et théorique (3.1) au couplage inhomogène des puits quantiques avec les modes du résonateur.

En fait, il est possible d'augmenter encore un peu plus le rapport de couplage en allant vers des fréquences de résonance plus faibles. Considérons pour cela l'échantillon S_4 sur lequel est déposée une métasurface composée de résonateurs de type R' (figure 3.1.3), admettant une résonance à la fréquence $f = 500\text{GHz}$. Le champ magnétique correspondant à cette résonance est donné par $B = 1.2\text{T}$, et le facteur de remplissage par $\nu(B = 1.2\text{T}) \approx 7.3$. La transmission $|T| = |\frac{E_{S_4,R'}(B)}{E_{S_4}(0)}|$ à travers cet échantillon en fonction du champ magnétique est représentée sur la figure 3.2.3. La procédure de fit permet alors de déterminer le rapport de couplage $\frac{\Omega}{\omega} = 0.58$, correspondant à un splitting $\sim 2\Omega$ supérieur à la fréquence cyclotron, i.e. $2\Omega \approx 1.2\omega_0$.

Sur la figure 3.2.2 (**a**), on peut remarquer que la fréquence de la branche basse de polariton tend vers une valeur finie lorsque $B \to 0$. En fait, nous

3.2. Résultats expérimentaux

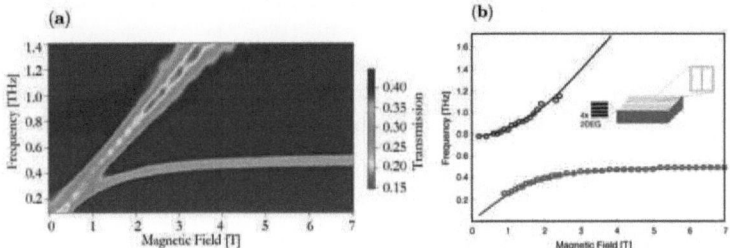

FIGURE 3.2.3 – (a) Transmission $|T|$ de l'échantillon S_4 en fonction du champ magnétique B, après déposition des resonateurs split-ring de type R' à la surface. La référence correspond à l'échantillon S_4 "nu" et à $B = 0$. Les mesures sont effectuées à une température $T = 10K$. L'élargissement de la résonance cyclotron est un artéfact lié à l'interpolation entre les points correspondants chaque champ magnétique. (b) Fit des minima de transmission correspondants aux petits cercles de couleur, en utilisant le modèle à deux modes indépendants décrit dans la section 3.3. Le paramètre de fit est le rapport de couplage $\frac{\Omega}{\omega}$ avec $\omega = 2\pi f$ et $f = 500$GHz.

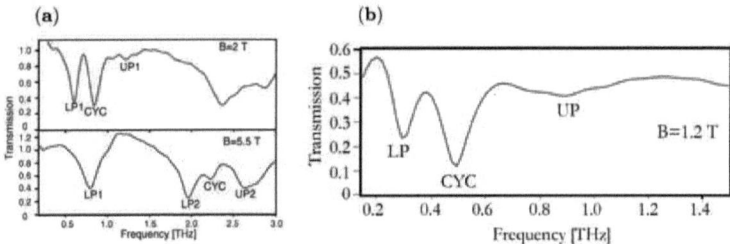

FIGURE 3.2.4 – Sections transverses de la transmission à travers l'échantillon S_4 en présence d'une métasurface : (a) de type R, (b) de type R'. Ces sections sont prises au niveau des anticroisements correspondants à : (a) $B = 2T$ et $B = 5.5T$), (b) $B = 1.2T$. Les acronymes "LP" et "UP" font référence aux différentes branches de polaritons : "Lower Polariton" et "Upper Polariton". "CYC" désigne la résonance cyclotron "nue".

avons vu dans la section 2.2.7 du chapitre 2 que la partie longue portée des interactions de Coulomb provoque l'apparition d'un mode de plasmon de fréquence $\omega_{\text{p},\mathbf{q}}$ modifié par le champ magnétique. C'est alors le théorème de Kohn qui justifie une description de ces interactions en terme de magnéto-excitons donnant $\omega_{\text{p},\mathbf{q}} = \sqrt{\omega_0^2 + \frac{2\pi e^2 \rho_{\text{2DEG}}|\mathbf{q}|}{m^*\epsilon}}$. Dans le cas des vecteurs d'onde optiques vérifiant la condition $|\mathbf{q}|l_0 \ll 1$ [1], on voit que la renormalisation de la fréquence cyclotron est très faible, à l'exception du cas $B = 0$ ($\omega_0 = 0$) où l'on retrouve la fréquence du plasmon bidimensionnel à champ magnétique nul $\omega_{\text{p},\mathbf{q}}(B = 0) = \sqrt{\frac{2\pi e^2 \rho_{\text{2DEG}}|\mathbf{q}|}{m^*\epsilon}}$. Bien que la résolution spectrale de l'expérience ne nous permette pas d'observer la renormalisation de la fréquence cyclotron à $B \neq 0$, on peut tout de même caractériser la présence de ce mode de plasmon à champ magnétique nul.

3.3 Modèle à deux modes indépendants

Pour finir ce chapitre, nous allons donner quelques précisions quant au modèle utilisé pour décrire les données expérimentales. Dans le chapitre précédent, nous avons dérivé l'expression du hamiltonien de couplage entre la transition cyclotron d'un gaz d'électrons bidimensionnel et les modes optiques d'une cavité planaire. La fréquence de Rabi du vide est alors donnée par la relation

$$\Omega_{\mathbf{q},n} = \sqrt{\frac{2\pi e^2 \rho_{\text{2DEG}} n_{\text{QW}} \omega_0}{m^*\epsilon \omega_{\mathbf{q},n} L_z}}, \qquad (3.3)$$

où $\mathbf{q}$ désigne le vecteur d'onde dans le plan, $\omega_{\mathbf{q},n} = \frac{c}{\sqrt{\epsilon}}\sqrt{|\mathbf{q}|^2 + \left(\frac{n\pi}{L_z}\right)^2}$ correspond à la fréquence des modes optiques de la cavité planaire de volume $V = L_z L^2$, et $\rho_{\text{2DEG}} n_{\text{QW}}$ à la densité effective d'électrons de charge e et de masse m^* (section 2.2.7). Concentrons nous d'abord sur le système composé par l'un des deux échantillons S ou S_4, sur lequel on a déposé une métasurface de type R possédant les deux résonances $j = 1, 2$. Il est clair que ce résonateur n'a rien d'une cavité planaire, et il paraît par conséquent raisonnable de remplacer la fréquence de Rabi de l'équation (3.3) par l'expression

$$\Omega_j = \chi_j \sqrt{\omega_0}, \qquad (3.4)$$

---

1. $l_0 = \sqrt{\frac{\hbar c}{eB}}$ désigne la longueur magnétique.

3.3. Modèle à deux modes indépendants

où nous avons introduit pour chaque mode j une fonction χ_j indépendante du champ magnétique. On s'attend toutefois à ce que cette fonction soit proportionnelle à $\sqrt{\rho_{\text{2DEG}} n_{\text{QW}}}$, avec un facteur dépendant de la forme du résonateur considéré. Supposons ici que le hamiltonien du système peut s'écrire comme une somme de deux contributions commutant entre elles, une pour chaque mode $j = 1, 2$. On pose donc $H = \sum_{j=1,2} H_j$, avec

$$H_j/\hbar = \omega_0 b_j^\dagger b_j + \omega_j a_j^\dagger a_j + \Omega_j \left(b_j + b_j^\dagger\right)\left(a_j + a_j^\dagger\right) + D_j \left(a_j + a_j^\dagger\right)^2, \quad (3.5)$$

$\Omega_j = \chi_j \sqrt{\omega_0}$, et $D_j = \frac{\Omega_j^2}{\omega_0} = \chi_j^2$. Nous avons vu au chapitre précédent que trouver les modes propres du hamiltonien (3.5) revient à diagonaliser la matrice de Hopfield-Bogoliubov

$$M_j(B, \chi_j) = \begin{pmatrix} \omega_0 & \chi_j\sqrt{\omega_0} & 0 & \chi_j\sqrt{\omega_0} \\ \chi_j\sqrt{\omega_0} & \omega_j + 2\chi_j^2 & \chi_j\sqrt{\omega_0} & 2\chi_j^2 \\ 0 & -\chi_j\sqrt{\omega_0} & -\omega_0 & -\chi_j\sqrt{\omega_0} \\ -\chi_j\sqrt{\omega_0} & -2\chi_j^2 & -\chi_j\sqrt{\omega_0} & -\omega_j - 2\chi_j^2 \end{pmatrix}, \quad (3.6)$$

qui pour chaque mode $j = 1, 2$ admet deux valeurs propres distinctes notées $\omega_{i,j}^{\text{th}}(B, \chi_j)$ avec $i = \text{LP}, \text{UP}$ (LP et UP se réfèrent aux branches basse et haute de polaritons). Appelons $\omega_{i,j}^{\text{exp}}(B, \chi_j)$ les valeurs expérimentales correspondantes à chaque résonance, et $B_p, p \in (1, 2, \cdots, N_{\text{exp}})$, les valeurs du champ magnétique associées à chaque point de mesure. On utilise ici la méthode dite "des moindres carrés" qui consiste à calculer la quantité

$$\Xi_j(\chi_j) = \sqrt{\frac{\sum_{p=1}^{N_{\text{exp}}} \sum_{i=\text{LP,UP}} \left[\omega_{i,j}^{\text{exp}}(B_p, \chi_j) - \omega_{i,j}^{\text{th}}(B_p, \chi_j)\right]^2}{2 N_{\text{exp}}}}, \quad (3.7)$$

que l'on minimise par rapport au paramètre de fit correspondant dans ce cas au rapport de couplage $\frac{\Omega_j}{\omega_j} = \frac{\chi_j\sqrt{\omega_0}}{\omega_j}$. Sur la figure 3.3.1, nous avons représenté la déviation $\frac{\Xi_j(\chi_j)}{\omega_j}$ normalisée pour les deux modes $j = 1, 2$ du résonateur de type R, en fonction de $\frac{\Omega_j}{\omega_j}$. Pour l'échantillon S, les rapports de couplage qui minimise la déviation sont donnés par $\frac{\Omega_1}{\omega_1} = 0.17$ et $\frac{\Omega_2}{\omega_2} = 0.075$, avec une erreur maximale de 1.5%. Pour l'échantillon S_4, les valeurs correspondantes sont $\frac{\Omega_1}{\omega_1} = 0.36$ et $\frac{\Omega_2}{\omega_2} = 0.15$ avec une erreur maximale de 5%. Concernant l'échantillon S_4 en présence du résonateur de type R', on peut appliquer la même procédure pour le mode unique de pulsation $\omega = 2\pi f$.

La déviation normalisée correspondante $\frac{\Xi(\chi)}{\omega}$ est tracée sur la figure 3.3.2. On trouve dans ce cas un rapport de couplage $\frac{\Omega}{\omega} = 0.58$ (l'erreur maximale est de 2.5%) correspondant à la plus grande valeur reportée à ce jour dans les systèmes semiconducteurs.

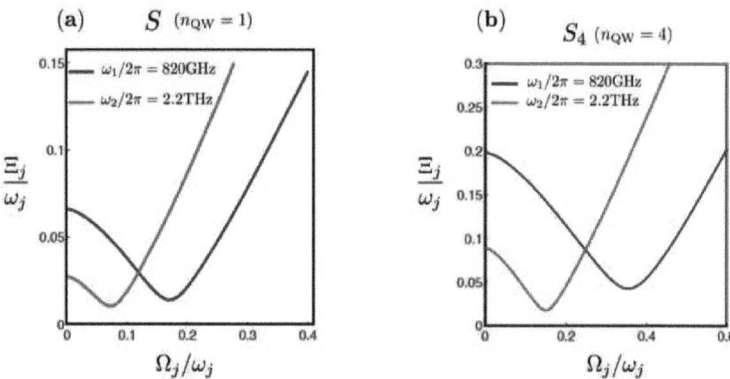

FIGURE 3.3.1 – *Déviation normalisée $\frac{\Xi_j(\chi_j)}{\omega_j}$ pour les deux modes $j = 1$ (courbe bleue) et $j = 2$ (courbe rouge) en fonction du rapport de couplage $\frac{\Omega_j}{\omega_j}$. (a) Pour l'échantillon S contenant un puits quantique. (b) Pour l'échantillon S_4 contenant quatre puits.*

Pour conclure ce chapitre, nous avons présenté les résultats expérimentaux obtenus en considérant le couplage des modes d'une métasurface composée de résonateurs split-ring à la transition cyclotron d'un gaz d'électrons bidimensionnel confiné dans un puits quantique semiconducteur. Nous avons vu que ce système peut atteindre le régime de couplage ultrafort caractérisé par un rapport $\frac{\Omega}{\omega} = 0.58$. En particulier, la loi d'échelle donnant la fréquence de Rabi du vide proportionnelle à la racine carrée du facteur de remplissage à été vérifiée en utilisant un modèle dans lequel la transition cyclotron est couplée de façon indépendante aux modes du résonateur. La forme particulière de ce résonateur permet d'obtenir des composantes du champ électrique importantes dans le plan, ce qui donne lieu à un couplage efficace à la transition cyclotron du gaz. Nous avons finalement vérifié que la géométrie du résonateur n'apparait qu'à travers un facteur de forme d'ordre unité, et mis en évidence un excellent

3.3. Modèle à deux modes indépendants

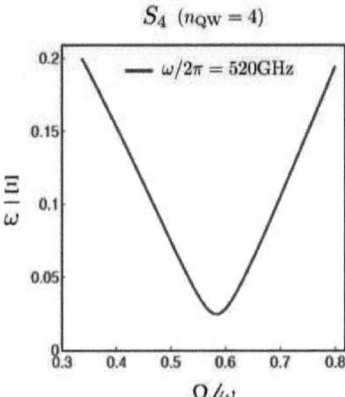

FIGURE 3.3.2 – *Déviation normalisée $\frac{\Xi(\chi)}{\omega}$ de l'échantillon S_4 couplé au mode du résonateur de type R', en fonction du rapport de couplage $\frac{\Omega}{\omega}$.*

accord du modèle avec les données expérimentales.

Chapitre 4

Le graphène en cavité : couplage ultrafort et transition de phase quantique

Nous avons maintenant à notre disposition une théorie microscopique du couplage ultrafort d'un gaz d'électrons bidimensionnel avec les modes d'un résonateur optique, théorie confortée par la démonstration expérimentale présentée au chapitre précédent. L'idée qui émerge de ces résultats est simple. D'une part, le graphène est un exemple de système d'électrons bidimensionnel donnant lieu à une quantification de Landau lorsqu'il est soumis à un champ magnétique perpendiculaire. D'autre part, nous savons que cette quantification de Landau est "anormale" en raison des propriétés particulières du réseau en nid d'abeille sous-jacent. Il est alors légitime de se demander si les électrons de Dirac contrôlant les propriétés de basse énergie dans le graphène peuvent conduire à des différences qualitatives lorsqu'ils sont couplés aux modes optiques d'un résonateur. En particulier, est-il également possible d'atteindre le régime de couplage ultrafort ? Dans ce chapitre, nous tenterons d'apporter des réponses aux questions ainsi formulées, en reprenant entre autres les résultats présentés dans l'article [87]. La première section sera consacrée à des rappels concernant les propriétés électroniques du graphène, décrites dans le cadre d'un modèle de liaisons fortes. Nous montrerons ensuite que l'absence formelle de terme diamagnétique dans le Hamiltonien de couplage entre la transition cyclotron et un mode d'une boîte optique mène à des différences qualitatives importantes par rapport au cas du gaz d'électrons. Nous dresserons pour finir un comparatif entre ces deux situations au moyen d'un modèle simple sur réseau, en montrant en particulier que le système constitué par des fermions de Dirac en cavité peut subir une transition de phase quantique analogue à celle du modèle de Dicke pour la superradiance.

4.1 Électrons de Dirac dans le graphène

Dans cette section, nous rappellerons les principales propriétés électroniques du graphène en montrant notamment que dans le cadre du modèle de liaisons fortes, les électrons de basse énergie sont gouvernés par un Hamiltonien de Dirac sans masse et non par un Hamiltonien quadratique de type Schrödinger.

4.1.1 Structure et propriétés électroniques

Le graphène est un matériau quasi-bidimensionnel dans lequel les atomes de carbone forment un réseau en nid d'abeille (figure 4.1.1). Chaque atome de carbone possède alors 6 électrons dans la configuration $1s^2 2s^2 2p^2$. En particulier, l'orbitale $1s$ étant localisée autour du noyau atomique, les deux électrons de coeur correspondants ne contribuent pas aux liaisons chimiques. Les orbitales $2s$, $2p_x$ et $2p_y$ s'hybrident pour donner naissance à 3 nouvelles orbitales localisées dans le plan (xOy) avec des angles mutuels de 120° (hybridation sp^2). Ces dernières constituent les liaisons covalentes σ responsables de la structure hexagonale. La seule orbitale non-hybridée $2p_z$ forme une liaison π orientée perpendiculairement au plan si bien que chaque atome contribue finalement pour un électron de conduction, libre de se déplacer dans le plan.

Le réseau en nid d'abeille ne constituant pas un réseau de Bravais, on peut le considérer comme une superposition de deux sous-réseaux hexagonaux A et B connectés l'un à l'autre par le vecteur $\mathbf{d}$ (Figure 4.1.1). La distance moyenne entre deux atomes plus proches voisins nous donne le paramètre de maille $a = 0.142$nm. Chaque atome de type A est alors connecté à ces trois plus proches voisins de type B par les vecteurs de déplacement

$$\boldsymbol{\delta}_0 = -a\sqrt{3}/2\mathbf{e}_x + a/2\mathbf{e}_y \tag{4.1}$$

$$\boldsymbol{\delta}_1 = a\sqrt{3}/2\mathbf{e}_x + a/2\mathbf{e}_y \tag{4.2}$$

$$\boldsymbol{\delta}_2 = -a\mathbf{e}_y. \tag{4.3}$$

Nous choisissons deux vecteurs de base

$$\mathbf{a}_1 = \frac{a\sqrt{3}}{2}\mathbf{e}_x + \frac{3a}{2}\mathbf{e}_y \quad \text{et} \quad \mathbf{a}_2 = -\frac{a\sqrt{3}}{2}\mathbf{e}_x + \frac{3a}{2}\mathbf{e}_y, \tag{4.4}$$

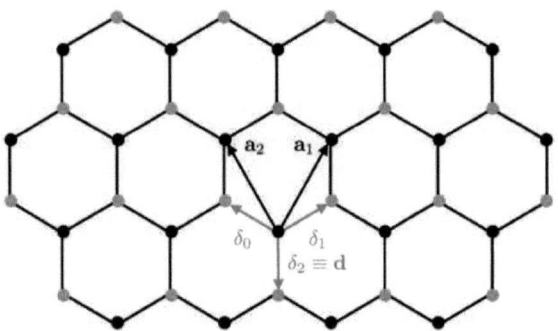

FIGURE 4.1.1 – *Réseau en nid d'abeille constitué des deux sous réseaux A (points noirs) et B (points gris). On peut définir une base formée par les deux vecteurs $\mathbf{a}_1 = \frac{a\sqrt{3}}{2}\mathbf{e}_x + \frac{3a}{2}\mathbf{e}_y$ et $\mathbf{a}_2 = -\frac{a\sqrt{3}}{2}\mathbf{e}_x + \frac{3a}{2}\mathbf{e}_y$. Les flèches vertes correspondent aux vecteurs de déplacement reliant un atome de type A à ces trois plus proches voisins de type B.*

qui engendrent le réseau hexagonal et sont reliés aux vecteurs de déplacement par les relations $\mathbf{d} = \boldsymbol{\delta}_2$, $\mathbf{d} + \mathbf{a}_1 = \boldsymbol{\delta}_1$ et $\mathbf{d} + \mathbf{a}_2 = \boldsymbol{\delta}_0$. Dans l'espace réciproque, les vecteurs de base correspondants sont donnés par

$$\mathbf{a}_1^* = \frac{2\pi}{a\sqrt{3}}\mathbf{e}_x + \frac{2\pi}{3a}\mathbf{e}_y \quad \text{et} \quad \mathbf{a}_2^* = -\frac{2\pi}{a\sqrt{3}}\mathbf{e}_x + \frac{2\pi}{3a}\mathbf{e}_y, \tag{4.5}$$

avec la propriété $\mathbf{a}_i \cdot \mathbf{a}_j^* = 2\pi\delta_{i,j}$. Sur la figure 4.1.2, nous avons représenté la première zone de Brillouin dans laquelle on peut distinguer plusieurs points remarquables. En particulier, les six coins de la première zone de Brillouin sont appelés points de Dirac (ou *vallées*) et jouent un rôle prépondérant pour décrire les propriétés électroniques du graphène. Nous verrons au paragraphe suivant que les excitations de basse énergie sont en effet localisés en leur voisinage. Notons que parmi ces six points, deux seulement sont non équivalents [1]. Nous choisirons donc deux vallées K et K' désignées par les vecteurs

$$\mathbf{K}_\pm = \pm\frac{4\pi}{3a\sqrt{3}}\mathbf{e}_x \tag{4.6}$$

---

1. Au sens où ils ne peuvent pas être connectés par un vecteur du réseau réciproque.

4.1. Électrons de Dirac dans le graphène 113

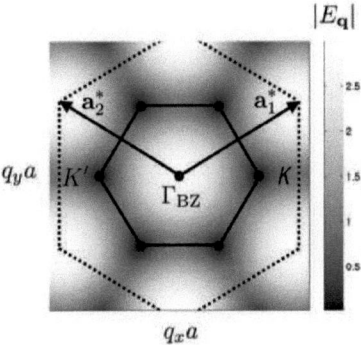

FIGURE 4.1.2 – *Réseau réciproque engendré par les vecteurs de base $\mathbf{a}_1^*$ et $\mathbf{a}_2^*$. L'hexagone du centre représente la Première Zone de Brillouin. On a représenté les deux points de Dirac inéquivalents K et K' ainsi que le centre de zone Γ_{BZ}. Le dégradé de couleur représente la dispersion des bandes d'énergie calculée avec le modèle de liaisons fortes décrit dans la section suivante (équation 4.22).*

4.1.2 Le modèle de liaisons-fortes

En raison du faible recouvrement des orbitales $2p_z$, on peut penser dans un premier temps utiliser un modèle de liaisons fortes dans lequel le recouvrement entre sites premiers voisins est décrit par un paramètre de saut t[88]. Le hamiltonien d'un électron se déplaçant sur le réseau en nid d'abeille peut s'écrire comme

$$\mathcal{H} = \frac{\mathbf{p}^2}{2m_0} + \mathcal{V}(\mathbf{r}), \qquad (4.7)$$

où m_0 désigne la masse d'un électron "nu", et où le potentiel du cristal $\mathcal{V}(\mathbf{r})$ se décompose en deux contributions associées à chaque sous-réseau :

$$\mathcal{V}(\mathbf{r}) = \sum_{\mathbf{R}} v(\mathbf{r} - \mathbf{R}) + v(\mathbf{r} - \mathbf{R} + \mathbf{d}). \qquad (4.8)$$

L'idée consiste alors à écrire la fonction d'onde de Bloch, solution de l'équation de Schrödinger

$$\mathcal{H}\psi_{\mathbf{q}}(\mathbf{r}) = E_{\mathbf{q}}\psi_{\mathbf{q}}(\mathbf{r}), \qquad (4.9)$$

comme une combinaison linéaire des fonctions d'onde sur chaque sous-réseau, i.e.

$$\psi_{\mathbf{q}}(\mathbf{r}) = A_{\mathbf{q}}\psi_{\mathbf{q}}^{A}(\mathbf{r}) + B_{\mathbf{q}}\psi_{\mathbf{q}}^{B}(\mathbf{r}). \qquad (4.10)$$

On peut maintenant développer $\psi_{\mathbf{q}}^{A}(\mathbf{r})$ et $\psi_{\mathbf{q}}^{B}(\mathbf{r})$ sur un jeu de fonctions localisées sur chaque site du réseau, que l'on choisit comme coïncidant avec la fonction d'onde atomique $\phi(\mathbf{r})$ (orbitale $2p_z$) et ses répliques obtenues par translation sur tous les sites du réseau de Bravais. On obtient

$$\psi_{\mathbf{q}}^{A}(\mathbf{r}) = \sum_{\mathbf{R}} e^{i\mathbf{q}\cdot\mathbf{R}}\phi(\mathbf{r} - \mathbf{R}) \quad \text{et} \quad \psi_{\mathbf{q}}^{B}(\mathbf{r}) = \sum_{\mathbf{R}} e^{i\mathbf{q}\cdot\mathbf{R}}\phi(\mathbf{r} - \mathbf{R} + \mathbf{d}). \qquad (4.11)$$

Notons que les sommes apparaissant dans les équations (4.8) et (4.11) portent sur tous les sites $\mathbf{R}$ d'un sous réseau donné que nous avons choisi comme coïncidant avec le sous-réseau A. Autrement dit, le réseau en nid d'abeille est engendré par le sous-réseau A avec un motif à deux atomes attaché à chacun de ces noeuds. Déterminons à présent le spectre du hamiltonien précédent. Pour cela, on cherche à résoudre le système d'équations obtenu en

4.1. Électrons de Dirac dans le graphène

injectant la solution (4.10) dans l'équation de Schrödinger (4.9). En introduisant le spineur

$$\vec{\psi}_{\mathbf{q}} = \begin{pmatrix} A_{\mathbf{q}} \\ B_{\mathbf{q}} \end{pmatrix}, \qquad (4.12)$$

on obtient le système d'équations $\vec{\psi}_{\mathbf{q}}^{\dagger}(\underline{\mathcal{H}}_{\mathbf{q}} - E_{\mathbf{q}}\underline{\mathcal{S}}_{\mathbf{q}})\vec{\psi}_{\mathbf{q}} = 0$, où les matrices $\underline{\mathcal{H}}_{\mathbf{q}}$ et $\underline{\mathcal{S}}_{\mathbf{q}}$ sont définies par leur éléments

$$\underline{\mathcal{H}}_{\mathbf{q},i,j} = \langle \psi_{\mathbf{q}}^i | \mathcal{H} | \psi_{\mathbf{q}}^j \rangle \quad \text{et} \quad \underline{\mathcal{S}}_{\mathbf{q},i,j} = \langle \psi_{\mathbf{q}}^i | \psi_{\mathbf{q}}^j \rangle, \qquad (4.13)$$

avec $i = A, B$ et $j = A, B$. Dans l'équation précédente, la matrice $\underline{\mathcal{S}}_{\mathbf{q}}$ prend en compte le recouvrement entre les fonctions d'onde atomiques. On supposera dans la suite que les fonctions d'onde atomiques sont orthogonales et que l'on peut négliger le recouvrement entre les orbitales de sites premiers voisins, i.e.

$$\int d\mathbf{r}\, \phi^*(\mathbf{r} - \mathbf{R})\phi(\mathbf{r} - \mathbf{R}') = \delta_{\mathbf{R},\mathbf{R}'} \qquad \int d\mathbf{r}\, \phi^*(\mathbf{r} - \mathbf{R})\phi(\mathbf{r} - \mathbf{R} + \mathbf{d}) = 0.$$
$$(4.14)$$

D'après l'équation (4.11), on est donc ramené au calcul des éléments de matrice de $\mathcal{H}$ entre les fonctions d'onde ϕ localisées sur les différents sites du réseau. Si l'on ne prend en compte que les intégrales de saut entre plus proches voisins, les éléments de matrices entre les orbitales localisées de type A ne contiennent que les contributions diagonales du type

$$\int d\mathbf{r}\, \phi^*(\mathbf{r} - \mathbf{R})\mathcal{H}\phi(\mathbf{r} - \mathbf{R}) = E_\phi + E_{\text{cry}}, \qquad (4.15)$$

où E_ϕ désigne l'énergie associée à la fonction d'onde atomique solution de

$$\left[\frac{\mathbf{p}^2}{2m} + v(\mathbf{r} - \mathbf{R})\right]\phi(\mathbf{r} - \mathbf{R}) = E_\phi \phi(\mathbf{r} - \mathbf{R}), \qquad (4.16)$$

et

$$E_{\text{cry}} = \int d\mathbf{r}\, \phi^*(\mathbf{r} - \mathbf{R}) \left[\sum_{\mathbf{R}_m \neq \mathbf{R}} v(\mathbf{r} - \mathbf{R}_m) + \sum_{\mathbf{R}_m} v(\mathbf{r} - \mathbf{R}_m + \mathbf{d})\right] \phi(\mathbf{r} - \mathbf{R})$$
$$(4.17)$$

le déplacement énergétique dû au champ cristallin produit par l'ensemble des autres atomes du réseau. On peut dès lors se débarrasser de ces constantes qui conduisent à un déplacement énergétique sans importance. L'élément de matrice $\langle \psi_\mathbf{q}^A | \mathcal{H} | \psi_\mathbf{q}^B \rangle$ fait intervenir les intégrales de recouvrement du type

$$\int d\mathbf{r}\, \phi^*(\mathbf{r}-\mathbf{R})\mathcal{H}\phi(\mathbf{r}-\mathbf{R}'+\mathbf{d}), \qquad (4.18)$$

parmi lesquelles on ne prend en compte que les recouvrements entre premiers voisins $\mathbf{R}' = \mathbf{R}$, $\mathbf{R}' = \mathbf{R} - \mathbf{a}_1$ et $\mathbf{R}' = \mathbf{R} - \mathbf{a}_2$. En introduisant l'intégrale de saut

$$t = -\int d\mathbf{r}\, \phi^*(\mathbf{r}-\mathbf{R})v(\mathbf{r}-\mathbf{R})\phi(\mathbf{r}-\mathbf{R}+\mathbf{d}), \qquad (4.19)$$

ainsi que la somme des facteurs de phase correspondants à chacun des sauts entre plus proches voisins

$$f_\mathbf{q} = 1 + e^{-i\mathbf{q}\cdot\mathbf{a}_1} + e^{-i\mathbf{q}\cdot\mathbf{a}_2}, \qquad (4.20)$$

la matrice hamiltonienne de l'équation (4.13) prend la forme simple

$$\underline{\mathcal{H}}_\mathbf{q} = \begin{pmatrix} 0 & -tf_\mathbf{q} \\ -tf_\mathbf{q}^* & 0 \end{pmatrix}. \qquad (4.21)$$

La diagonalisation de cette matrice conduit finalement aux deux solutions

$$E_{\pm,\mathbf{q}} = \pm t|f_\mathbf{q}| = \pm t\sqrt{3 + 2\cos\left(q_x a\sqrt{3}\right) + 4\cos\left(\frac{q_x a\sqrt{3}}{2}\right)\cos\left(\frac{3q_y a}{2}\right)}, \qquad (4.22)$$

caractérisées par l'indice $\pm$. Notons que l'existence de ces deux bandes est étroitement liée à la présence des deux sous-réseaux, au sens où chaque état de Bloch possède un degré de liberté supplémentaire correspondant physiquement à un pseudo-spin. La relation $E_{\pm,\mathbf{q}} = -E_{\mp,\mathbf{q}}$ signifie que ces deux bandes sont symétriques par rapport au plan $(q_x O q_y)$, ce qui se traduit physiquement par l'existence d'une symétrie électron-trou. Notons toutefois que cette symétrie est brisée si l'on ne se limite plus aux recouvrements entre premiers voisins. Comme chaque atome de carbone contribue pour un électron $2p_z$, la bande de plus basse énergie (bande de valence $-$) est complètement remplie tandis que la bande de conduction $+$ est vide. Le niveau de Fermi affleure aux points

4.1. Électrons de Dirac dans le graphène

du plan où les deux bandes se touchent ce qui se produit précisément aux points de Dirac introduits dans la section précédente. Les vecteurs propres correspondant aux deux bandes d'énergie $E_\mathbf{q} = \pm t|f_\mathbf{q}|$ sont respectivement donnés par les spineurs

avec

$$\vec{\psi}_{\pm,\mathbf{q}} = \frac{1}{\sqrt{2}} \begin{pmatrix} 1 \\ \mp e^{-i\Theta_\mathbf{q}} \end{pmatrix}, \quad (4.23)$$

$$\tan \Theta_\mathbf{q} = \frac{\Im f_\mathbf{q}}{\Re f_\mathbf{q}}. \quad (4.24)$$

On peut alors montrer que la densité d'états s'annule aux points de Dirac ce qui fait du graphène un semi-métal, mauvais conducteur, mais pas tout à fait isolant car il existe des états inoccupés au voisinage du niveau de Fermi.

4.1.3 Excitations de basse énergie

On a vu dans la section précédente que les excitations électroniques de basse énergie (dont l'énergie est petite par rapport à la largeur de bande $\sim t$) étaient localisées au voisinage des points de Dirac qui constituent alors la surface de Fermi. Nous allons maintenant examiner la forme de la relation de dispersion au voisinage de ces points particuliers. Posons pour cela $\mathbf{q} = \mathbf{K}_\pm + \boldsymbol{\kappa}$ et développons le facteur de phase $f_\mathbf{q}$ au premier ordre en $|\boldsymbol{\kappa}|a$. Ceci est une bonne approximation si l'on cherche à décrire les excitations dont la longueur d'onde est grande devant le pas du réseau. Pour cette raison, on l'appellera également limite continue du modèle. En utilisant la relation $1 + e^{-i\mathbf{K}_\pm \cdot \mathbf{a}_1} + e^{-i\mathbf{K}_\pm \cdot \mathbf{a}_2} = 0$, on obtient

$$-t f_\mathbf{q} \approx -t \left(1 + e^{\mp \frac{2i\pi}{3}} (1 - i\boldsymbol{\kappa} \cdot \mathbf{a}_1) + e^{\pm \frac{2i\pi}{3}} (1 - i\boldsymbol{\kappa} \cdot \mathbf{a}_2) \right) \quad (4.25)$$

$$= \hbar v_\mathrm{F} \left(\pm \kappa_x + i\kappa_y \right), \quad (4.26)$$

où l'on a définit la vitesse de Fermi des électrons $v_\mathrm{F} = \frac{3at}{2\hbar}$. Au voisinage des points de Dirac, la matrice hamiltonienne (4.21) s'écrit finalement comme [2]

$$\underline{\mathcal{H}}_{\boldsymbol{\kappa},\xi} = \hbar v_\mathrm{F} \left(\xi \kappa_x \underline{\sigma}_x + \kappa_y \underline{\sigma}_y \right), \quad (4.27)$$

---

2. On introduit les matrices de Pauli $\underline{\sigma}_x = \begin{pmatrix} 0 & 1 \\ 1 & 0 \end{pmatrix}$, $\underline{\sigma}_y = \begin{pmatrix} 0 & -i \\ i & 0 \end{pmatrix}$.

où nous avons également introduit l'indice de vallée $\xi = \pm$ tel que $\xi = +$ correspond au point K et $\xi = -$ au point K'. La relation de dispersion (4.22) devient alors linéaire à basse énergie :

$$E_{\pm,\kappa} = \pm \hbar v_F |\kappa|, \qquad (4.28)$$

et les états propres correspondants sont dégénérés vis à vis de l'indice de vallée ξ. Dans chacune de ces vallées, les électrons au voisinage du niveau de Fermi sont donc décrits par un hamiltonien de Dirac-Weyl à deux dimensions avec une masse nulle[3]. On les appelle pour cette raison *fermions de Dirac*. Remarquons que cette propriété est entre autres liée au caractère monocouche du graphène. En augmentant le nombre de plans dans la structure[4], la dispersion devient progressivement quadratique ; on retrouve ainsi le cas du graphite [30].

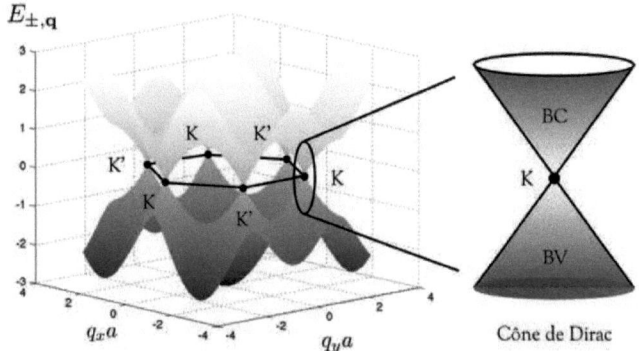

FIGURE 4.1.3 – *Dispersion en énergie du modèle de liaisons fortes. Les bandes de conduction et de valence se touchent aux points de Dirac qui constituent la surface de Fermi des électrons dans le graphène. À basse énergie, la relation de dispersion est linéaire et forme un cône appelé cône de Dirac. Les acronymes BV et BC désignent respectivement la bande de valence et la bande de conduction.*

---

3. Dans ce cas, la vitesse de la lumière est remplacée par la vitesse de Fermi $v_F = 10^6$ m·s^{-1} des électrons.
4. Cet argument ne tient que si la distance entre les plans successifs est suffisamment faible pour garantir une amplitude de saut non négligeable.

4.1.4 Niveaux de Landau relativistes

Regardons maintenant comment le spectre du hamiltonien de basse énergie (4.27) est modifié en présence d'un champ magnétique perpendiculaire $\mathbf{B}_0 = B\mathbf{e}_z$. Ce hamiltonien s'obtient en remplaçant le vecteur d'onde $\boldsymbol{\kappa}$ par $\mathbf{p}/\hbar$, suivi du couplage minimal consistant à substituer le moment invariant de jauge $\boldsymbol{\Pi}$ à l'impulsion $\mathbf{p}$. Cette procédure porte le nom de substitution de Peierls. On peut alors remarquer qu'elle n'est valable que dans la limite continue, c'est à dire dans le régime où la longueur magnétique l_0 [5] est grande devant le pas du réseau a. Au regard de l'amplitude des champs magnétiques statiques pouvant être générés en laboratoire, cette condition est en réalité toujours satisfaite dans le graphène. Le hamiltonien du système sous champ magnétique s'écrit donc comme

$$\mathcal{H}_\xi = v_\mathrm{F} \left(\xi \Pi_x \sigma_x + \Pi_y \sigma_y \right), \qquad (4.29)$$

qui en utilisant les opérateurs d'échelles de l'équation (2.14) devient

$$\mathcal{H}_+ = i\hbar\omega_0 \begin{pmatrix} 0 & -a \\ a^\dagger & 0 \end{pmatrix}, \qquad \mathcal{H}_- = i\hbar\omega_0 \begin{pmatrix} 0 & -a^\dagger \\ a & 0 \end{pmatrix} \qquad (4.30)$$

pour chacune des deux vallées K et K'. Les états propres correspondants

$$\vec{\psi}_{\pm,\xi} = \begin{pmatrix} A_{\pm,\xi} \\ B_{\pm,\xi} \end{pmatrix} \qquad (4.31)$$

s'obtiennent en résolvant l'équation de Schrödinger $\mathcal{H}_\xi \vec{\psi}_{\pm,\xi} = E_\pm \vec{\psi}_{\pm,\xi}$, ce qui conduit aux expressions

$$\vec{\psi}_{\pm,N,+} = \frac{1}{\sqrt{2}} \begin{pmatrix} \mp i\,|N-1\rangle \\ |N\rangle \end{pmatrix}, \qquad \vec{\psi}_{\pm,N,-} = \frac{1}{\sqrt{2}} \begin{pmatrix} |N\rangle \\ \pm i\,|N-1\rangle \end{pmatrix}, \qquad (4.32)$$

avec $N \neq 0$. Les composantes de ces vecteurs propres sur les deux sous-réseaux correspondent à deux niveaux de Landau consécutifs. Notons qu'à la différence des fermions massifs du gaz d'électrons bidimensionnel, la solution

$$\vec{\psi}_{\pm,0,+} = \begin{pmatrix} 0 \\ |0\rangle \end{pmatrix}, \qquad \vec{\psi}_{\pm,0,-} = \begin{pmatrix} |0\rangle \\ 0 \end{pmatrix} \qquad (4.33)$$

---

[5]. En présence d'un champ magnétique, c'est la longueur l_0 qui joue le rôle de la longueur d'onde de Fermi.

pour $N=0$ a une énergie nulle. Cet état n'admet donc pas de mouvement de point zero comme c'est le cas pour un oscillateur harmonique. En introduisant la fréquence caractéristique $\omega_0 = v_F\sqrt{2}/l_0$, on trouve les énergies propres

$$E_N = \pm\hbar\omega_0\sqrt{N}, \qquad (4.34)$$

correspondantes à *des niveaux de Landau non-équidistants, et dont la dépendance en champ magnétique est là encore qualitativement différente de celle des fermions massifs du semiconducteur*. Cette quantification de Landau "anormale" possède toutefois un point commun avec le cas usuel. En effet, l'invariance du système par translation magnétique[6] implique que les niveaux de Landau "relativistes" sont également dégénérés. Les résultats de la section 2.1.5 sont donc généralisables au cas du graphène. En posant $C_N^A = \sqrt{(1-\delta_{N,0})/2}$, $C_N^B = \sqrt{(1+\delta_{N,0})/2}$, et en tenant compte de la dégénérescence $\mathcal{N}$, les spineurs (4.32) se mettent sous la forme :

$$\vec{\psi}_{\pm,N,\mathcal{C},+} = \begin{pmatrix} \mp i C_N^A |N-1,\mathcal{C}\rangle \\ C_N^B |N,\mathcal{C}\rangle \end{pmatrix}, \qquad \vec{\psi}_{\pm,N,\mathcal{C},-} = \begin{pmatrix} C_N^B |N,\mathcal{C}\rangle \\ \pm i C_N^A |N-1,\mathcal{C}\rangle \end{pmatrix}, \qquad (4.35)$$

où $\mathcal{C} = k, l$ selon que l'on se trouve respectivement en jauge de Landau ou en jauge symétrique.

4.2 Le graphène en cavité, limite continue

Dans la section précédente, nous avons vu que la structure cristalline particulière du graphène conduit à une quantification de Landau anormale en présence d'un champ magnétique. Par analogie avec le cas du gaz d'électron bidimensionnel étudié au chapitre 2, il est alors naturel de se demander comment se comporte un échantillon de graphène sous champ magnétique placé à l'intérieur d'une cavité optique. En particulier, est-il également possible d'atteindre le régime de couplage ultrafort ? Si oui, les propriétés particulières des fermions de Dirac conduisent-elles à des changements qualitatifs ?

---

6. valable lorsque la longueur magnétique est beaucoup plus grande que le pas du réseau.

4.2. Le graphène en cavité, limite continue   121

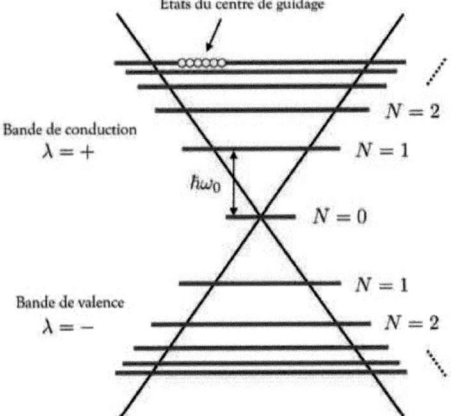

FIGURE 4.1.4 – *Niveaux de Landau "relativistes" du graphène. Ces niveaux ne sont pas équidistants et leur espacement relatif varie comme la racine carrée de N. Comme dans le cas des fermions massifs du semiconducteur, chacun de ces niveaux est hautement dégénéré. À dopage nul, la bande de valence est complètement remplie tandis que la bande de conduction est vide.*

Chapitre 4. Le graphène en cavité : couplage ultrafort et transition de phase quantique

4.2.1 Échelle du couplage dipolaire électrique

Il est instructif de commencer par examiner la loi d'échelle du couplage lumière-matière. Pour cela, considérons un échantillon de graphène de surface S contenu dans le plan (xOy) et soumis à un champ magnétique statique $\mathbf{B}_0 = B\mathbf{e}_z$. Cet échantillon est connecté à un générateur délivrant une tension de grille qui permet de doper en électrons (ou en trous) au moyen d'un simple effet capacitif [29]. Nous avons vu qu'à dopage nul le niveau de Fermi est situé aux points de Dirac. Autrement dit tous les états de la bande de valence sont occupés, les états d'énergie nulle ($N = 0$) le sont seulement à moitié, et tous ceux de la bande de conduction sont vides. On définit le facteur de remplissage $\nu = \rho S/\mathcal{N} + 1/2$ (ρ désigne la densité d'électrons induite par la grille) comme le nombre de niveaux de Landau remplis dans la bande de conduction $+$. De façon identique au chapitre 2, nous choisissons la densité de telle sorte que le niveau de Fermi d'énergie $\sim \hbar\omega_0\sqrt{\nu}$ se trouve dans le gap cyclotron entre les niveaux $N = \nu - 1$ et $N = \nu$. Ceci correspond au régime des facteurs de remplissage entiers (figure 4.2.1). Nous nous limiterons également aux électrons d'une vallée donnée coïncidant par exemple avec la vallée K (voir paragraphe suivant). Supposons maintenant que ce système est placé à l'intérieur d'une cavité de volume $V = S\lambda/2$, remplie d'un milieu matériel effectif de permittivité ϵ, et considérons pour simplifier un seul mode du champ électromagnétique du vide de longueur d'onde λ et de fréquence ω. En effectuant le couplage minimal standard dans le hamiltonien de Dirac (4.27), on voit tout de suite que le terme de couplage est donné par $\mathcal{H}_{\text{int}} \sim \frac{ev_\text{F}}{c}\underline{\sigma}\mathcal{A}_\omega$, où $\underline{\sigma}$ désigne l'une des matrices de Pauli $\underline{\sigma}_x$ ou $\underline{\sigma}_y$. En utilisant les relations $\mathcal{A}_\omega = c\mathcal{E}_\omega/\omega$ et $\mathcal{H}_{\text{int}} \sim \hat{d}\mathcal{E}_\omega$ ($\hat{d}$ désigne l'opérateur moment dipolaire), on peut finalement faire l'identification $\hat{d} \equiv \frac{ev_\text{F}}{\omega}\underline{\sigma}$ [7]. Choisissons maintenant le mode de la cavité à résonance avec la transition entre les niveaux de Landau $N = \nu - 1$ et $N = \nu$ dans la bande de conduction. D'après la relation (4.34), cette fréquence notée $\omega_0\Delta_\nu \equiv \omega_0(\sqrt{\nu} - \sqrt{\nu - 1})$ dépend du facteur de remplissage lui même. Autrement dit dans le graphène, la transition ou le gap cyclotron dépend du champ magnétique et de la densité induite par la grille. Dans le régime des hauts facteurs de remplissage $\nu \gg 1$, on peut faire l'approximation $\Delta_\nu \sim \frac{1}{2\sqrt{\nu}}$ et l'on constate là encore qu'en raison du principe de Pauli, le seul élément de matrice non nul est donné par $d = \frac{ev_\text{F}}{\omega_0\Delta_\nu}\vec{\psi}^\dagger_{+,\nu-1,+}\underline{\sigma}\vec{\psi}_{+,\nu-1,+} \sim eR_\text{C}$. Notons que les vecteurs $\vec{\psi}_{\pm,N,\xi}$ sont définis

---

[7]. N'ayant pris en compte que les sauts entre plus proches voisins, il n'est pas surprenant de constater que le moment dipolaire correspond à une transition entre les deux sous-réseaux A et B.

4.2. Le graphène en cavité, limite continue

par la relation (4.32). La fréquence de Rabi du vide normalisée par la fréquence cyclotron $\omega_0 \Delta_\nu$ suit alors la même loi d'échelle que dans la section 2.2.2 du chapitre 2,

$$\frac{\Omega}{\omega_0 \Delta_\nu} \sim \sqrt{\frac{\alpha \nu}{\pi \sqrt{\epsilon}}}, \qquad (4.36)$$

ce qui montre que l'on peut aussi atteindre le régime de couplage ultrafort entre la transition cyclotron du graphène et les modes d'une cavité dans la limite $\nu \gg 1$.

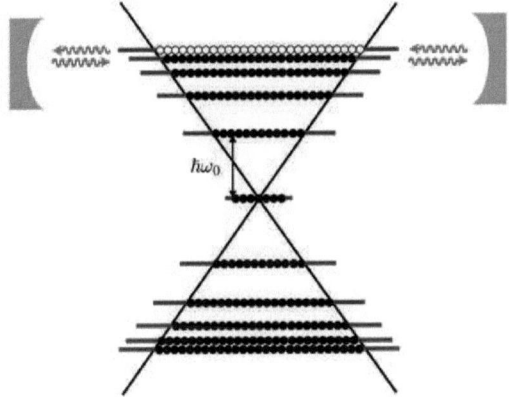

FIGURE 4.2.1 – *Représentation schématique du système de base considéré. Les ν premiers niveaux de la bande de conduction sont complètement remplis (les cercles noirs désignent les états occupés), les autres niveaux étant vides (les cercles blancs correspondent à des états vides). Le niveau de Fermi (ligne horizontale en pointillés) se situe entre les niveaux $N = \nu - 1$ et $N = \nu$. Tous les états de la bande de valence sont pleins. On place un mode de cavité à résonance avec la transition cyclotron impliquant les deux niveaux les plus proches du niveau de Fermi.*

4.2.2 Interactions résiduelles

Avant de s'intéresser quantitativement au couplage lumière-matière dans le graphène, passons brièvement en revue l'effet des différentes interactions en les comparant à celles de la section 2.2.3 pour le cas des fermions massifs du gaz d'électrons bidimensionnel. Le but recherché n'étant pas d'en dresser une synthèse exhaustive, nous nous limiterons ici aux effets collectifs impliquant les transitions entre niveaux de Landau dans le régime des facteurs de remplissage entiers, et lorsque le niveau de Fermi réside dans la bande de conduction (graphène dopé en électrons).

Interactions de Coulomb

L'effet des interactions de Coulomb dans le graphène est une question ouverte ayant déjà reçue de nombreuses réponses théoriques [81, 89–91] et expérimentales, notamment dans des expériences de spectroscopie de transmission infrarouge [92, 93]. Qualitativement, la présence d'un gap au niveau de Fermi nous permet là encore de traiter les interactions entre électrons de façon perturbative lorsque le facteur de remplissage est un entier. En outre, le paramètre de corrélations donné par le rapport entre l'énergie de Coulomb moyenne $\frac{e^2\sqrt{\pi\rho}}{\epsilon}$ et l'énergie cinétique d'un électron au niveau de Fermi ($\hbar\omega_0\sqrt{\nu}$ dans le graphène) est donné par $\alpha_G = \frac{e^2}{\epsilon \hbar v_F} \approx \frac{2.2}{\epsilon}$. Ce paramètre, dont la notation α_G fait référence à la constante de structure fine, est donc une constante qui ne dépend que de la permittivité relative du milieu. Sur un substrat standard en dioxyde de Silicium ($\epsilon \sim 4$), le graphène se situe dans un régime de corrélations intermédiaire[8]. Parallèlement, le mélange de niveaux de Landau induit par les interactions à $\mathbf{q} \neq 0$ est quantifié par le rapport $\frac{e^2}{\epsilon l_0 \hbar \omega_0 \Delta_\nu} \sim \alpha_G \sqrt{\nu}$. Si ce rapport est du même ordre de grandeur que pour les fermions massifs et à tendance à augmenter avec ν (la fréquence de la transition cyclotron diminue), les transitions dipolaires entre la bande de valence et la bande de conduction provoque une augmentation du mélange de niveaux qui n'est pas présente dans le cas du gaz d'électrons bidimensionnel.

Dans le régime $\nu \gtrsim 1$, les interactions peuvent être prises en compte au niveau de l'approximation de Hartree-Fock dépendante du temps, ce qui permet de calculer la dispersion des magnéto-excitons du graphène. En particulier,

---

8. Rappelons que le paramètre de corrélation peut également être obtenu en faisant le rapport entre l'échelle d'énergie Coulombienne $\frac{e^2}{\epsilon R_C}$ et l'énergie de la transition cyclotron $\hbar\omega_0 \Delta_\nu \approx \frac{\hbar\omega_0}{2\sqrt{\nu}}$.

4.2. Le graphène en cavité, limite continue

les contributions d'échange de la paire électron-trou ainsi que le "shift excitonique" associé à l'interaction de Coulomb directe renormalisent l'énergie des excitations à $|\mathbf{q}| = 0$. Dans le graphène, le spectre n'est pas celui d'un oscillateur harmonique ce qui signifie que le théorème de Kohn ne s'applique pas. Par conséquent, la stabilité des transitions entre niveaux de Landau aux vecteurs d'onde optiques vérifiant la condition $|\mathbf{q}|R_C \ll 1$ n'est plus garantie et l'on peut s'attendre à une renormalisation de l'énergie de la transition cyclotron de l'ordre de α_G. Plus précisément, une renormalisation de la vitesse de Fermi de l'ordre de 15% à été prédit à $|\mathbf{q}| = 0$ [90]. On pourra donc remplacer formellement la fréquence de la transition cyclotron $\omega_0 \Delta_\nu$ par $\tilde{\omega}_0 \Delta_\nu$ où $\tilde{\omega}_0$ est reliée à la vitesse de Fermi renormalisée par $\tilde{\omega}_0 = \tilde{v}_F \sqrt{2}/l_0$. Là encore, la contribution RPA permet de mettre en évidence un mode de plasmon modifié par le champ magnétique, amorti par le continuum des excitations individuelles lorsque $|\mathbf{q}|R_C \gtrsim 1$. Remarquons que la validité de la RPA est ici renforcée par l'existence d'une densité d'état non-nulle au niveau de Fermi, ce dernier résidant dans la bande de conduction. Parallèlement, cette contribution prend en compte les transitions inter-bandes responsables d'un mélange de niveaux important. Ces dernières provoquent en effet une forte redistribution du poids spectral ; les excitations possèdent des poids comparables sur chaque mode de magnéto-exciton correspondant aux différentes transitions entre niveaux de Landau. Cela conduit à l'apparition de modes dispersant de façon linéaire avec le vecteur d'onde $|\mathbf{q}|l_0$ [81].

Enfin, la longueur d'écrantage typique λ_{TF} donnée par l'inverse du vecteur d'onde de Thomas-Fermi varie comme $\lambda_{TF} \sim 1/\sqrt{\rho}$. Pour une densité $\rho \sim 10^{12} \text{cm}^{-2}$ au dessus de laquelle les déviations au hamiltonien de Dirac deviennent importantes, cette longueur d'écrantage est de l'ordre de 10nm et donc bien plus grande que le pas du réseau a. À l'inverse du gaz d'électrons bidimensionnel, l'interaction de Coulomb effective est donc à longue portée dans le graphène. Remarquons que par analogie avec la section 2.2.2, on pourrait penser utiliser une structure proche du graphite mais dans laquelle les plans de graphène sont faiblement couplés (les feuillets "glissent" les uns sur les autres). Une telle structure existe en effet à l'état naturel et permettrait a priori d'augmenter la densité effective de porteurs, et donc le couplage lumière-matière par un facteur $\sqrt{n_G}$ (n_G représente le nombre de feuillets). Toutefois, un tel dispositif est difficilement envisageable en raison de l'écrantage dans la direction perpendiculaire au plan. Au delà d'une distance de l'ordre d'une pile contenant deux couches de graphène, les champs extérieurs sont en effet complètement écrantés, si bien que l'on ne peut espérer doper les feuillets internes en utilisant un dispositif simple de contact avec la grille [30]. Toutefois, des expériences récentes [94] ont démontré que certains échantillons de graphène multicouches déposés par épitaxie moléculaire sur un substrat en Carbure de Silicium (SiC) manifestaient des propriétés électroniques indistinguables d'un simple échantillon de graphène. Dans ce cas, le découplage des plans est dû à une forte concentration de défauts d'empilement au niveau de l'interface avec le substrat [95]. Comme ce type d'échantillon est fortement dopé à l'état naturel ($\rho \sim 4 \cdot 10^{12} cm^{-2}$ dans chaque plan), et possèdent des mobilités importantes ($\mu \sim 2500 cm^2 V^{-1} s^{-1}$), on pourrait alors penser les utiliser dans le but d'augmenter fortement le couplage au champ électromagnétique.

Spin et vallées

Nous avons vu dans la section 4.1 que les niveaux de Landau du graphène possèdent une sous-structure particulière en raison des degrés de liberté de spin et de vallée. Comme pour le gaz d'électrons, la dégénérescence de spin est levée par le couplage Zeeman avec le champ magnétique B. La brisure de la symétrie SU(2) associée à pour conséquence l'apparition d'excitations collectives mélangeant des états de spin différents. Il s'agit des modes "onde de spin" et "spin flip" de la section 2.2.2. Lorsque le facteur de remplissage est de l'ordre de 1, on peut alors calculer la dispersion de ces modes dans le cadre de l'approximation de Kallin et Halperin [89–91]. En présence d'un résonateur, le couplage dipolaire électrique ne permet pas cependant de distinguer ces modes, et l'on peut prendre en compte la dégénérescence associée au moyen d'un facteur supplémentaire $g_S = 2$.

En l'absence de termes levant la dégénérescence de vallée [9], il est clair que le hamiltonien sans les interactions Coulombiennes respecte une symétrie SU(2) associée à cet isospin. Lorsque l'on prend en compte ces interactions, il est alors possible de montrer que les processus de diffusion "inter-vallées" brisant cette symétrie sont exponentiellement supprimés (par un facteur $e^{-l_0^2/a^2} \ll 1$) [98]. En outre, la création d'une paire électron-trou entre les deux vallées K et K' requiert un vecteur d'onde transféré de l'ordre de $|\mathbf{K}_+ - \mathbf{K}_-| \sim a$, beaucoup plus grand que le vecteur d'onde typique $\sim 1/L$ d'un mode de cavité. Par conséquent, nous nous limiterons dans ce manuscrit aux processus respectant

---

[9]. Cette levée de dégénérescence peut par exemple être induite par des effets orbitaux [96], et même associée avec une brisure spontanée de symétrie induite par une déformation structurale [97].

4.2. Le graphène en cavité, limite continue

la symétrie SU(4) associée aux degrés de liberté de spin et de vallée, en tenant compte d'un facteur supplémentaire $g_V = 2$ dans la dégénérescence des niveaux de Landau, i.e. $\mathcal{N} = \frac{g_S g_V S}{2\pi l_0^2}$.

Résolution de la résonance cyclotron

Pour finir cette section, discutons brièvement des effets affectant la résolution de la résonance cyclotron dans les échantillons de graphène. Comme dans le cas du gaz d'électron bidimensionnel, la résonance cyclotron reste bien définie tant que l'élargissement Γ des niveaux de Landau induit par les phénomènes de diffusion est plus petit que le gap d'énergie associé à la transition entre deux niveaux consécutifs. En considérant la transition entre les niveaux $N = \nu - 1$ et $N = \nu$, cette condition se traduit par $\omega_0 \Delta_\nu \tau > 1$ où l'on a introduit le temps de vie $\tau = \hbar/\Gamma$. Précédemment, nous avons vu que le couplage ultrafort pouvait également être atteint dans le graphène lorsque le facteur de remplissage est suffisamment élevé ($\nu \gg 1$). C'est donc encore le régime des faibles champs magnétiques qui nous intéresse ici. Dans la référence [99], les auteurs ont mesuré la résonance cyclotron dans une expérience de spectroscopie terahertz ($\omega \sim 2\text{THz}$) d'un plan de graphène résidant à l'état naturel à la surface d'un échantillon de graphite. Les champs magnétiques correspondants aux différentes transitions sont dans ce cas de l'ordre de 10mT. Les électrons des couches inférieures sont responsables d'un faible dopage correspondant à une densité $\rho \sim 3 \cdot 10^9 \text{cm}^{-2}$, ce qui donne $\nu \approx 3$ dans cette expérience[10]. La largeur des pics de résonance permet alors de donner une estimation du temps de vie de la résonance cyclotron $\tau_{\text{CR}} \sim 20\text{ps}$ du même ordre de grandeur que dans le cas des fermions massifs du gaz d'électrons bidimensionnel. Pour $B \approx 10\text{mT}$, la transition cyclotron de fréquence $\omega_0(\sqrt{3} - \sqrt{2})$ est résonante avec la sonde ce qui donne $\omega_0 \Delta_\nu \tau_{\text{CR}} \sim 40$. Là encore, ce temps de vie est limité par la mobilité des électrons qui dépend fortement du substrat utilisé. Cette mobilité est reliée au temps de transport τ_t au moyen de la masse cyclotron $m_C = \hbar \omega_0 \sqrt{\nu}/v_F^2$ selon $\mu = \frac{e\tau_t}{m_C}$.

Dans les échantillons de graphène déposés sur un substrat en dioxide de Silicium, les mobilités varient entre 2000 et 25000$\text{cm}^2\text{V}^{-1}\text{s}^{-1}$, $\mu = 25000\text{cm}^2\text{V}^{-1}\text{s}^{-1}$ à $\rho = 5 \cdot 10^{12}\text{cm}^{-2}$ étant la plus grande valeur reportée dans la littérature [100]. En utilisant des échantillons de graphène suspendu (on minimise la surface de

---

[10]. Notons qu'en raison de la quadruple dégénérescence de spin et de vallée, le facteur de remplissage est relié à la densité par $\nu = \frac{\pi \rho l_0^2}{2} + \frac{1}{8}$.

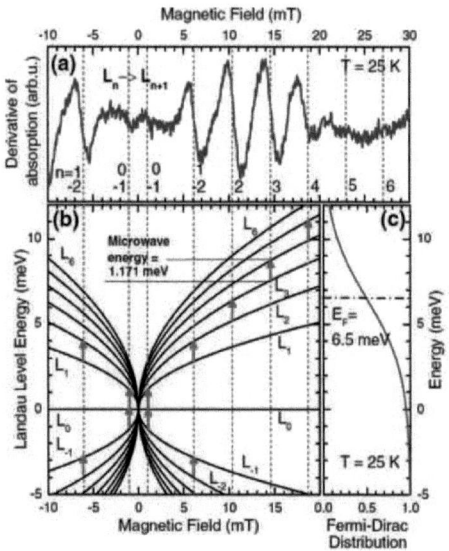

FIGURE 4.2.2 – (a) *Spectre d'absorption d'un échantillon de graphene à très haute mobilité mesuré dans l'expérience [99] à une fréquence* $\omega = 1.9$THz *et à* $T = 25$K. (b) *Les transitions correspondantes au spectre donné en* (a) *sont représentées par des flèches verticales. Le taux d'occupation des niveaux de Landau est donné par la distribution de Fermi-Dirac tracé sur la partie* (c). *Le dopage résiduel en électrons induit une densité* $\rho \approx 3 \cdot 10^9 \mathrm{cm}^{-2}$ *dans la bande de conduction, ce qui correspond à l'énergie de Fermi* $E_\mathrm{F} \approx 6.5$meV *($\nu \sim 3$)*.

4.2. Le graphène en cavité, limite continue 129

contact avec le substrat), les auteurs de la référence [101] ont mesuré des mobilités $\mu \sim 2 \cdot 10^5 \text{cm}^2\text{V}^{-1}\text{s}^{-1}$ pour des densités intermédiaires de $2 \cdot 10^{11}\text{cm}^{-2}$, ce qui correspond à un temps de transport de l'ordre du dixième de picoseconde. Finalement, la plus haute mobilité reportée $\mu \gtrsim 10^7 \text{cm}^2\text{V}^{-1}\text{s}^{-1}$ à faible dopage ($\rho = 3 \cdot 10^9 \text{cm}^{-2}$) correspond à l'expérience [99] évoquée précédemment, et demeure tout à fait comparable aux mobilités atteintes avec un gaz d'électrons bidimensionnel dans une structure GaAs. En supposant un temps de vie constant $\tau_{\text{CR}} \sim 20\text{ps}$ et en augmentant la densité reportée dans la référence [99] à $\rho = 5 \cdot 10^{10}\text{cm}^{-2}$, on voit que le régime $\nu = 50$ correspondant à $B = 10\text{mT}$ parait à première vue accessible en vertu de $\omega_0 \Delta_\nu \tau_{\text{CR}} \approx 8$ avec $\omega_0 \Delta_\nu \sim 400\text{GHz}$. Remarquons que les phonons optiques du réseau entrent en jeu dans le régime des champs magnétique intenses. On citera par exemple la résonance "magnéto-phonon" prédite dans l'infrarouge ($E \sim 0.2\text{eV}$) pour un champ magnétique $B \sim 30\text{T}$ [102]. À champ faible, le couplage avec les phonons acoustiques domine ce qui induit une dépendance de la mobilité en fonction de la température.

4.2.3 Le modèle de la boîte optique

Dans le cas du gaz d'électrons bidimensionnel, nous avons vu au chapitre 3 que le couplage ultrafort de la transition cyclotron a été démontré en considérant un résonateur dans lequel les modes sont gapés les uns des autres. L'expérience est alors convenablement décrite au moyen d'un modèle simple considérant deux modes indépendants couplés à la transition cyclotron. Dans ces conditions, il paraît naturel de généraliser le calcul du chapitre 2 au cas d'un échantillon de graphène placé dans une boîte optique, confinant le champ électromagnétique dans les trois directions de l'espace. Considérons un tel échantillon de surface $S = L^2$ placé à l'intérieur d'une cavité constituée de six parois métalliques distantes deux à deux de $L_x \equiv L$, $L_y \equiv L$, L_z. Comme précédemment, nous supposons que cette cavité est remplie d'un milieu matériel de permittivité ϵ, et l'échantillon soumis à une tension de grille et un champ magnétique $\mathbf{B}_0 = B\mathbf{e}_z$ tels que l'énergie de Fermi se trouve dans le gap cyclotron entre les niveaux de Landau $N = \nu - 1$ et $N = \nu$ de la bande de conduction. En outre, l'indice de vallée est définitivement fixé à $\xi = +$. Les deux longueurs L et L_z sont en revanche considérées comme finies, et le résonateur caractérisé par le paramètre sans dimension $\gamma_{\text{res}} = L_z/L$. Les modes du champ sont indexés par les trois entiers naturels n_x, n_y et n_z, i.e.

$$\mathbf{q} \equiv \left(\frac{\pi n_x}{L}, \frac{\pi n_y}{L}, \frac{\pi n_z}{L_z}\right), \tag{4.37}$$

avec la forme spatiale [11] [77]

$$u_{\mathbf{q},x}(\mathbf{r}) = \frac{2C_{n_x}}{\sqrt{V}} \cos\left(\frac{n_x \pi x}{L}\right) \sin\left(\frac{n_y \pi y}{L}\right) \sin\left(\frac{n_z \pi z}{L_z}\right) \tag{4.38}$$

$$u_{\mathbf{q},y}(\mathbf{r}) = \frac{2C_{n_y}}{\sqrt{V}} \sin\left(\frac{n_x \pi x}{L}\right) \cos\left(\frac{n_y \pi y}{L}\right) \sin\left(\frac{n_z \pi z}{L_z}\right) \tag{4.39}$$

$$u_{\mathbf{q},z}(\mathbf{r}) = \frac{2C_{n_z}}{\sqrt{V}} \sin\left(\frac{n_x \pi x}{L}\right) \sin\left(\frac{n_y \pi y}{L}\right) \cos\left(\frac{n_z \pi z}{L_z}\right). \tag{4.40}$$

Nous nous limiterons ici au seul mode $(n_x = 2, n_y = 2, n_z = 1)$ *dont la fréquence* $\omega = \frac{\pi c}{L_z \sqrt{\epsilon}} \sqrt{1 + 8\gamma_{\text{res}}^2}$ *est considérée comme proche de celle de la transition cyclotron* $\omega_0 \Delta_\nu$. *Soulignons à ce propos que la forme du résonateur nous autorise à choisir* L *et* L_z *suffisamment petits pour envoyer les autres modes loin de la résonance et rendre ainsi leur contribution négligeable.* Comme au chapitre 2, nous supposerons que l'échantillon de graphène est placé à l'altitude $z = L_z/2$ et que l'on peut négliger l'extension spatiale des fonctions d'onde par rapport à la longueur L_z. On considère donc les électrons comme purement bidimensionnels. Le profil spatial du mode $(n_x = 2, n_y = 2, n_z = 1)$ dans la base $(\mathbf{e}_{\mathbf{q},1}, \mathbf{e}_{\mathbf{q},2})$ s'écrit pour chaque polarisation comme [77]

$$\mathbf{u}_1(\mathbf{r}) = \frac{2}{\sqrt{V}} \begin{pmatrix} \cos\left(\frac{2\pi x}{L}\right) \sin\left(\frac{2\pi y}{L}\right) \cos\theta \\ \sin\left(\frac{2\pi x}{L}\right) \cos\left(\frac{2\pi y}{L}\right) \cos\theta \\ 0 \end{pmatrix}, \tag{4.41}$$

$$\mathbf{u}_2(\mathbf{r}) = \frac{2}{\sqrt{V}} \begin{pmatrix} -\cos\left(\frac{2\pi x}{L}\right) \sin\left(\frac{2\pi y}{L}\right) \\ \sin\left(\frac{2\pi x}{L}\right) \cos\left(\frac{2\pi y}{L}\right) \\ 0 \end{pmatrix}, \tag{4.42}$$

avec $\cos\theta = 1/\sqrt{1 + 8\gamma_{\text{res}}^2}$. Le potentiel vecteur s'écrit quant à lui comme

$$\mathbf{A}(\mathbf{r}) = \sum_{\eta=1,2} \sqrt{\frac{2\pi \hbar c^2}{\epsilon \omega}} \mathbf{u}_\eta(\mathbf{r}) \left(a_\eta + a_\eta^\dagger\right). \tag{4.43}$$

---

11. La constante de normalisation est donnée par $C_{n_j} = \sqrt{2 - \delta_{n_j, 0}}$ $(j = x, y, z)$.

4.2. Le graphène en cavité, limite continue

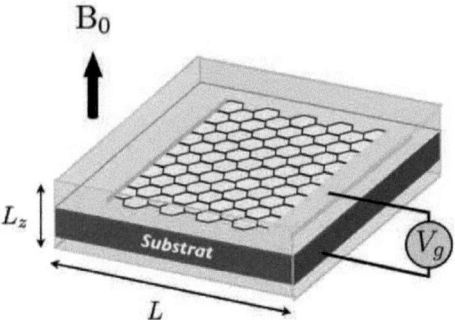

FIGURE 4.2.3 – *Représentation schématique du résonateur de surface $S = L^2$ et de longueur transverse L_z, avec à l'intérieur un échantillon de graphène soumis à un champ magnétique $\mathbf{B}_0 = B\mathbf{e}_z$ et à une tension de grille V_g, permettant de choisir l'énergie de Fermi dans la bande de conduction.*

Hamiltonien total

Intéressons nous maintenant au hamiltonien total du système décrit dans le paragraphe précédent. Le champ magnétique statique $\mathbf{B}_0 = B\mathbf{e}_z$ est décrit par le potentiel vecteur $\mathbf{A}_0 = Bx\mathbf{e}_y$ en jauge de Landau, et comme les indices de bande et de vallée sont fixés, les états à une particule sont caractérisés par les deux nombres quantiques N et k. Dans la limite continue, ce hamiltonien s'obtient en effectuant le couplage minimal $\mathbf{p} \to \mathbf{p} + \frac{e}{c}\mathbf{A}_t(\mathbf{r})$ dans l'expression (4.27) :

$$\mathcal{H} = \sum_i v_\mathrm{F}\left(\mathbf{p}_i + \frac{e}{c}\mathbf{A}_t(\mathbf{r}_i)\right) \cdot \underline{\boldsymbol{\sigma}} + \mathcal{V}_\mathrm{C} + H_\mathrm{ray}, \tag{4.44}$$

avec la notation $\underline{\boldsymbol{\sigma}} = \underline{\sigma}_x \mathbf{e}_x + \underline{\sigma}_y \mathbf{e}_y$. Le potentiel vecteur total $\mathbf{A}_t$ est donné par la somme des potentiels vecteurs statique et électromagnétique, i.e. $\mathbf{A}_t(\mathbf{r}) = \mathbf{A}_0(\mathbf{r}) + \mathbf{A}(\mathbf{r})$, où $\mathbf{A}(\mathbf{r})$ est donné par la relation (4.43). Comme au chapitre 2, $\mathcal{V}_\mathrm{C}$ et H_ray désignent respectivement le potentiel Coulombien et l'énergie du champ libre. Outre ces deux termes, on voit que le hamiltonien (4.44) se compose de l'énergie cinétique des fermions libres sous champ magnétique ainsi que du terme d'interaction lumière-matière :

$$\mathcal{H}_{\text{L}} = v_{\text{F}} \mathbf{\Pi} \cdot \boldsymbol{\sigma}, \qquad \mathcal{H}_{\text{int}} = \frac{v_{\text{F}} e}{c} \mathbf{A} \cdot \boldsymbol{\sigma}. \tag{4.45}$$

Dans la limite continue, le hamiltonien de couplage entre les fermions de Dirac et le champ du vide ne fait donc pas intervenir de terme diamagnétique. Nous verrons un peu plus loin que cette propriété change complètement la nature des excitations.

Hamiltonien d'interaction

Nous sommes maintenant en mesure de dériver l'expression du hamiltonien d'interaction en seconde quantification

$$H_{\text{int}} = \int d\mathbf{r}\, \vec{\Psi}^{\dagger}(\mathbf{r}) \underline{\mathcal{H}}_{\text{int}} \vec{\Psi}(\mathbf{r}), \tag{4.46}$$

où les champs de fermions s'écrivent sous la forme de spineurs à deux composantes :

$$\vec{\Psi}(\mathbf{r}) = \frac{1}{\sqrt{2}} \sum_{N,k} c_{N,k} \begin{pmatrix} -C_N^A \psi_{N-1,k}(\mathbf{r}) \\ C_N^B \psi_{N,k}(\mathbf{r}) \end{pmatrix}. \tag{4.47}$$

Les fonctions $\psi_{N,k}(\mathbf{r})$ sont définies par la relation (2.23) du chapitre 2 et l'opérateur $c_{N,k}$ ($c_{N,k}^{\dagger}$) détruit (crée) un fermion de Dirac dans l'état caractérisé par les nombres quantiques $+$, N, k et $\xi = +$. En utilisant les résultats du chapitre 2, les éléments de matrice apparaissant dans (4.46) se calculent aisément, et dans l'approximation où seule la transition dipolaire $m = 1$ contribue au couplage, nous obtenons l'expression

$$H_{\text{int}} = \hbar \Omega_{\eta} \left(b_{\eta} + b_{\eta}^{\dagger}\right) \left(a_{\eta} + a_{\eta}^{\dagger}\right), \tag{4.48}$$

avec la fréquence de Rabi

$$\Omega_2 = \sqrt{\frac{\alpha g_{\text{S}} g_{\text{V}} \omega_0^2}{2\pi \sqrt{\epsilon}\sqrt{1 + 8\gamma_{\text{res}}^2}}} C_{\nu-1}^B, \tag{4.49}$$

et la relation $\Omega_1 = \Omega_2 \cos\theta$. Les modes collectifs apparaissant dans le hamiltonien précédent sont donnés par

4.2. Le graphène en cavité, limite continue

$$b_1 = \sqrt{\frac{1}{\mathcal{N}}} \sum_{N,k} \sum_{\pm} \pm \sin\left(\frac{2\pi k l_0^2}{L} + \frac{\pi}{2} \pm \frac{\pi}{4}\right) c_{N,k}^\dagger c_{N+1,k\pm\frac{2\pi}{L}} \qquad (4.50)$$

$$b_2 = \sqrt{\frac{1}{\mathcal{N}}} \sum_{N,k} \sum_{\pm} \cos\left(\frac{2\pi k l_0^2}{L} + \frac{\pi}{2} \pm \frac{\pi}{4}\right) c_{N,k}^\dagger c_{N+1,k\pm\frac{2\pi}{L}}. \qquad (4.51)$$

De façon analogue au chapitre 2, on peut montrer que ces modes vérifient les règles de commutation $\langle F|\,[b_\eta, b_{\eta'}^\dagger]\,|F\rangle = \delta_{\eta,\eta'}$ où $|F\rangle$ désigne l'état fondamental fermionique donné par la relation (2.56). *Dans ce cas, les deux polarisations du champ électromagnétique $\eta = 1, 2$ sont couplées de façon indépendantes aux modes collectifs b_1 et b_2 qui commutent mutuellement.*

Hamiltonien libre

En second quantification, l'énergie cinétique s'écrie sous la forme diagonale

$$H_{\rm L} = \int d{\bf r}\,\vec{\Psi}^\dagger({\bf r}) \underline{\mathcal{H}}_{\rm L} \vec{\Psi}({\bf r}) = \sum_{N,k} \hbar\omega_0 \sqrt{\nu}\, c_{N,k}^\dagger c_{N,k}. \qquad (4.52)$$

Lorsque l'on se restreint au sous-espace constitué par les niveaux de Landau $N = \nu-1$ et $N = \nu$ avec $\nu \gg 1$, on peut alors montrer que les modes b_η vérifient la relation $[H_{\rm L}, b_\eta] = \hbar\omega_0 \Delta_\nu b_\eta$. Par analogie avec les résultats du chapitre 2, nous allons donc considérer la forme bosonique

$$H_{\rm L} = \hbar\omega_0 \Delta_\nu b_\eta^\dagger b_\eta \qquad (4.53)$$

pour la contribution effective en énergie cinétique, en nous reportant à l'annexe A.4 pour une justification détaillée de cette écriture.

Hamiltonien de Coulomb

Intéressons nous maintenant au hamiltonien $\mathcal{V}_{\rm C}({\bf r}-{\bf r}') = \frac{e^2}{\epsilon|{\bf r}-{\bf r}'|}$ décrivant les interactions entre électrons. Comme dans le chapitre 2, le but est de calculer la contribution optique ou longue portée des interactions de Coulomb sélectionnée par le résonateur. L'idée consiste alors à décomposer le potentiel Coulombien sur les modes du résonateur à l'aide d'une série de Fourier bidimensionnelle, puis de sélectionner la contribution résonante avec la transition cyclotron ($n_x = 2, n_y = 2$) à la fin du calcul. Une telle décomposition peut s'écrire comme [12]

---

12. Notons que le produit de deux cosinus n'est pas à priori le seul choix de base possible à deux dimensions. On pourrait en effet penser utiliser un produit de deux sinus ou encore un

$$\mathcal{V}_{\mathrm{C}}(\mathbf{r}-\mathbf{r}') = \sum_{n_x,n_y} \tilde{V}_{n_x,n_y} \cos\left(\frac{n_x\pi(x-x')}{L}\right)\cos\left(\frac{n_y\pi(y-y')}{L}\right), \qquad (4.54)$$

avec les composantes

$$\begin{aligned}\tilde{V}_{n_x,n_y} &= \frac{C_{n_x,n_y}}{S}\int_0^L\int_0^L d\mathbf{r}\, \frac{e^2}{\epsilon|\mathbf{r}|}\cos\left(\frac{n_x\pi x}{L}\right)\cos\left(\frac{n_y\pi y}{L}\right)\\ &= \frac{C_{n_x,n_y}e^2}{2\epsilon L\sqrt{n_x^2+n_y^2}},\end{aligned} \qquad (4.55)$$

et où la somme apparaissant dans (4.54) porte sur tous les entiers positifs n_x, n_y de zero à l'infini[13]. Notons que le terme divergent $n_x=n_y=0$ est compensé si l'on introduit un fond continu de charge positives et peut donc être retiré de la sommation 4.54. Avec ces conventions, la contribution du mode $(n_x=2,n_y=2)$ au hamiltonien de Coulomb peut s'écrire comme

$$\mathcal{V}_{\mathrm{C}} = \frac{1}{2}\tilde{V}_{2,2}\sum_{i,j} \hat{\rho}_{i,j}^2, \qquad (4.57)$$

où les indices $i=c,s$ et $j=c,s$ indiquent les différentes fonctions intervenant dans l'expression des éléments de matrice de la densité. Par exemple, le terme $(i=c,j=c)$ correspond à l'opérateur densité

$$\hat{\rho}_{\mathrm{c,c}} = \int d\mathbf{r}\, \vec{\Psi}^\dagger(\mathbf{r})\underline{1}\cos\left(\frac{2\pi x}{L}\right)\cos\left(\frac{2\pi y}{L}\right)\vec{\Psi}(\mathbf{r}), \qquad (4.58)$$

où $\underline{1}$ désigne la matrice identité. En utilisant l'expression des éléments de matrice donnée dans l'annexe A.1, on aboutit finalement à

$$\mathcal{V}_{\mathrm{C}} = \sum_\eta \hbar\zeta_\eta\gamma_\eta\left[\left(b_\eta+\gamma_\eta b_\eta^\dagger\right)^2 + \left(e_\eta-\gamma_\eta e_\eta^\dagger\right)^2\right] \qquad (4.59)$$

---

produit croisé cosinus-sinus. Il convient cependant de remarquer que la parité du potentiel Coulombien impose que la seule décomposition non-identiquement nulle est constituée par la série des produits de cosinus.

13. Le coefficient de normalisation $C_{n,m}$ est donné par

$$C_{n_x,n_y} = \begin{cases} 4 & \text{pour } n_x\neq 0 \text{ et } n_y\neq 0 \\ 2 & \text{pour } n_x=0 \text{ ou } n_y=0 \\ 1 & \text{sinon.}\end{cases} \qquad (4.56)$$

4.2. Le graphène en cavité, limite continue

avec $\gamma_1 = -1$, $\gamma_2 = 1$, et la constante de couplage

$$\zeta = \frac{\pi \alpha g_S g_V c \sqrt{2}}{16 \epsilon L} S_\nu^2. \tag{4.60}$$

Le facteur $S_\nu = C_{\nu-1}^A \sqrt{\nu-1} + C_{\nu-1}^B \sqrt{\nu}$ prend en compte le remplissage des niveaux de Landau. Dans le régime $\nu \gg 1$, on peut écrire $S_\nu \approx R_C/l_0$. Ce hamiltonien fait donc apparaître les deux modes supplémentaires

$$e_1 = \sqrt{\frac{1}{\mathcal{N}}} \sum_{N,k} \sum_{\pm} \sin\left(\frac{2\pi k l_0^2}{L} + \frac{\pi}{2} \pm \frac{\pi}{4}\right) c_{N,k}^\dagger c_{N+1,k\pm\frac{2\pi}{L}} \tag{4.61}$$

$$e_2 = \sqrt{\frac{1}{\mathcal{N}}} \sum_{N,k} \sum_{\pm} \pm \cos\left(\frac{2\pi k l_0^2}{L} + \frac{\pi}{2} \pm \frac{\pi}{4}\right) c_{N,k}^\dagger c_{N+1,k\pm\frac{2\pi}{L}}, \tag{4.62}$$

qui d'après l'équation (4.48) ne sont pas couplés au mode du résonateur. Nous laisserons donc de côté ces modes "noirs" par la suite. En tenant compte de l'énergie cinétique (4.53) et en y ajoutant la contribution Coulombienne précédente, le hamiltonien obtenu prend une forme similaire à celui des magnéto-plasmons du gaz d'électrons bidimensionnel (2.82) dans la limite optique $|\mathbf{q}|R_C \ll 1$. Afin de donner un sens plus précis à cette procédure dans le cas graphène, nous proposons dans l'annexe A.4 une généralisation du modèle de bosons indépendants qui nous a permis de décrire les magnéto-plasmons du gaz d'électrons. Avec le hamiltonien du champ libre H_{ray}, on est maintenant en mesure de diagonaliser indépendamment les contributions associées à chaque polarisations $\eta = 1, 2$:

$$H_\eta/\hbar = \omega a_\eta^\dagger a_\eta + \omega_0 \Delta_\nu b_\eta^\dagger b_\eta + \Omega_\eta \left(b_\eta + b_\eta^\dagger\right)\left(a_\eta + a_\eta^\dagger\right) + \zeta \gamma_\eta \left(b_\eta + \gamma_\eta b_\eta^\dagger\right)^2. \tag{4.63}$$

En suivant la démarche du chapitre 2, il est commode de mettre d'abord la partie électronique sous la forme diagonale en écrivant

$$\omega_0 \Delta_\nu b_\eta^\dagger b_\eta + \zeta \gamma_\eta \left(b_\eta + \gamma_\eta b_\eta^\dagger\right)^2 = \omega_{\text{p}} d_\eta^\dagger d_\eta \tag{4.64}$$

à une constante près. Les opérateurs $d_\eta = \mathcal{U}_\eta b_\eta + \mathcal{V}_\eta b_\eta^\dagger$ correspondent aux magnéto-plasmons de fréquence $\omega_{\text{p}} = \sqrt{\omega_0 \Delta_\nu (\omega_0 \Delta_\nu + 4\zeta)}$ pour les deux polarisations $\eta = 1, 2$, et les coefficients de Bogoliubov sont donnés par $\mathcal{U}_\eta = -\gamma_\eta \frac{\omega_0 \Delta_\nu + \omega_{\text{p}}}{2\sqrt{\omega_0 \Delta_\nu \omega_{\text{p}}}}$ et $\mathcal{V}_\eta = \frac{\omega_0 \Delta_\nu - \omega_{\text{p}}}{2\sqrt{\omega_0 \Delta_\nu \omega_{\text{p}}}}$. Dans la nouvelle base, le hamiltonien (4.63) prend finalement la forme

$$H_\eta/\hbar = \omega_{\rm p} d_\eta^\dagger d_\eta + \omega\, a_\eta^\dagger a_\eta + \tilde{\Omega}_\eta \left(a_\eta + a_\eta^\dagger\right)\left(d_\eta + d_\eta^\dagger\right), \qquad (4.65)$$

avec $\tilde{\Omega}_1 = -\Omega_1 \sqrt{\frac{\omega_{\rm p}}{\omega_0 \Delta_\nu}}$ et $\tilde{\Omega}_2 = -\Omega_2 \sqrt{\frac{\omega_0 \Delta_\nu}{\omega_{\rm p}}}$. À la différence du cas des fermions massifs dans les semiconducteurs, ce hamiltonien ne contient pas de terme diamagnétique, ce qui implique qu'il n'est plus défini positif pour toutes les valeurs de ν et provoque ainsi l'apparition d'un point critique pour lequel l'une des valeurs propre s'annule. Au delà de ce point critique, le hamiltonien précédent n'est plus diagonalisable. Introduisons les modes propres ou magnéto-polaritons

$$p_{j,\eta} = W_{j,\eta} a_\eta + X_{j,\eta} d_\eta + Y_{j,\eta} a_\eta^\dagger + Z_{j,\eta} d_\eta^\dagger, \qquad (4.66)$$

qui diagonalisent le hamiltonien (4.63) et nous permettent donc de l'écrire sous la forme

$$H_\eta = \sum_{j={\rm LP,UP}} \hbar \omega_{j,\eta} p_{j,\eta}^\dagger p_{j,\eta}, \qquad (4.67)$$

à une constante près. Dans l'équation précédente, les indices LP et UP désignent respectivement "Lower Polariton" et "Upper Polariton". Ces modes satisfont à l'équation aux valeurs propres $[p_{j,\eta}, H_\eta] = \hbar \omega_{j,\eta} p_{j,\eta}$, qui prend la forme matricielle $\underline{\mathcal{M}}_\eta \vec{V}_{j,\eta} = \omega_{j,\eta} \vec{V}_{j,\eta}$ avec

$$\vec{V}_{j,\eta} = (W_{j,\eta}, X_{j,\eta}, Y_{j,\eta}, Z_{j,\eta})^{\rm T}, \qquad (4.68)$$

et la matrice de Hopfield

$$\underline{\mathcal{M}}_\eta = \begin{pmatrix} \omega & \tilde{\Omega}_\eta & 0 & \tilde{\Omega}_\eta \\ \tilde{\Omega}_\eta & \omega_{\rm p} & \tilde{\Omega}_\eta & 0 \\ 0 & -\tilde{\Omega}_\eta & -\omega & -\tilde{\Omega}_\eta \\ -\tilde{\Omega}_\eta & 0 & -\tilde{\Omega}_\eta & -\omega_{\rm p} \end{pmatrix}. \qquad (4.69)$$

Finalement, les fréquences des magnéto-polaritons $\omega_{j,\eta}$ ($j = {\rm LP, UP}$) sont données par les valeurs propres de la matrice précédente.

Sur la figure 4.2.4, nous avons représenté les fréquences des modes propres $\omega_{j,\eta}/\omega$ du hamiltonien (4.63) normalisées par la fréquence du mode optique $\omega = \frac{c\pi}{L_z \sqrt{\epsilon}} \sqrt{1 + 8\gamma_{\rm res}^2}$ en fonction de la densité ρ. On voit que la fréquence de la branche basse $\omega_{{\rm LP},1}$ s'annule pour une certaine densité critique. On parle dans ce cas d'une excitation "sans gap" signalant la présence d'une instabilité du système (le hamiltonien précédent n'est plus diagonalisable). Ceci se produit

4.2. Le graphène en cavité, limite continue

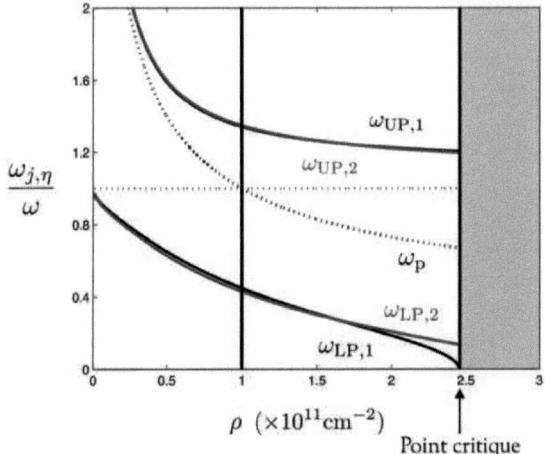

FIGURE 4.2.4 – *Fréquences des modes propres $\omega_{j,\eta}/\omega$ ($j = \text{LP}, \text{UP}$, lignes pleines noires et bleues) du hamiltonien (4.63) normalisées par la fréquence du mode optique $\omega = \frac{c\pi}{L_z\sqrt{\epsilon}}\sqrt{1+8\gamma_{\text{res}}^2}$ en fonction de la densité ρ. La ligne horizontale en pointillés noirs désigne la fréquence du mode optique, tandis que la courbe en pointillés noirs correspond au mode de plasmon normalisé ω_p/ω. Les deux traits verticaux indiquent les densités $\rho = 10^{11}\text{cm}^{-2}$ et $\rho = 2.1 \cdot 10^{11}\text{cm}^{-2}$ (voir figure suivante). On constate que la fréquence de la branche basse $\omega_{\text{LP},1}$ s'annule pour une densité critique ρ_c. Paramètres : $\epsilon = 4$, $L_z = 700\mu\text{m}$, $\gamma_{\text{res}} = 0.1$, $B = 25\text{mT}$, $g_S = g_V = 2$.*

lorsque le determinant de la matrice de Hopfield $\mathcal{M}_1$ s'annule, correspondant à la condition $2\Omega_1 = \sqrt{\omega\omega_0\Delta_\nu}$. On en déduit alors une expression de la densité critique

$$\rho_c = \left(\frac{\omega\sqrt{\pi\epsilon(1+8\gamma_{\text{res}}^2)}}{4\alpha v_{\text{F}}\sqrt{g_{\text{S}}g_{\text{V}}}}\right)^2 \approx 2.1\cdot 10^{11}\text{cm}^{-2}, \qquad (4.70)$$

indépendante du champ magnétique. Concernant la polarisation $\eta = 2$, le determinant de la matrice de Hopfield $\mathcal{M}_2$ s'annule lorsque $2\Omega_2 = \sqrt{\omega\omega_p^2/\omega_0\Delta_\nu}$. On peut alors montrer que cette condition n'est pas toujours satisfaite selon la valeur des paramètres L_z, B et γ_{res}. Contrairement à la branche LP1 qui s'annule toujours pour une densité finie, la branche LP2 n'a pas forcement un comportement critique. En fait, l'existence de cette excitation sans gap est la signature d'une transition de phase quantique analogue à celle du modèle de Dicke pour la supperradiance [103]. Au delà du point critique, l'état fondamental du système est modifié de façon non-perturbative, et une nouvelle phase de symétrie spontanément brisée apparaît. Nous reviendrons dans la section 4.3.5 sur ces considérations, en caractérisant les excitations de la phase "sur-critique".

Sur la figure 4.2.5, nous avons représenté les fréquences des modes propres $\omega_{j,\eta}/\omega$ du hamiltonien (4.63) normalisées par la fréquence du mode optique $\omega = \frac{c\pi}{L_z\sqrt{\epsilon}}\sqrt{1+8\gamma_{\text{res}}^2}$ en fonction du champ magnétique B. Lorsque la densité est inférieure à ρ_c, on observe une dispersion semblable à celle du gaz d'électrons bidimensionnel (voir chapitre 3). En revanche, la dispersion devient fortement asymétrique lorsque l'on s'approche de la densité critique. On constate également que l'énergie de la branche $\omega_{\text{LP},1}$ est fortement repoussée vers les basses fréquences lorsque $B \to 0$. Le terme d'interaction Coulombienne (en plus du facteur géométrique $\cos\theta$) est quant à lui responsable de la séparation des branches correspondantes aux deux polarisations $\eta = 1, 2$. Comme nous l'avons signalé au chapitre 3, on peut remarquer que la fréquence du mode de plasmon ω_p est finie à $B = 0$. On trouve alors la valeur $\omega_p(B=0) = \sqrt{\frac{\pi g_{\text{S}}g_{\text{V}}r_s v_{\text{F}}^2 k_{\text{F}}}{2L\sqrt{2}}}$ modifiée par la forme particulière du résonateur. $k_{\text{F}} = \sqrt{\frac{4\pi\rho}{g_{\text{S}}g_{\text{V}}}}$ désigne ici le vecteur d'onde de Fermi.

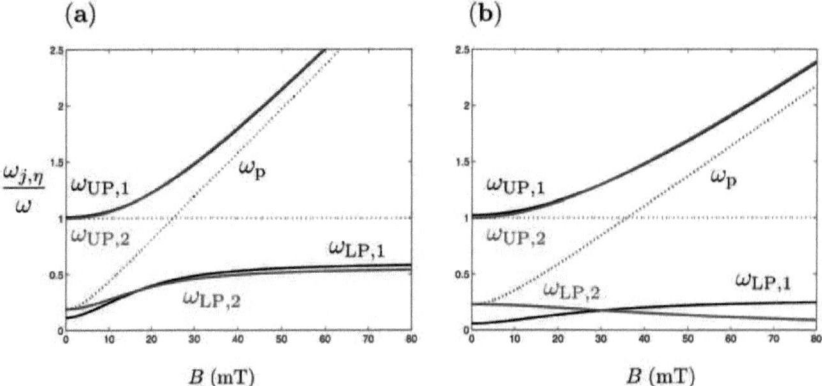

FIGURE 4.2.5 – Fréquences des modes propres $\omega_{j,\eta}/\omega$ ($j = \text{LP}, \text{UP}$, lignes pleines noires et bleues) du hamiltonien (4.63) normalisées par la fréquence du mode optique $\omega = \frac{c\pi}{L_z\sqrt{\epsilon}}\sqrt{1+8\gamma_{\text{res}}^2}$ en fonction du champ magnétique B. La ligne horizontale en pointillés noirs désigne la fréquence du mode optique, tandis que la courbe en pointillés noirs correspond au mode de plasmon normalisé ω_{p}/ω. (a) Pour une densité $\rho = 10^{11}\text{cm}^{-2}$. (b) Juste avant la densité densité critique $\rho_{\text{c}} = 2.1 \cdot 10^{11}\text{cm}^{-2}$ Paramètres : $\epsilon = 4$, $L_z = 700\mu\text{m}$, $\gamma_{\text{res}} = 0.1$, $g_{\text{S}} = g_{\text{V}} = 2$.

4.3 Le couplage lumière-matière en jauge symétrique

Dans la section précédente, nous avons vu que le couplage des fermions de Dirac avec les modes d'une boîte optique ne fait pas intervenir de terme diamagnétique. Pour cette raison, le hamiltonien correspondant admet un point critique au delà duquel le vide quantique "standard" n'est plus l'état fondamental du système. Il nous reste cependant à répondre à plusieurs questions. En particulier, quelle est la nature de la phase au delà du point critique et quelle brisure de symétrie est alors mise en jeu ? D'autre part, peut-on comprendre avec un modèle simple sur réseau d'où provient cette différence importante entre le cas des fermions massifs du semiconducteur et les fermions de Dirac du graphène en cavité. Dans ce dernier cas, si il existe un terme diamagnétique provenant des corrections au modèle de Dirac, il serait intéressant de comprendre ce qui provoque sa disparition dans la limite continue. Nous tenterons dans cette section d'apporter des réponses aux questions ainsi formulées.

4.3.1 Position du problème

Considérons deux réseaux bidimensionnels de surface totale $S = L^2$. Le premier est un réseau de forme quelconque que nous choisirons carrée de paramètre a, et l'autre un réseau en nid d'abeille dont la distance séparant deux plus proches voisins sera notée a également. Chaque échantillon est placé à l'intérieur d'une cavité planaire de volume $V = SL_z$ ($L_z \ll L$) comme décrit dans la section 2.2.6. Encore une fois, nous considérons que les échantillons sont situés à l'altitude $z = L_z/2$ et que l'on peut négliger l'extension spatiale des fonctions d'onde dans la direction (Oz). Dans ce cas, nous avons vu que seules les branches optiques avec n impair sont couplées aux électrons. En outre, la résonance est choisie de telle sorte que la fréquence de la branche optique $n = 1$ au voisinage de $|\mathbf{q}| \sim 0$ est de l'ordre de la fréquence cyclotron. Nous négligerons ici pour simplifier toutes les autres branches $n \neq 1$, en arguant que l'on peut toujours choisir la longueur L_z suffisamment petite pour envoyer ces branches loin de la résonance et rendre ainsi leurs contributions négligeables. Comme au chapitre 2, le vecteur d'onde dans le plan est une quantité conservée ce qui signifie que l'on peut diagonaliser chaque mode $\mathbf{q}$ indépendamment. Pour cette raison, nous nous limiterons au mode $\mathbf{q} = \mathbf{0}$ et laisserons de côté l'indice modal dans le plan. Remarquons que pour ce mode particulier, la fré-

4.3. Le couplage lumière-matière en jauge symétrique

quence du plasmon est exactement égale à la fréquence cyclotron ce qui nous permet de mettre également de côté les interactions électron-électron[14] (voir sections 2.2.7 et A.4). Les deux vecteurs de polarisation $\mathbf{e}_{\mathbf{q},1}$ et $\mathbf{e}_{\mathbf{q},2}$ coïncident alors avec les vecteurs de base $\mathbf{e}_x$ et $\mathbf{e}_y$ respectivement, et le potentiel vecteur électromagnétique est donné par

$$\mathbf{A} = i\sqrt{\frac{4\pi\hbar c^2}{\epsilon\omega V}} \sum_{\eta=1,2} \left(a_\eta - a_\eta^\dagger\right)\vec{u}_\eta, \qquad (4.71)$$

avec $\omega = \frac{c\pi}{L_z\sqrt{\epsilon}}$. Il est commode d'introduire ici le potentiel vecteur adimensionné $\mathcal{A} = -i\sqrt{\frac{\epsilon\omega V}{4\pi\hbar c^2}}\mathbf{A}$, d'ordre unité si le nombre de photons de la cavité $\langle a_\eta^\dagger a_\eta \rangle$ est lui aussi d'ordre 1. Parallèlement, effectuons un changement de base donné par la rotation du système de coordonnées d'un angle $\pi/4$:

$$\mathbf{e} = \frac{1}{\sqrt{2}}(\mathbf{e}_x + i\mathbf{e}_y) \qquad \mathbf{e}^* = \frac{1}{\sqrt{2}}(\mathbf{e}_x - i\mathbf{e}_y) \qquad (4.72)$$

$$\mathfrak{A} = \frac{1}{\sqrt{2}}(\mathcal{A}_x + i\mathcal{A}_y) \qquad \mathfrak{A}^\dagger = -\frac{1}{\sqrt{2}}(\mathcal{A}_x - i\mathcal{A}_y). \qquad (4.73)$$

Pour les deux réseaux, les électrons seront traités dans le cadre d'un modèle de liaisons fortes où l'on ne prend en compte que les recouvrements entre plus proches voisins au moyen du paramètre de saut t (voir section 4.1.2). Choisissons maintenant un point particulier M de la première zone de Brillouin repéré par le vecteur $\mathbf{M}$. Au voisinage de ce point, on peut écrire le vecteur d'onde sous la forme $\mathbf{q} = \mathbf{M} + \boldsymbol{\kappa}$ avec $|\boldsymbol{\kappa}|a \ll 1$, si bien que les excitations de basse énergie sont décrites par le hamiltonien à un électron

$$\mathcal{H}(\boldsymbol{\kappa}) = -t\sum_{j=0}^{3-1} Z_j e^{-i\boldsymbol{\kappa}\cdot\boldsymbol{\delta}_j}, \qquad (4.74)$$

où 3 désigne le nombre de premiers voisins connectés à un site donné par les vecteurs $\boldsymbol{\delta}_j$, et $Z_j = e^{-i\mathbf{M}\cdot\boldsymbol{\delta}_j}$ un facteur de phase dépendant du point M considéré. Remarquons que $\mathcal{H}(\boldsymbol{\kappa})$ peut tout à fait désigner un élément de matrice si le réseau se compose lui-même de plusieurs sous-réseaux. En présence

---

14. Dans le cas du graphène, nous avons déjà évoqué le fait que les interactions électron-électron sont responsables d'une renormalisation de la fréquence cyclotron à $\mathbf{q} = \mathbf{0}$ dont on ne peut rendre compte avec un modèle similaire à celui de la section 2.2.7 (contribution RPA). De façon semi-quantitative, on peut toutefois utiliser la fréquence $\tilde{\omega}_0 = \tilde{v}_F\sqrt{2}/l_0$ où $\tilde{v}_F$ désigne la vitesse de Fermi renormalisée par les interactions.

d'un champ magnétique perpendiculaire $\mathbf{B}_0 = B\mathbf{e}_z$, le nouveau hamiltonien s'obtient en substituant le vecteur d'onde $\boldsymbol{\kappa}$ par $\mathbf{p}/\hbar$, suivi du couplage minimal $\mathbf{p} \to \boldsymbol{\Pi} + \frac{e}{c}\mathbf{A}$ où $\boldsymbol{\Pi}$ et $\mathbf{A}$ sont respectivement définis par les relations (2.8) et (4.71). On obtient ainsi l'expression

$$\mathcal{H} = -t\sum_{j=0}^{3-1} Z_j \exp\left[-\frac{i}{\hbar}\left(\boldsymbol{\Pi}\cdot\boldsymbol{\delta}_j + \frac{e}{c}\mathbf{A}\cdot\boldsymbol{\delta}_j\right)\right]. \tag{4.75}$$

En introduisant les angles θ_j définis par la relation $\boldsymbol{\delta}_j = a\cos\theta_j\mathbf{e}_x + a\sin\theta_j\mathbf{e}_y$ ($j = 0, 1, \cdots, 3-1$), ainsi que les opérateurs d'échelle (2.14), le hamiltonien précédent peut être réécrit sous la forme

$$\mathcal{H} = -t\sum_{j=0}^{3-1} Z_j \exp\left[\frac{a}{l_0\sqrt{2}}\left(d_{\mathrm{r}}^\dagger e^{-i\theta_j} - d_{\mathrm{r}} e^{i\theta_j}\right)\right] \exp\left[\Lambda\left(\mathfrak{A}e^{-i\theta_j} - \mathfrak{A}^\dagger e^{i\theta_j}\right)\right] \tag{4.76}$$

où $\Lambda = \frac{a}{L}\sqrt{\frac{2\alpha}{\sqrt{\epsilon}}}$ est un petit paramètre sans dimension (en choisissant $L \sim 1\mu\mathrm{m}$, on a $\Lambda \lesssim 10^{-5}$). Nous allons maintenant développer les fonctions exponentielles de l'expression (4.76) jusqu'au second ordre en a/l_0 et Λ, puis appliquer successivement le résultat au cas des réseaux carré et en nid d'abeille.

4.3.2 Le réseau carré, fermions massifs

Dans le cas du réseau carré, nous allons nous intéresser au voisinage du centre de la première zone de Brillouin appelé point Γ. Ce choix fixe dès lors la valeur du facteur de vallée $Z_j = 1$ pour $j = 0, 1, 2, 3$. D'autre part, les 4 premiers voisins sont caractérisés par les angles $\theta_j = j\pi/2$ correspondant aux vecteurs de déplacement $\boldsymbol{\delta}_0 = a\mathbf{e}_x$, $\boldsymbol{\delta}_1 = a\mathbf{e}_y$, $\boldsymbol{\delta}_2 = -a\mathbf{e}_x$ et $\boldsymbol{\delta}_3 = -a\mathbf{e}_y$. En utilisant la relation $\sum_{j=0}^{3} e^{im\theta_j} = 4$ si $m = 4p$ ($p \in \mathbb{Z}$) et $\sum_{j=0}^{3} e^{im\theta_j} = 0$ sinon, le développement du hamiltonien (4.76) donne

$$\mathcal{H} = \frac{2ta^2}{l_0^2}\left(d_{\mathrm{r}}^\dagger d_{\mathrm{r}} + \frac{1}{2}\right) + \frac{2\sqrt{2}\Lambda ta}{l_0}\left(d_{\mathrm{r}}^\dagger \mathfrak{A}^\dagger + d_{\mathrm{r}}\mathfrak{A}\right) + 2\Lambda^2 t\left(\mathfrak{A}^\dagger\mathfrak{A} + \mathfrak{A}\mathfrak{A}^\dagger\right) + \mathcal{O}(a^4). \tag{4.77}$$

Par conséquent, on voit que les trois contributions dominantes sont du même ordre $\mathcal{O}(a^2)$. *En outre, l'absence formelle de terme linéaire $\mathcal{O}(a)$ nous permet de définir une masse effective de bande* $m^* = \frac{\hbar^2}{2ta^2}$. En introduisant

4.3. Le couplage lumière-matière en jauge symétrique 143

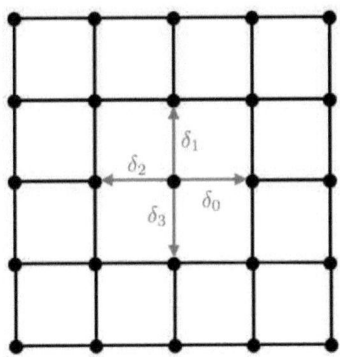

FIGURE 4.3.1 – *Réseau carré de paramètre a. Les 4 premiers voisins sont caractérisés par les angles $\theta_j = j\pi/2$ correspondant aux vecteurs de déplacement $\boldsymbol{\delta}_0 = a\mathbf{e}_x$, $\boldsymbol{\delta}_1 = a\mathbf{e}_y$, $\boldsymbol{\delta}_2 = -a\mathbf{e}_x$ et $\boldsymbol{\delta}_3 = -a\mathbf{e}_y$.*

la fréquence cyclotron $\omega_0 = \frac{eB}{m^*c}$, le premier terme du membre de droite de l'équation précédente prend la forme (2.15)

$$\mathcal{H}_L = \hbar\omega_0 \left(d_r^\dagger d_r + \frac{1}{2} \right),$$

indiquant que ce système est régi par une quantification de Landau normale. En réexprimant les trois contributions de (4.77) en fonction des anciennes variables $(\boldsymbol{\Pi}, \mathbf{A})$, il n'est pas surprenant de constater que l'on retombe sur l'expression

$$\mathcal{H} = \frac{1}{2m^*} \left(\boldsymbol{\Pi} + \frac{e}{c}\mathbf{A} \right)^2, \qquad (4.78)$$

dérivant du hamiltonien standard avec une masse effective m^*, et sur lequel on a opéré le couplage minimal $\boldsymbol{\Pi} \to \boldsymbol{\Pi} + \frac{e}{c}\mathbf{A}$ en présence du champ magnétique B. Par conséquent, les excitations de basse énergie d'un gaz d'électrons bidimensionnel sur un réseau de forme quelconque sont bien gouvernées par un hamiltonien de type Schrödinger, dans lequel les paramètres du réseau, ou plus précisément la dispersion des bandes au voisinage d'une vallée donnée est prise en compte au travers de la masse effective m^*. Un tel hamiltonien contient inévitablement un terme diamagnétique $\mathbf{A}^2$ dont la constante de couplage est reliée à la fréquence de Rabi du vide par une relation impliquant l'absence de point critique du modèle (c.f. annexe A.3).

4.3.3 Le réseau hexagonal, fermions de Dirac

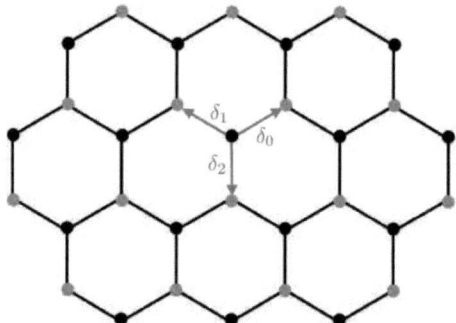

FIGURE 4.3.2 – *Réseau hexagonal de paramètre a. Les 3 premiers voisins sont caractérisés par les vecteurs de déplacement* $\boldsymbol{\delta}_0 = a\sqrt{3}/2\mathbf{e}_x + a/2\mathbf{e}_y$, $\boldsymbol{\delta}_1 = -a\sqrt{3}/2\mathbf{e}_x + a/2\mathbf{e}_y$ *et* $\boldsymbol{\delta}_2 = -a\mathbf{e}_y$, *ainsi que les angles associés* $\theta_j = (4j+1)\pi/6$ *(j = 0, 1, 2)*.

Examinons maintenant le cas du réseau en nid d'abeille. Comme précédemment, nous sommes intéressés par les excitations de basse énergie, qui apparaissent ici au voisinage des points de Dirac K et K'. Si l'on choisit la vallée K, le facteur de phase est donné par $Z_j = -ie^{-i\theta_j}$ avec les vecteurs de déplacement correspondant aux 3 plus proches voisins $\boldsymbol{\delta}_0 = a\sqrt{3}/2\mathbf{e}_x + a/2\mathbf{e}_y$, $\boldsymbol{\delta}_1 = -a\sqrt{3}/2\mathbf{e}_x + a/2\mathbf{e}_y$, $\boldsymbol{\delta}_2 = -a\mathbf{e}_y$, ainsi que les angles associés $\theta_j = (4j+1)\pi/6$ ($j = 0, 1, 2$). En utilisant la relation $\sum_{j=0}^{2} e^{im\theta_j} = 3e^{\frac{im\pi}{6}}$ si $m = 3p$ ($p \in \mathbb{Z}$) et $\sum_{j=0}^{2} e^{im\theta_j} = 0$ sinon, le développement du hamiltonien (4.76) donne

$$\mathcal{H} = -\frac{3ita}{l_0\sqrt{2}}d_\mathrm{r} - 3it\Lambda\mathfrak{A}^\dagger + \mathcal{O}(a^2), \qquad (4.79)$$

et l'on constate que les deux contributions dominantes sont du premier ordre en a. À la différence du cas général précédent, c'est donc la combinaison de plusieurs facteurs géométriques particuliers qui provoque l'apparition de ces

4.3. Le couplage lumière-matière en jauge symétrique

termes linéaires, et empêche de définir une masse effective de bande. En particulier, l'existence de 3 premiers voisins formant un triangle équilatéral semble être une condition nécessaire mais non-suffisante. Si l'on prend en compte la présence des deux sous-réseaux, le hamiltonien prend la forme d'une matrice 2×2

$$\underline{\mathcal{H}} = \begin{pmatrix} 0 & \mathcal{H} \\ \mathcal{H}^\dagger & 0 \end{pmatrix}, \qquad (4.80)$$

qui après le changement de variables $(d_\mathrm{r}, d_\mathrm{r}^\dagger; \mathfrak{A}, \mathfrak{A}^\dagger) \to (\mathbf{\Pi}; \mathbf{A})$ et en utilisant (4.79), nous redonne le hamiltonien de Dirac en présence d'un champ magnétique

$$\underline{\mathcal{H}} = v_F \left(\mathbf{\Pi} + \frac{e}{c} \mathbf{A} \right) \cdot \boldsymbol{\sigma}. \qquad (4.81)$$

On comprend dès lors que la forme matricielle liée à la présence des deux sous-réseaux est également cruciale, au sens où c'est elle qui permet aux termes linéaires de l'équation (4.79) de ne pas disparaître lorsque que l'on en calcule les éléments de matrice. En effet, sans cette forme matricielle, les éléments de matrice de l'énergie cinétique qui entrent en jeu en seconde quantification sont nuls en raison de la relation $\langle N | d_\mathrm{r} | N \rangle = 0$, et l'on doit alors aller chercher les contributions du deuxième ordre en a comme pour les fermions massifs. Lorsque le hamiltonien possède une forme matricielle similaire à (4.80), le même terme fait apparaitre l'élément de matrice $\langle N - 1 | d_\mathrm{r} | N \rangle$ qui est non nul et permet d'aboutir au hamiltonien de Dirac.

En se limitant à l'ordre $\mathcal{O}(a^3)$ dans le développement (4.76), on peut voir qu'il existe formellement les termes diamagnétiques

$$\begin{aligned} \mathcal{H}_\mathrm{dia}^1 &= \frac{3t\Lambda^2}{2} \mathfrak{A}^2 \\ \mathcal{H}_\mathrm{dia}^2 &= \frac{3it a\Lambda^2}{2l_0\sqrt{2}} d_\mathrm{r} \left(\mathfrak{A}^\dagger \mathfrak{A} + \mathfrak{A} \mathfrak{A}^\dagger \right), \end{aligned} \qquad (4.82)$$

d'ordre supérieurs en a. Là encore, la présence des deux sous-réseaux annule le premier terme lorsque l'on en prend les éléments de matrice. Quant au deuxième, nous montrerons à la fin de ce chapitre qu'il n'apporte que des corrections négligeables au modèle.

4.3.4 Limite continue pour les fermions massifs, le modèle de Hopfield

Dans cette section, nous nous proposons de dériver l'expression du *hamiltonien des fermions massifs* 4.78 en seconde quantification, et en utilisant la représentation des fonctions d'onde en jauge symétrique. Nous verrons alors que le hamiltonien obtenu peut être diagonalisé au moyen d'un mapping spin-boson, dans lequel les corrections à la bosonicité peuvent être prises en compte à la différence de la méthode "magneto-excitons" utilisée jusque là. Le hamiltonien (4.78) est constitué des trois contributions $\mathcal{H} = \mathcal{H}_\text{L} + \mathcal{H}_\text{int} + \mathcal{H}_\text{dia}$ avec

$$\mathcal{H}_\text{L} = \frac{\Pi^2}{2m^*}, \quad \mathcal{H}_\text{int} = \frac{e}{m^*c}\Pi \cdot \mathbf{A}, \quad \mathcal{H}_\text{dia} = \frac{e^2}{2m^*c^2}\mathbf{A}^2, \tag{4.83}$$

et où le potentiel vecteur électromagnétique $\mathbf{A}$ est donné par l'équation (4.71). En utilisant l'expression des opérateurs d'échelle (2.14), on montre facilement que le hamiltonien d'interaction pour $N \sim \nu$ s'écrit

$$H_\text{int} = -\sum_{N,l} \frac{\hbar\Omega}{\sqrt{\mathcal{N}}} c^\dagger_{N+1,l} c_{N,l}(a_1 - a_1^\dagger) + \sum_{N,l} \frac{i\hbar\Omega}{\sqrt{\mathcal{N}}} c^\dagger_{N+1,l} c_{N,l}(a_2 - a_2^\dagger) + \text{h.c.}, \tag{4.84}$$

avec la fréquence de Rabi du vide

$$\Omega = \sqrt{\frac{\alpha \nu g_\text{S} \omega_0^2}{\pi\sqrt{\epsilon}}}. \tag{4.85}$$

Sans perdre la généralité du modèle, on peut maintenant projeter les opérateurs d'excitations fermioniques sur le sous-espace constitué par les deux niveaux de Landau au voisinage du niveau de Fermi, ce qui revient à fixer $N = \nu - 1$ dans l'équation (4.84). Dans ce sous-espace, la contribution à l'énergie cinétique $H_\text{L} = \sum_{N,l}(N + 1/2)\hbar\omega_0 c^\dagger_{N,l} c_{N,l}$ se met sous la forme

$$H_\text{L} = \sum_l \frac{\hbar\omega_0}{2} \left(c^\dagger_{\nu,l} c_{\nu,l} - c^\dagger_{\nu-1,l} c_{\nu-1,l} \right) + \hbar\omega_0 \nu \underline{1}, \tag{4.86}$$

où $\underline{1} = \sum_l (c^\dagger_{\nu,l} c_{\nu,l} + c^\dagger_{\nu-1,l} c_{\nu-1,l})$ désigne l'opérateur identité. Il convient maintenant d'introduire les opérateurs collectifs de moments cinétiques

4.3. Le couplage lumière-matière en jauge symétrique

$$J_+ = \sum_l c_{\nu,l}^\dagger c_{\nu-1,l} \quad J_- = J_+^\dagger$$

$$\text{et} \quad J_z = \sum_l \frac{1}{2}\left(c_{\nu,l}^\dagger c_{\nu,l} - c_{\nu-1,l}^\dagger c_{\nu-1,l}\right), \tag{4.87}$$

obéissant aux relations de commutation angulaires $[J_+, J_-] = 2J_z$ et $[J_z, J_\pm] = \pm J_\pm$. Au regard des relations (4.84) et (4.86), *on voit que le système consiste en jauge symétrique en une collection de $\mathcal{N}$ systèmes à deux niveaux indépendants, un pour chaque centre d'orbite l, couplés à deux champs bosoniques uniformes ($\eta = 1, 2$) de même énergie $\hbar\omega$*. Chacun de ces systèmes à deux niveaux est alors décrit par un pseudo-spin 1/2, et les opérateurs collectifs définis précédemment correspondent à la composition des moments cinétiques individuels.

Remarque Les opérateurs de moments cinétiques précédents peuvent être utilisés pour représenter l'espace de Hilbert des $\mathcal{N}$ systèmes à deux niveaux en introduisant *les états de Dicke* [104, 105], états propres de J_z et de $\mathbf{J}^2 = J_x^2 + J_y^2 + J_z^2 = \frac{1}{2}(J_+J_- + J_-J_+) + J_z^2$. Ces états s'écrivent sous la forme $|J, M\rangle$ avec $M = -J, -J+1, \cdots, J$ et vérifient les propriétés $J_z|J, M\rangle = M|J, M\rangle$, $\mathbf{J}^2|J, M\rangle = J(J+1)|J, M\rangle$ et $J_\pm|J, M\rangle = \sqrt{J(J+1) - M(M\pm 1)}|J, M\pm 1\rangle$. Le nombre J peut prendre les valeurs $1/2, 3/2, \cdots, \mathcal{N}/2$ si $\mathcal{N}$ est impair et $0, 1, \cdots \mathcal{N}/2$ si $\mathcal{N}$ est pair. Il est associé à la valeur propre de $\mathbf{J}^2$ et définit un secteur de l'espace de Hilbert dans lequel la somme des $\mathcal{N}$ spins 1/2 donne un spin dont le carré de la norme est $J(J+1)$, avec $-J \leq M \leq J$. Comme *le hamiltonien d'interaction (4.84) ne mélange pas les secteurs correspondants à des J différents, on ne considérera par la suite que le secteur de moment cinétique maximal $J = \mathcal{N}/2$*. Dans ce cas, les $\mathcal{N}$ systèmes à deux niveaux sont réduits à un grand spin de norme $\sqrt{\frac{\mathcal{N}}{2}(\frac{\mathcal{N}}{2} + 1)}$, et décrit par $\mathcal{N} + 1$ états de Dicke $|\mathcal{N}/2, M\rangle$ avec $-\frac{\mathcal{N}}{2} \leq M \leq \frac{\mathcal{N}}{2}$.

Il nous reste maintenant à ajouter aux deux contributions H_L et H_int le terme diamagnétique H_dia d'une part, et l'énergie du champ libre $H_\mathrm{ray} = \sum_\eta \hbar\omega a_\eta^\dagger a_\eta$ d'autre part. En utilisant la relation $\langle c_{N,l}^\dagger c_{N',l'}\rangle = \Theta(\nu - 1 - N)\delta_{N,N'}\delta_{l,l'}$ (voir section 2.2.7), le hamiltonien total peut finalement s'écrire à une constante près comme

$$H/\hbar = \omega_0 J_z + \sum_{\eta=1,2} \omega a_\eta^\dagger a_\eta - \frac{2\Omega}{\sqrt{\mathcal{N}}} J_y(a_1^\dagger + a_1) + \frac{2\Omega}{\sqrt{\mathcal{N}}} J_x(a_2^\dagger + a_2) + \sum_{\eta=1,2} D(a_\eta^\dagger + a_\eta)^2, \quad (4.88)$$

avec $J_x = \frac{1}{2}(J_+ + J_-)$, $J_y = \frac{i}{2}(J_- - J_+)$ et $D = \frac{\Omega^2}{\omega_0}$. Introduisons l'opérateur correspondant au nombre total d'excitations du système : $N_{\text{exc}} = \sum_\eta a_\eta^\dagger a_\eta + J_z + \mathcal{N}/2$. En raison de la présence des opérateurs J_x, J_y, ainsi que des termes antirésonants $a_\eta^\dagger a_\eta^\dagger$ et $a_\eta a_\eta$, il est clair que le hamiltonien précédent ne conserve pas ce nombre, i.e. $[H, N_{\text{exc}}] \neq 0$. En revanche, la parité des excitations décrite par l'opérateur $\Pi_{\text{exc}} = e^{i\pi N_{\text{exc}}}$ est conservée, ce qui peut se montrer en remarquant que

$$\begin{aligned}\Pi_{\text{exc}}(a_\eta, a_\eta^\dagger, J_x, J_y)\Pi_{\text{exc}}^\dagger &= (-a_\eta, -a_\eta^\dagger, -J_x, -J_y) \\ \text{et} \quad \Pi_{\text{exc}}(a_\eta^\dagger a_\eta, J_z)\Pi_{\text{exc}}^\dagger &= (a_\eta^\dagger a_\eta, J_z),\end{aligned} \quad (4.89)$$

ce qui donne $[H, \Pi_{\text{exc}}] = 0$. Nous verrons dans la section suivante que cette symétrie peut être spontanément brisée dans le cas du graphène. L'idée consiste maintenant à trouver une représentation des opérateurs collectifs de moments cinétiques apparaissant dans l'équation précédente, en terme de fonctions analytiques d'opérateurs bosoniques b et $b^\dagger$. Ceci correspond précisément à la transformation de Holstein-Primakoff [104]

$$J_+ = b^\dagger \sqrt{\mathcal{N} - b^\dagger b}, \quad J_- = \sqrt{\mathcal{N} - b^\dagger b}\, b, \quad J_z = b^\dagger b - \frac{\mathcal{N}}{2}, \quad (4.90)$$

où b et $b^\dagger$ vérifient *exactement* la relation de commutation $[b, b^\dagger] = 1$. Introduisons le nombre d'excitations électroniques $n_{\text{el}} = \langle b^\dagger b \rangle$ contenues dans l'état fondamental du hamiltonien (4.88). Si l'on suppose que ce nombre est petit devant $\mathcal{N}$, le développement de la racine carrée apparaissant dans l'équation précédente se réduit à l'ordre zéro [15], et le hamiltonien prend la forme quadratique

$$\begin{aligned}H/\hbar =\,& \omega_0 b^\dagger b + i\Omega(b^\dagger - b)(a_1^\dagger + a_1) + \Omega(b^\dagger + b)(a_2^\dagger + a_2) \\ &+ \sum_{\eta=1,2} \omega a_\eta^\dagger a_\eta + \sum_{\eta=1,2} D(a_\eta^\dagger + a_\eta)^2.\end{aligned} \quad (4.91)$$

---

15. Notons que cette hypothèse est largement confortée par les résultats du chapitre 2.

4.3. Le couplage lumière-matière en jauge symétrique

Il n'est alors pas surprenant de retrouver exactement la contribution correspondante aux nombres quantiques ($\mathbf{q} = \mathbf{0}, m = 1, n = 1$) du hamiltonien donné par la relation (2.111) du chapitre 2. Sa diagonalisation correspond à un cas particulier de la procédure décrite dans la section 2.2.8 et donne trois branches de polaritons, modes propres du hamiltonien

$$H = \sum_{j=1}^{3} E_j p_j^\dagger p_j, \tag{4.92}$$

qui n'admet pas de point critique quantique pour une valeur finie du facteur de remplissage, et possède un état fondamental $|G\rangle$ *non-dégénéré*[16]. Comme nous l'avons évoqué précédemment, ce hamiltonien commute avec l'opérateur qui définit la parité des excitations. Dans ce cas, $|G\rangle$ est aussi vecteur propre de Π_{exc} ce qui signifie que les états propres du système possèdent une parité donnée[17].

4.3.5 Limite continue pour les fermions de Dirac, le modèle de Dicke généralisé.

Nous allons maintenant montrer que le même système que celui étudié dans la section précédente, mais où l'on a remplacé les électrons massifs par les *électrons de Dirac d'un réseau en nid d'abeille*, peut subir une transition de phase quantique pilotée par le facteur de remplissage des niveaux de Landau. Dans ce cas, le hamiltonien (4.81) est composé des deux contributions $\mathcal{H} = \mathcal{H}_{\text{L}} + \mathcal{H}_{\text{int}}$ avec

$$\mathcal{H}_{\text{L}} = v_{\text{F}} \mathbf{\Pi} \cdot \underline{\boldsymbol{\sigma}}, \quad \mathcal{H}_{\text{int}} = \frac{e v_{\text{F}}}{c} \mathbf{A} \cdot \underline{\boldsymbol{\sigma}}, \quad \underline{\boldsymbol{\sigma}} \equiv (\underline{\sigma}_x, \underline{\sigma}_y), \tag{4.93}$$

et où le potentiel vecteur électromagnétique $\mathbf{A}$ est donné par l'équation (4.71). Comme précédemment, en prenant $N = \nu - 1 \gg 1$ et en utilisant l'expression des opérateurs d'échelle (2.14), on peut montrer d'une part que le hamiltonien d'interaction prend la forme

---

16. Notons que l'on s'attendait à ce résultat car ce système rentre dans le cadre du théorème no-go (c.f. annexe A.3) qui assure la stabilité de $|G\rangle$.

17. Pour $\Omega = 0$, on a $|G\rangle = |F\rangle \otimes |0,0\rangle$ ($|0,0\rangle$ désigne le champ du vide pour les deux polarisations), ce qui implique par continuité que l'état fondamental aura un nombre pair d'excitations pour tout Ω.

Chapitre 4. Le graphène en cavité : couplage ultrafort et transition de phase quantique

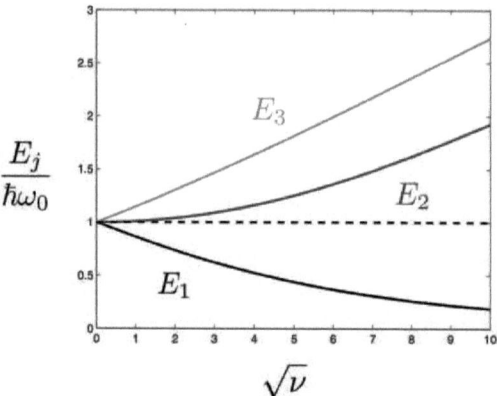

FIGURE 4.3.3 – *Énergies des modes propres du hamiltonien (4.91) normalisées par l'énergie de la transition cyclotron $\omega_0 = \frac{eB}{m^*c}$, en fonction de la racine carrée du facteur de remplissage ν. Rappelons à ce propos que la fréquence de Rabi du vide normalisée est proportionnelle à $\sqrt{\nu}$. La ligne horizontale en tirets noirs correspond à la fréquence cyclotron, qui coïncide dans ce cas avec le mode de cavité ($\mathbf{q}=0, n=1$) ($\omega_{0,1} \equiv \omega = \omega_0$). Il est intéressant de comparer ces courbes avec les trois premières branches issues de la diagonalisation du Hamiltonien de la section 2.2.8 (voir figure 2.2.11). En particulier, on constate que le splitting de ces branches est réduit lorsque l'on prend plusieurs modes photoniques transverses en compte (cas du chapitre 2). Paramètres : $\epsilon = 13$, $g_\mathrm{S} = 2$, $n_\mathrm{QW} = 8$.*

4.3. Le couplage lumière-matière en jauge symétrique

$$H_{\text{int}} = \sum_l \frac{i\hbar\Omega}{\sqrt{\mathcal{N}}} c^\dagger_{\nu,l} c_{\nu-1,l}(a_1^\dagger + a_1) + \sum_l \frac{\hbar\Omega}{\sqrt{\mathcal{N}}} c^\dagger_{\nu,l} c_{\nu-1,l}(a_2^\dagger + a_2) + \text{h.c.}, \quad (4.94)$$

avec la fréquence de Rabi du vide

$$\Omega = \sqrt{\frac{\alpha g_{\rm S} g_{\rm V} \omega_0^2}{4\pi\sqrt{\epsilon}}}, \quad (4.95)$$

et d'autre part que la contribution à l'énergie cinétique $H_{\rm L} = \sum_{N,l} \hbar\omega_0 \sqrt{N} c^\dagger_{N,l} c_{N,l}$ dans le sous espace $(\nu-1, \nu)$ est donnée par

$$\begin{aligned} H_{\rm L} &= \sum_l \frac{\hbar\omega_0}{4\sqrt{\nu}} \left(c^\dagger_{\nu,l} c_{\nu,l} - c^\dagger_{\nu-1,l} c_{\nu-1,l} \right) + 2\hbar\omega_0\sqrt{\nu}\mathcal{N}\underline{1} \\ &= \frac{\hbar\omega_0}{2\sqrt{\nu}} J_z + \text{cte.} \end{aligned} \quad (4.96)$$

On peut maintenant rassembler les deux contributions ce qui donne à une constante près :

$$H/\hbar = \frac{\omega_0}{2\sqrt{\nu}} J_z + \sum_{\eta=1,2} \omega a^\dagger_\eta a_\eta - \frac{2\Omega}{\sqrt{\mathcal{N}}} J_y (a_1^\dagger + a_1) + \frac{2\Omega}{\sqrt{\mathcal{N}}} J_x (a_2^\dagger + a_2). \quad (4.97)$$

À la différence du hamiltonien (4.88) pour le cas des fermions massifs, ce hamiltonien est analogue à celui du modèle de Dicke pour la superradiance [103, 106], et peut subir une transition de phase quantique pilotée par le rapport entre la constante de couplage Ω et la fréquence de la transition électronique. Comme dans le cas de la boîte optique étudié précédemment, nous allons voir que l'absence du terme diamagnétique dans ce hamiltonien change complètement les propriétés de l'état fondamental. Appliquons la transformation de Holstein-Primakoff (4.90) en ne gardant que le terme d'ordre zéro. Ceci conduit au hamiltonien bosonique

$$H/\hbar = \frac{\omega_0}{2\sqrt{\nu}} b^\dagger b + \sum_{\eta=1,2} \omega a^\dagger_\eta a_\eta + i\Omega(b^\dagger - b)(a_1^\dagger + a_1) + \Omega(b^\dagger + b)(a_2^\dagger + a_2), \quad (4.98)$$

qui peut s'écrire sous la forme diagonale

$$H = \sum_{j=1}^{3} E_j p_j^\dagger p_j. \qquad (4.99)$$

À la différence de la forme (4.91), on constate alors que l'énergie de la branche basse E_1 s'annule lorsque $\Omega^2 = \frac{\omega \omega_0}{8\sqrt{\nu}}$. En augmentant le facteur de remplissage, la fréquence de la transition cyclotron diminue jusqu'à ce que la relation précédente soit satisfaite. On a alors atteint le point critique du modèle qui permet de caractériser l'existence d'une transition de phase quantique du second ordre [35, 107]. Le facteur de remplissage critique correspondant est donné par

$$\nu_c = \left(\frac{\pi \omega \sqrt{\epsilon}}{2\alpha g_S g_V \omega_0}\right)^2. \qquad (4.100)$$

La question est maintenant de savoir ce qui ce passe lorsque ν dépasse cette valeur. En fait, le hamiltonien (4.98) obtenu dans l'approximation d'un petit nombre d'excitations $n_{\text{el}} \ll 1$ se révèle tout à fait incapable de décrire le système lorsque l'on atteint le point critique. Les systèmes à deux niveaux tendent alors *spontanément* à quitter leur état fondamental $N = \nu - 1$, et l'on pressent que le caractère fermionique des excitations va jouer un rôle important dans cette transition de phase. La population des états excités des systèmes à deux niveaux devient macroscopique au point critique, ce qui permet de comprendre le terme de superradiance introduit par Dicke. Si l'on considère le système initialement dans sa phase superradiante et que l'on éteint le couplage de façon non-adiabatique, les systèmes à deux niveaux vont retourner dans leur état fondamental en émettant un grand nombre de photons par émission spontanée. C'est ce qu'on appelle la superradiance de Dicke. Pour $\nu < \nu_c$, on a vu que ces excitations sont gouvernées par le hamiltonien bosonique donné par l'équation (4.98). On peut alors vérifier que la parité du nombre d'excitations total est toujours conservée, $[H, \Pi_{\text{exc}}] = 0$, ce qui signifie que l'état fondamental $|G\rangle$ est très similaire à celui de la section 4.3.4 pour le cas des fermions massifs. Les états excités du système s'obtiennent par application des opérateurs bosoniques $p_j^\dagger$ sur $|G\rangle$. Lorsque $\nu = \nu_c$, le sous-espace fondamental est infiniment dégénéré (tous les états $\frac{(p_1^\dagger)^q}{\sqrt{q!}}|G\rangle$ pour $q = 0, 1, 2, \cdots$), ce qui implique que les états fondamentaux correspondants ne sont plus forcement états propres de Π_{exc}. La symétrie de parité est spontanément brisée. Pour décrire la phase "sur-critique" ou superradiante $\nu > \nu_c$, il convient alors de revenir au hamiltonien (4.97) et de traduire mathématiquement la possibilité d'une

4.3. Le couplage lumière-matière en jauge symétrique

transition de phase quantique. Ceci s'effectue en supposant que les champs b et a_η sont déplacés d'une quantité macroscopique, au voisinage de laquelle les fluctuations sont décrites par des opérateurs bosoniques [18] [105, 108], i.e.

$$a_\eta \to \tilde{a}_\eta + \sqrt{\gamma} \quad \text{et} \quad b \to \tilde{b} - \sqrt{\beta} - i\sqrt{\beta} \quad \text{ou}$$
$$a_\eta \to \tilde{a}_\eta - \sqrt{\gamma} \quad \text{et} \quad b \to \tilde{b} + \sqrt{\beta} + i\sqrt{\beta}, \quad (4.101)$$

avec $\gamma = \mathcal{O}(\mathcal{N})$, $\beta = \mathcal{O}(\mathcal{N})$. On peut maintenant faire ce changement de variables dans les équations de Holstein-Primakoff (4.90), et développer la racine carrée jusqu'à l'ordre 2 en fluctuations :

$$\sqrt{1 - \frac{\tilde{b}^\dagger \tilde{b} \mp \sqrt{\beta}\left(\tilde{b}^\dagger e^{\frac{i\pi}{4}} + \tilde{b} e^{-\frac{i\pi}{4}}\right)}{\mathcal{K}}} \approx 1 \pm \frac{\sqrt{\beta}}{2\mathcal{K}}\left(\tilde{b}^\dagger e^{\frac{i\pi}{4}} + \tilde{b} e^{-\frac{i\pi}{4}}\right) - \frac{\beta}{8\mathcal{K}^2}\left(\tilde{b}^\dagger e^{\frac{i\pi}{4}} + \tilde{b} e^{-\frac{i\pi}{4}}\right)^2, \quad (4.102)$$

où l'on a définit le nombre $\mathcal{K} = \mathcal{N} - \beta$ d'ordre $\mathcal{O}(\mathcal{N})$. Les déplacements $\sqrt{\beta}$ et $\sqrt{\gamma}$ sont ensuite déterminées en remplaçant l'expression précédente dans le hamiltonien (4.98), et en éliminant les termes linéaires $\propto (\tilde{a}_\eta^\dagger + \tilde{a}_\eta)$ et $\propto (\tilde{b}^\dagger \pm \tilde{b})$ [19]. On obtient le système d'équation

$$\begin{cases} \sqrt{\gamma} = \frac{2}{\omega}\Omega\sqrt{\frac{\mathcal{K}\beta}{\mathcal{N}}} \\ \sqrt{\beta}\left(-\frac{\omega_0}{2\sqrt{\nu}} + \frac{4\Omega^2}{\omega}\frac{\mathcal{N}-2\beta}{\mathcal{N}}\right) = 0. \end{cases} \quad (4.103)$$

La solution $\gamma = \beta = 0$ permet de retrouver la phase normale étudiée précédemment. Pour $\nu > \nu_c$, on trouve deux couples de solutions donnés par l'équation

$$\begin{cases} (\sqrt{\beta}, \sqrt{\gamma}) = (0, 0) & \text{pour } \nu < \nu_c \\ (\sqrt{\beta}, \sqrt{\gamma}) = (\pm\sqrt{\frac{\mathcal{N}(1-\mu)}{2}}, \pm\frac{\Omega}{\omega}\sqrt{\mathcal{N}(1-\mu^2)}) & \text{pour } \nu > \nu_c, \end{cases} \quad (4.104)$$

avec $\mu = \frac{\omega\omega_0}{8\Omega^2\sqrt{\nu}}$. En injectant ces deux solutions dans le développement du hamiltonien, les contributions quadratiques de ce dernier s'écrivent finalement comme

---

18. Notons que ces cohérences qui deviennent par hypothèse non-nulles pour $\nu > \nu_c$ sont un choix possible de paramètre d'ordre.

19. Ceci n'est pas sans rappeler la théorie de Ginzburg-Landau pour les transitions de phases classiques.

$$H = \sum_\eta \omega \tilde{a}_\eta^\dagger \tilde{a}_\eta + \frac{\omega_0 Z_\mu}{2\sqrt{\nu}} \tilde{b}^\dagger \tilde{b} - \Omega(\tilde{a}_1^\dagger + \tilde{a}_1)(Y_\mu \tilde{b} + Y_\mu^* \tilde{b}^\dagger) + i\Omega(\tilde{a}_2^\dagger + \tilde{a}_2)(Y_\mu^* \tilde{b} - Y_\mu \tilde{b}^\dagger)$$
$$+ i\frac{\omega_0 X_\mu}{2\sqrt{\nu}}(\tilde{b}^\dagger - \tilde{b}e^{\frac{i\pi}{4}})(\tilde{b}^\dagger + \tilde{b}e^{-\frac{i\pi}{4}}) \tag{4.105}$$

pour $\nu > \nu_c$, avec les définitions

$$X_\mu = \frac{(3+\mu)(1-\mu)}{8\mu(1+\mu)}, \quad Y_\mu = \frac{1-\mu+i(1+3\mu)}{2\sqrt{2}\sqrt{1+\mu}}, \quad Z_\mu = \frac{1+\mu}{2\mu} + 2X_\mu e^{\frac{i\pi}{4}}. \tag{4.106}$$

Dans la phase sur-critique, on est donc ramené à la diagonalisation d'un autre hamiltonien quadratique, dont les modes propres correspondent aux excitations prenant place autour de chacun des deux couples de déplacements macroscopiques $\pm(\sqrt{\beta}, \sqrt{\gamma})$. En outre, les deux choix possibles pour le signe des déplacements implique que l'ensemble du spectre est deux fois dégénéré. En notant $|G_\pm\rangle$ les deux états fondamentaux, on peut montrer que

$$\langle G_\pm | a_\eta | G_\pm \rangle = \pm\sqrt{\gamma} \quad \text{et} \quad \langle G_\pm | b | G_\pm \rangle = \mp\sqrt{\beta}, \tag{4.107}$$

ce qui permet d'interpréter ces déplacements comme correspondant aux *cohérences* photoniques et électroniques des deux états fondamentaux. Ces cohérences données par l'équation (4.104) peuvent servir de paramètre d'ordre pour décrire la transition de phase. D'autre part, on peut montrer que si l'énergie des deux états fondamentaux est abaissée lorsque l'on dépasse le point critique du modèle, seule sa dérivée seconde admet une discontinuité, ce qui caractérise l'ordre de la transition de phase. Remarquons que l'on voit explicitement sur ces relations que les états $|G_\pm\rangle$ n'ont pas de parité définie. Pour finir, mentionnons le fait que si ces propriétés rappellent celles d'une condensation de Bose-Einstein (BEC), il existe néanmoins des différences de taille. D'une part, la BEC est pilotée par les fluctuations thermique alors que la superradiance de Dicke apparaît à température nulle. D'autre part, cette dernière est liée à un effet coopératif provenant du couplage entre les degrés de liberté photoniques et électroniques, alors que la BEC peut être décrite avec un seul type de degré de liberté bosonique, et en présence d'une interaction à deux corps. Enfin, dans une BEC, c'est l'invariance de jauge qui est brisée alors que la transition de

4.3. Le couplage lumière-matière en jauge symétrique

phase superradiante brise la symétrie de parité des excitations. Sur la figure 4.3.4, nous avons représenté l'énergie des modes propres normalisée par l'énergie du mode de cavité $\frac{E_j}{\hbar\omega}$ ($j=1,2,3$) du hamiltonien (4.98) pour $\nu < \nu_c$ et (4.105) pour $\nu > \nu_c$, en fonction de la racine carré du facteur de remplissage. Comme prévue, l'énergie de la branche basse E_1 s'annule lorsque le facteur de remplissage atteint sa valeur critique, que l'on a fixée arbitrairement à $\nu_c = 50$ ($\sqrt{\nu_c} \approx 7$) en utilisant la condition de résonance $\frac{\omega}{\omega_0} = \frac{2\alpha g_S g_V \sqrt{50}}{\pi\sqrt{\epsilon}}$. On remarque également que la branche intermédiaire E_2 admet un point anguleux au facteur de remplissage critique. En outre, rappelons que nous avons considéré ici le seul mode optique ($\mathbf{q} = \mathbf{0}, n = 1$) en arguant d'une part que l'on peut diagonaliser indépendamment chaque mode correspondant à une impulsion dans le plan $\mathbf{q}$ donnée, et d'autre part que la longueur L_z est suffisamment faible pour pouvoir négliger la contribution des branches $n \neq 1$ situées à des énergies plus élevées. Lorsque $\mathbf{q} \neq 0$, les éléments de matrice du type $\langle N-1, l | e^{i\mathbf{q}\cdot\mathbf{r}} | N', l' \rangle$ intervenant dans le hamiltonien de couplage font apparaître les fonctions $\xi_{l,l'}(-q^* l_0)$, que l'on peut approximer par un $\delta_{l,l'}$ dans la limite optique $|\mathbf{q}| l_0 \ll 1$. Le modèle se généralise alors aisément, avec toutefois un facteur $\cos\theta_\mathbf{q}$ devant la constante de couplage des modes de polarisation $\eta = 1$. Ce facteur introduit une dissymétrie entre les deux polarisations, ce qui fait apparaitre deux cohérences photoniques différentes $\sqrt{\gamma_1}$ et $\sqrt{\gamma_2}$. Finalement, le point anguleux de la deuxième branche se retrouve déplacé par rapport au point critique. Terminons en signalant que ce modèle se généralise également au cas étudié au chapitre 2 pour le gaz d'électron bidimensionnel, c'est à dire lorsque l'on considère plusieurs branches photoniques $n = 1, 2, \cdots$. Ce modèle de Dicke multimode admet un point critique définit par la relation $\sum_{n=1}^{+\infty} \frac{\Omega_{\mathbf{q},n}^2}{\omega_{\mathbf{q},n}} < \frac{\omega_0}{4}$ (à la place de $\frac{\Omega^2}{\omega} = \frac{\omega_0}{4}$), qui converge en $1/n^2$ au regard de (2.94) [109]. Comme pour le gaz d'électrons, on peut vérifier numériquement que les corrections introduites par le couplage aux différentes branches photoniques sont relativement faibles.

Terme diamagnétique pour les fermions de Dirac

Pour finir, revenons sur le terme diamagnétique d'ordre 3 en fonction du pas du réseau a (équation 4.82) :

$$\mathcal{H}_{\text{dia}}^2 = \frac{3it a \Lambda^2}{2 l_0 \sqrt{2}} d_\text{r} \left(\mathfrak{A}^\dagger \mathfrak{A} + \mathfrak{A} \mathfrak{A}^\dagger \right). \tag{4.108}$$

En calculant ses éléments de matrice dans la base des spineurs donnés par l'équation (4.32), on peut alors mettre ce terme sous la forme

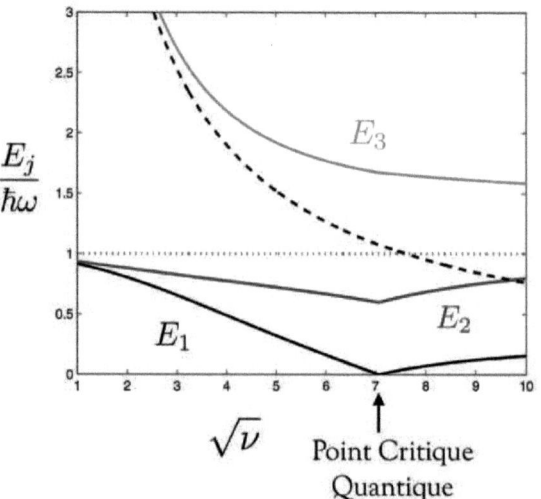

FIGURE 4.3.4 – *Énergie des modes propres normalisée par l'énergie du mode de cavité $\frac{E_j}{\hbar\omega}$ ($j = 1, 2, 3$) du hamiltonien (4.98) pour $\nu < \nu_c$ et (4.105) pour $\nu > \nu_c$, en fonction de la racine carré du facteur de remplissage. Les lignes en tirets et en pointillés noirs correspondent respectivement à la fréquence cyclotron normalisée $\frac{\omega_0}{2\omega\sqrt{\nu}}$ et à celle du mode de cavité. Comme prévu, l'énergie de la branche basse E_1 s'annule lorsque le facteur de remplissage atteint sa valeur critique, que l'on a fixée arbitrairement à $\nu_c = 50$ ($\sqrt{\nu_c} \approx 7$) en utilisant la condition de résonance $\frac{\omega}{\omega_0} = \frac{2\alpha g_S g_V \sqrt{50}}{\pi\sqrt{\epsilon}}$. On remarque également que la branche intermédiaire E_2 admet un point anguleux au facteur de remplissage critique. Paramètres : $\epsilon = 4$, $g_S = g_V = 2$.*

4.3. Le couplage lumière-matière en jauge symétrique

$$H_{\text{dia}} = -\sum_{\eta=1,2} \hbar D(a_\eta^\dagger + a_\eta)^2, \qquad (4.109)$$

avec la constante

$$D = \left(\frac{a}{l_0}\right)^2 \frac{\omega_0 \alpha g_S g_V}{2\pi\sqrt{\epsilon}} \sum_{N=0}^{\nu-1} \sqrt{N}. \qquad (4.110)$$

En notant la fréquence de la transition cyclotron $\omega_0 \Delta_\nu \sim \frac{\omega_0}{2\sqrt{\nu}}$ ($\nu \gg 1$), et en utilisant la relation $\sum_{N=0}^{\nu-1} \sqrt{N} < \nu\sqrt{\nu}$, on arrive finalement à l'inégalité

$$\frac{|D|}{\left(\frac{\Omega^2}{\omega_0 \Delta_\nu}\right)} < \nu \left(\frac{a}{l_0}\right)^2 = \frac{2\pi}{g_S g_V} \rho a^2 \ll 1, \qquad (4.111)$$

où ρ désigne la densité électronique induite par le dopage de la structure, et où le facteur ρa^2 s'interprète comme le nombre d'électrons dopants par site. Or, il s'avère que ce facteur reste très petit devant un jusqu'à des valeurs considérables de la densité électronique ($\rho < 10^{15}\text{cm}^{-2}$), inaccessibles avec un dispositif usuel de dopage par effet capacitif, et pour lesquelles le modèle de Dirac est de toute façon complètement inapproprié. Au regard de la relation (4.111), nous avons donc prouvé que le terme diamagnétique généré par les corrections au modèle de Dirac est beaucoup trop petit pour influer sur la transition de phase caractérisée dans ce chapitre (voir annexe A.3). Il est toutefois légitime de se demander en quoi ce modèle viole t-il le théorème no-go bien connu dans le cas des fermions massifs, qui stipule alors l'absence de point critique (annexe A.3). En toute rigueur, les fermions du graphène sont en effet décrits par un hamiltonien de type Schrödinger *avec une masse "nue"* m_0, et un potentiel généré par les ions du réseau cristallin (équation 4.7). Le point crucial est que l'on ne peut pas considérer que les électrons sont localisés sur chacun des sites du réseau, condition nécessaire à la démonstration du théorème no-go, à moins de renoncer complètement au modèle de liaisons fortes permettant de décrire les propriétés de basse énergie au moyen d'un hamiltonien de Dirac sans masse. Nous revenons plus précisément sur cet argument à la fin de l'annexe A.3.

Controverse : Le rôle des transitions interbandes

Pour finir ce chapitre, nous allons maintenant évoquer une controverse récente suscitée par la publication de nos résultats. Cette controverse expliquée dans l'article [110] met en exergue le rôle des transitions interbandes, i.e. entre les niveaux de Landau de la bande de valence et ceux de la bande de conduction, que nous n'avons pas pris en compte dans notre modèle. Ces transitions, bien que fortement hors résonance dans le régime des hauts facteurs de remplissage, sont en nombre important (à l'ordre dipolaire) et font naturellement apparaître le cutoff ultraviolet qui délimite grossièrement la validité du modèle de Dirac à haute énergie. La prise en compte de ces transitions conduit à deux nouvelles contributions au hamiltonien. La première compense exactement la contribution cyclotron qui donne lieu à la transition de phase dans le cadre de notre modèle, alors que l'autre est une contribution divergente qui déplace le point critique vers le régime des petits facteurs de remplissage (aide la transition de phase de Dicke).

L'argument donné par les auteurs de l'article [110] revient finalement à éliminer le terme divergent "à la main", en se basant sur une propriété liée à la réponse linéaire d'un système : en l'absence de brisure de l'invariance de jauge, un système ne répond pas lorsqu'il est soumis à un potentiel vecteur statique. Dans le graphène, on élimine alors la contribution divergente afin d'obtenir une réponse physique du système $\lim_{\omega\to 0}\chi_{\hat{\rho}_{\mathbf{q}},\hat{\rho}_{\mathbf{q}}}(\mathbf{q},\omega)=0$. Finalement, l'élimination de ce terme dans notre cas revient à soustraire le Hamiltonien du même système mais dans le cas non-dopé, i.e. lorsque l'énergie de Fermi est nulle. Remarquons d'ailleurs que soustraire la contribution "non-dopé" correspondant au terme diamagnétique (4.108) nous permet de retomber sur le hamiltonien 4.109 lorsque l'on prend en compte le comptage des électrons de la bande de valence.

Le point crucial de leur papier est que l'on retombe exactement sur le hamiltonien du gaz d'électrons massifs (absence de transition de phase) lorsque l'on élimine ce terme divergent. Autrement dit, leur argument revient à affirmer que la stabilité de l'état fondamental est assurée par la présence des transitions interbandes, fortement hors résonance dans le régime des hauts facteurs de remplissage, et impliquant la superposition *cohérente* de transitions à haute énergie. De telles superpositions sont d'une façon générale très sensibles aux phénomènes de décohérence lié à l'environnement, ce qui pourrait affecter leur contribution effective dans un système physique plus proche de la réalité expérimentale que celui que nous avons considéré. De plus, il convient de garder à l'esprit que la présence de bandes contenant des états d'énergie arbitrairement grande n'est pas spécifique au cas du graphène. Par exemple, la bande de valence de masse effective négative dans le cas du gaz d'électrons du semi-

4.3. Le couplage lumière-matière en jauge symétrique

conducteur contient également une infinité de niveaux de Landau. Aussi, on pourrait très bien considérer la présence de transitions dipolaires entre deux niveaux de Landau consécutifs mais appartenant à des bandes différentes, ce qui conduirait vraisemblablement à des divergences du même type que celles obtenues dans le cas du graphène. Or, nous avons vu dans ce manuscrit que le modèle de basse énergie prenant seulement en compte les états de la première sous-bande de la bande de conduction est en excellent accord avec les données expérimentales. Pourquoi en serait-il autrement dans le cas du graphène ?

Finissons cette discussion en insistant sur le fait que la situation décrite dans ce manuscrit est radicalement différente de celle d'un système d'électrons soumis à un potentiel vecteur électromagnétique dépendant du temps et imposé de l'extérieur. Lorsque le champ électromagnétique est considéré comme un champ quantique ayant sa dynamique propre, les prédictions physiques en sont profondément modifiées [20]. D'autre part, rappelons que notre modèle est un modèle de basse énergie, valable uniquement dans une zone où le hamiltonien de Dirac décrit convenablement les excitations électroniques. En prenant en compte la forme exacte des bandes (de largeur finie) limité par la première zone de Brillouin, il n'apparaît pas de divergence. D'une façon générale, le rôle des transitions interbandes et des termes dépendants du cutoff obtenus avec le Hamiltonien de basse énergie est un sujet controversé [111]. Une idée de calcul qui pourrait permettre de trancher cette controverse est par exemple de dériver l'expression du Hamiltonien lumière-matière dans la base des vrais états propres du graphène sous champ magnétique (valables à tous les ordres en a), états propres obtenus en effectuant le remplacement de Peierls sur réseau qui consiste à associer une phase Aharonov-Bohm à chaque saut entre sites premiers voisins. On peut alors s'attendre à obtenir un système d'équations de Harper [30], dont la résolution (typiquement numérique) permettrait de dériver l'expression du hamiltonien prenant en compte la largeur finie de la bande. On serait alors en mesure de déterminer l'effet des transitions interbande dans un modèle exempt de toute divergence, et de conclure ainsi sur l'existence ou l'absence de la transition de phase.

Il est temps de conclure ici ce chapitre en résumant les principaux résultats.

---

20. Par exemple, le théorème de Kohn stipule que la résonance cyclotron sondée par un champ extérieur homogène n'est pas modifiée par les interactions, alors qu'en présence d'un champ quantique nous avons vu que la résonance cyclotron est habillée par les photons de cavité, et l'on observe de nouvelles résonances fortement déplacées par rapport au cas sans interactions. On trouvera par ailleurs d'autres exemples très parlant dans la référence [38].

Chapitre 4. Le graphène en cavité : couplage ultrafort et transition de phase quantique

Premièrement, nous avons montré que les fermions de Dirac du graphène sont couplés ultrafortement aux modes optiques d'une cavité dans le régime des hauts facteurs de remplissage. Comme dans le cas des semiconducteurs, des modes collectifs bosoniques apparaissent dans la limite diluée, superpositions de paires électrons-trou entre deux niveaux de Landau consécutifs et impliquant tous les centres d'orbites. Ces modes de magnéto-excitons sont renormalisés par la partie longue portée des interactions de Coulomb qui provoquent l'émergence d'un mode de plasmon bidimensionnel modifié par le champ magnétique. En considérant un échantillon de graphène placé à l'intérieur d'une boîte optique confinant le champ électromagnétique dans les trois directions de l'espace, nous avons montré que l'absence de terme diamagnétique dans la limite continue est responsable de l'existence d'une densité critique indépendante du champ magnétique, et au delà de laquelle le hamiltonien bosonique n'est plus diagonalisable. Pour cette densité critique, l'énergie des branches basses de polaritons s'annulent et leur dispersion en fonction du champ magnétique devient fortement asymétrique. Nous avons alors généralisé ces résultats en jauge symétrique et en considérant un pas de réseau fini. En comparant le cas d'un réseau carré avec celui du réseau en nid d'abeille, nous avons mis en évidence que le premier est convenablement décrit par un hamiltonien de type Schrödinger avec une masse effective de bande, et systématiquement accompagné d'un terme diamagnétique qui garantie la stabilité de l'état fondamental. En revanche, la combinaison des facteurs particuliers au cas du réseau en nid d'abeille provoque l'échec d'une description des propriétés de basse énergie en terme d'une masse effective. Dans la limite continue, le terme diamagnétique disparaît ce qui permet l'existence d'une transition de phase quantique pilotée par le facteur de remplissage et analogue à celle du modèle de Dicke. En jauge symétrique, nous avons montré que le système peut être décrit comme un ensemble de systèmes à deux niveaux couplés aux deux champs bosoniques correspondants aux deux polarisations des modes de cavité. Un des intérêts provient alors du nombre macroscopique d'états du centre de guidage qui permet d'atteindre de fait la limite thermodynamique de ce modèle de Dicke généralisé. Au delà du facteur de remplissage critique, la symétrie de parité des excitations est spontanément brisée, il apparaît une polarisation des systèmes à deux niveaux et des cohérences photoniques et électroniques d'ordre macroscopique. Enfin, nous avons vérifié que le terme diamagnétique provenant des corrections au modèle de Dirac est bien trop faible pour empêcher l'existence de cette transition de phase quantique.

Conclusion et perspectives

La problématique qui a servie de fil directeur à ce travail de thèse est celle du couplage ultrafort entre un système d'électrons soumis à un champ magnétique perpendiculaire et les modes d'une cavité optique. Dans le chapitre 2, nous avons considéré un gaz d'électrons bidimensionnel apparaissant à l'interface entre les deux semiconducteurs d'un puits quantique couplé aux modes d'une cavité planaire. Nous avons montré que l'on pouvait atteindre un régime de couplage inédit dans lequel la fréquence de Rabi du vide, quantifiant l'intensité de l'interaction lumière-matière, devient comparable à la fréquence de la transition cyclotron entre deux niveaux de Landau consécutifs. L'existence de ce régime est due à la combinaison de plusieurs facteurs. Premièrement, la quantification de Landau pour les électrons du plan implique que le moment dipolaire associé à la transition entre le dernier niveau de Landau rempli et le premier niveau vide est proportionnel à la racine carrée du facteur de remplissage $\sqrt{\nu}$. Le couplage lumière-matière étant de nature dipolaire électrique, cette propriété permet donc d'augmenter le couplage en diminuant l'intensité du champ magnétique et/ou en augmentant la densité d'électrons. En outre, la densité macroscopique de porteurs inhérente aux systèmes de matière condensée fait apparaître des excitations collectives impliquant l'ensemble des centres d'orbites au sein d'un niveau de Landau donné, ce qui permet d'atteindre des couplages sans commune mesure avec les systèmes atomiques. Nous avons montré que ces excitations collectives (magnéto-excitons) peuvent être considérées comme bosoniques dans la limite diluée et dans le régime des hauts facteurs de remplissage. L'interaction avec les modes optiques de la cavité sélectionne finalement les excitations collectives de grande longueur d'onde, dont l'énergie est faiblement renormalisée par la partie longue portée des interactions de Coulomb. Ces interactions sont responsables de l'apparition d'un mode de plasmon modifié par le champ magnétique, qui se couple aux modes optiques de la cavité. En particulier, nous avons montré que la description en terme de bosons libres est tout à fait pertinente à prendre en compte les interactions de Coulomb en présence du résonateur et dans le régime des hauts facteurs de remplissage. Enfin, nous avons caractérisé les excitations issues du couplage ultrafort (magnéto-polaritons) en diagonalisant un Hamiltonien quadratique et bosonique prenant en compte l'ensemble des modes de la cavité planaire. Dans ce cas, l'état fondamental du système contient un petit nombre d'excitations électroniques et photoniques en raison des contributions antirésonantes au Hamiltonien.

Dans le chapitre 3, nous avons montré que la prédiction théorique discutée précédemment à donné lieu à une vérification expérimentale spectaculaire dans le contexte de la spectroscopie térahertz de transmission. En particulier, la loi d'échelle donnant la fréquence de Rabi du vide proportionnelle à la racine carrée du facteur de remplissage des niveaux de Landau à été vérifiée, démontrant ainsi la grande accordabilité de ce système, allant du couplage faible au couplage ultrafort caractérisé par un rapport $\frac{\Omega}{\omega} = 0.58$, correspondant à la plus grande valeur obtenue dans les systèmes semiconducteurs. Les données expérimentales ont été convenablement décrites par un modèle où la transition cyclotron est couplée de façon indépendante aux deux modes optiques du résonateur. Finalement, la géométrie spécifique de ce résonateur est prise en compte à travers un facteur de forme d'ordre unité. Les fréquences de couplage ont été déterminées au moyen d'une procédure de fit du spectre de transmission du système, mettant en évidence un excellent accord du modèle avec les données expérimentales.

Dans le chapitre 4, nous avons étendu la théorie du couplage ultrafort pour les fermions massifs du semiconducteur au cas des fermions de Dirac du graphène. En particulier, la loi d'échelle donnant la fréquence de Rabi du vide proportionnelle à la racine carrée du facteur de remplissage des niveaux de Landau est également valable dans ce cas, montrant ainsi la possibilité d'atteindre le régime de couplage ultrafort entre les fermions de Dirac et les modes optique de cavité. Toutefois, nous avons démontré que l'absence de terme diamagnétique dans la limite continue est responsable de l'apparition d'un point critique quantique, au delà duquel l'état fondamental du système est modifié de façon non-perturbative. En considérant un modèle dans lequel la transition cyclotron est couplée de façon indépendante aux deux polarisations d'un mode de la boîte optique confinant le champ dans les trois directions de l'espace, nous avons mis en évidence l'existence d'une densité critique indépendante du champ magnétique à laquelle l'énergie des branches basses de polaritons s'annulent, et leur dispersion en fonction du champ magnétique est fortement asymétrique. Nous avons ensuite généralisé le modèle en jauge symétrique et avec un pas de réseau fini. En comparant le cas d'un réseau carré avec celui d'un réseau en nid d'abeille, nous avons montré que les propriétés de basses énergies du premier sont convenablement décrites par un Hamiltonien de type Schrödinger avec une masse effective, impliquant la présence d'un terme diamagnétique qui empêche l'apparition d'un point critique. Ceci n'est en revanche pas le cas pour un réseau en nid d'abeille où l'existence de trois premiers voisins formant un triangle équilatéral d'une part, ainsi que la présence des deux sous réseaux d'autre part, conduit à l'impossibilité de définir une masse effective de bande. Dans ce cas particulier, les propriétés de basse énergie sont décrites par un Hamiltonien de Dirac sans masse, ne contenant pas de terme diamagnétique dans la limite continue. Le système subit alors une transition de phase quantique pilotée par le facteur de remplissage et analogue à celle du modèle de Dicke pour la superradiance. En jauge symétrique, nous avons montré que ce système peut être décrit comme un ensemble de systèmes à deux niveaux couplés aux deux champs bosoniques correspondants aux deux polarisations des modes de cavité. Le point crucial est que le nombre macroscopique d'états du centre de guidage permet d'atteindre de fait la limite thermodynamique de ce modèle de Dicke généralisé. En dessous du facteur de remplissage critique, les excitations sont similaires à celles du gaz d'électrons bidimensionnel et l'état fondamental du système contient un petit nombre d'excitations électroniques et photoniques. Au delà du point critique, le système se trouve en revanche dans une phase superradiante où la symétrie de parité des excitations est spontanément brisée. Il apparaît une polarisation spontanée des systèmes à deux niveaux, les cohérences photoniques et électroniques acquièrent des valeurs macroscopiques et l'état fondamental du système est deux fois dégénéré. Enfin, nous avons vérifié que le seul terme diamagnétique qui survit hors du cadre de la limite continue ne peut en aucun cas empêcher l'apparition du point critique.

Pour conclure ce travail de thèse, donnons maintenant quelques exemples parmi les pistes qu'il serait intéressant d'explorer par la suite. Au chapitre 2, nous avons vu que le couplage dipolaire de la transition cyclotron avec les modes d'une cavité optique donne lieu à l'apparition de nouvelles résonances du système. Dans le cas où l'on ne considère qu'un seul mode du champ, la différence d'énergie entre les branches de polariton haute et basse (le "splitting") peut devenir de l'ordre de $\hbar\omega_0$, énergie de la transition cyclotron, lorsque le facteur de remplissage est suffisamment élevé. Cet effet est donc d'autant plus efficace à mesure que l'on diminue l'intensité du champ magnétique, tout en restant dans les limites de résolution fixées par la mobilité du gaz d'électrons. Dans ce type de systèmes, le transport quantique à basse fréquence possède justement des propriétés non-triviales donnant naissance aux fameux paliers d'effet Hall quantique pour la résistance transverse, ainsi qu'au comportement oscillant de la résistance longitudinale. La période de ces oscillations de Shubnikov-De Haas est alors fixée par le rapport entre l'énergie de Fermi et celle de la transition cyclotron, et leur forme par les caractéristiques du désordre au sein de l'échantillon. Des calculs célèbres menés par Ando dans les années 70 ont montré que c'est à la modification de la densité d'état induite par la diffusion avec les impuretés du réseau que l'on doit attribuer ce comportement oscillant [112–115].

D'autre part, nous avons fait des calculs préliminaires montrant que la fonction spectrale des fermions libres sous champ magnétique est fortement modifiée par la présence de la cavité. En utilisant la procédure de bosonisation développée par Westfahl et al., on peut en effet calculer analytiquement l'expression du propagateur $\langle c^\dagger_{N,k}(t)c_{N,k}\rangle_G$ ($|G\rangle$ désigne l'état fondamental lumière-matière), de façon analogue à celle du modèle de Luttinger pour les fermions unidimensionnels [21, 116]. Ce dernier se trouve alors relié au propagateur des fermions libres $\langle c^\dagger_{N,k}(t)c_{N,k}\rangle_F$ ($|F\rangle$ est donné par la relation 2.56) par une équation intégrale pouvant être résolue numériquement. En supposant que la résonance cyclotron est décrite par une lorentzienne de largeur arbitraire, on a pu mettre en évidence l'émergence de deux nouveaux pics dans le spectre des excitations, correspondant à une perte de poids spectral de la résonance cyclotron au profit des deux nouvelles résonances de type polariton. On peut donc s'attendre à priori à une modification au moins quantitative des propriétés de transport à basse fréquence, provoquée par le fait que le champ électromagnétique à l'intérieur de la cavité est traité comme un degré de liberté intrinsèque au système. Pour vérifier cela, on peut alors penser à dériver une équation de Dyson permettant de relier de façon auto-consistante le propagateur $\langle c^\dagger_{N,k}(t)c_{N,k}\rangle_G$ à celui du même système mais en présence d'un potentiel de désordre simple. De façon analogue au calcul de Ando, ceci pourrait nous permettre de remonter à l'expression de la fonction de réponse courant-courant et par conséquent de dériver une expression de la conductivité en présence de la cavité et du désordre. Autrement dit, les effets dus au couplage ultrafort avec les modes optiques du résonateur sont calculés de façon non-perturbative, et le désordre pris en compte de façon perturbative dans le cadre d'une approximation de type "Self-Consistent Born Approximation".

Cette démarche peut aussi servir de base à des développements plus élaborés comme par exemple l'ajout d'un champ classique modifiant les états polaritoniques de façon perturbative. Au cours de la dernière décennie, deux expériences (suivies par plusieurs articles théoriques) ont en effet montré des comportements surprenants dans ces systèmes à effet Hall quantique soumis à une radiation électromagnétique dépendante du temps [74, 117-120]. En considérant un gaz d'électrons bidimensionnel à haute mobilité soumis à champ magnétique perpendiculaire, on observe en augmentant l'intensité de la radiation micro-onde que la résistance longitudinale manifeste de nouvelles oscillations, dont la période est déterminée par le rapport entre la fréquence de la radiation ω et la fréquence cyclotron ω_0. En particulier, des états de résistance nulle apparaissent à $\nu \gg 1$ lorsque ce rapport approche la valeur $\frac{\omega}{\omega_0}$ = entier $+ \frac{1}{4}$. Plus tard, cette propriété à été interprété au moyen d'une image simple dans laquelle les électrons photo-excités sont diffusés par le désordre de façon élastique, provoquant une augmentation ou une diminution de la résistivité selon le signe de la variation de densité d'état associée. Il est alors légitime de se poser la question de comment ce phénomène est-il modifié par la présence d'une cavité résonante, qui comme nous l'avons vu fait apparaître de nouvelles résonances possédant des poids spectraux électroniques non-nuls. Dans ce cas comme dans celui des oscillations de Shubnikov-De Haas ($\omega = 0$), est-il possible de contrôler la position des minima de résistivité en modifiant le couplage de la transition cyclotron aux modes de cavité ? En se basant sur les méthodes utilisées dans l'article [118], on pourrait tenter une première approche en généralisant la méthode esquissée dans le paragraphe précédent au formalisme des fonctions de Green hors-équilibre. Parallèlement, une résolution numérique de l'équation de Boltzmann pour notre système pourrait constituer une deuxième approche.

Une autre question est dans quelle mesure ces raisonnements sont-ils généralisables au cas du graphène en cavité ? Dans l'annexe A.4, nous avons présenté une généralisation de la procédure de bosonisation ("exacte" pour le gaz de fermions massifs du semiconducteur) au cas des fermions de Dirac du graphène, et lorsque l'on se restreint aux excitations autour du niveau de Fermi. En réalité, il existe également une procédure de bosonisation vectorielle non-locale dont on peut montrer qu'elle permet de calculer les fonctions de réponse des fermions de Dirac sans masse en présence d'interactions [116]. Dans le cas d'un couplage ultrafort avec des photons de cavité, nous avons vu qu'au delà du facteur de remplissage critique, il apparaît une polarisation spontanée entre le dernier niveau de Landau rempli et le premier niveau vide. On peut alors s'attendre à une modification des propriétés d'écrantage du système induite par le couplage aux mode de cavité. De plus, les cohérences photoniques et électroniques dans les deux états fondamentaux dégénérés $|G\rangle_\pm$ sont des choix possibles de paramètre d'ordre. Elles sont nulles dans la phase normale et acquièrent des valeurs macroscopiques dans la phase superradiante. En revenant à l'expression des opérateurs bosoniques b et $b^\dagger$, cette propriété se traduit par des relations du type $\sum_l \langle c^\dagger_{\nu,l} c_{\nu-1,l}\rangle_{G_\pm} \sim \mathcal{N}$, indiquant l'apparition d'une onde densité de charge. En suivant les arguments introduits par Fröhlich [121], si cette dernière possède une charge totale nulle et ne peut par conséquent porter aucun courant, elle peut néanmoins "glisser" sans résistance à travers l'échantillon si sa période est incommensurable avec le pas du réseau. En présence de désordre, Lee, Rice et Anderson ont toutefois montré que cette onde de densité de charge pouvait être piégée par les impuretés de l'échantillon[122]. On pourrait alors essayer de voir si il est possible de contrôler ces propriétés en modifiant les paramètres du couplage lumière-matière. En outre, on s'attend dans ce cas à une forte augmentation de la constante diélectrique induite par la présence de la cavité.

Parallèlement, on pourrait tenter de généraliser ce raisonnement à température finie. En effet, Hepp et Lieb ont montré que la transition de phase quantique de Dicke donnait lieu à une transition de phase classique à $T \neq 0$[123, 124]. On peut alors calculer analytiquement la fonction de partition du système [21], et dériver ainsi l'expression des différentes quantités thermodynamiques qui révèlent des anomalies lorsque l'on se rapproche du point critique.

Un autre développement intéressant serait de regarder ce qu'il advient de nos résultats lorsque le facteur de remplissage est fractionnaire, et en particulier dans la limite du couplage ultrafort $\nu \gg 1$. Comme nous l'avons déjà évoqué, des travaux récents ont montré que le système admet dans ce cas une instabilité qui favorise l'apparition d'une onde de densité de charge pour les électrons du dernier niveau de Landau partiellement rempli[70]. De façon analogue à l'instabilité de Peierls induite par le couplage électron-phonon dans les conducteurs organiques unidimensionnels, un gap s'ouvre au niveau de la

---

21. Initialement effectué dans le cadre de l'approximation RWA, ce calcul à été ensuite généralisé en présence des termes antirésonants, non-négligeables en régime de couplage ultrafort[125].

surface de Fermi, ce qui entraîne des propriétés de transport inhabituelles discutées dans le paragraphe précédent[126]. En supposant que l'état fondamental induit par les interactions de Coulomb n'est pas modifié par le couplage aux modes de cavité, on peut alors imaginer une situation dans laquelle ce couplage entre en compétition avec les différentes échelles d'énergie du système, ce qui pourrait permettre là encore de contrôler les propriétés de transport en modulant l'intensité du couplage lumière-matière.

Annexe A

Annexes

A.1 Éléments de matrice des composantes de Fourier

Dans cette annexe, nous dérivons l'expression des éléments de matrice des composantes de Fourier $e^{i\mathbf{q}\cdot\mathbf{r}}$ entre les états propres (N, l) en jauge symétrique et (N, k) en jauge de Landau (section 2.1.5). Pour cela, il est commode d'utiliser la décomposition $\mathbf{r} = \mathbf{R} + \boldsymbol{\eta}$ de la section 2.1.2, qui nous permet d'écrire ces éléments de matrice sous la forme factorisée $\langle N, l | e^{-i\mathbf{q}\cdot\mathbf{r}} | N', l' \rangle = \langle N | e^{-i\mathbf{q}\cdot\boldsymbol{\eta}} | N' \rangle \langle l | e^{-i\mathbf{q}\cdot\mathbf{R}} | l' \rangle$ en jauge symétrique. En utilisant la formule de Baker-Hausdorff $e^{A+B} = e^A e^B e^{-[A,B]/2}$ ainsi que la relation (2.14), la contribution du mouvement relatif pour $N > N'$ s'écrit

$$\begin{aligned}
\langle N | e^{-i\mathbf{q}\cdot\boldsymbol{\eta}} | N' \rangle &= e^{-\frac{|\mathbf{q}|^2 l_0^2}{4}} \langle N | e^{-i\frac{q^* l_0 d_r^\dagger}{\sqrt{2}}} e^{-i\frac{q l_0 d_r}{\sqrt{2}}} | N' \rangle \\
&= e^{-\frac{|\mathbf{q}|^2 l_0^2}{4}} \sum_j \langle N | e^{-i\frac{q^* l_0 d_r^\dagger}{\sqrt{2}}} | j \rangle \langle j | e^{-i\frac{q l_0 d_r}{\sqrt{2}}} | N' \rangle \\
&= e^{-\frac{|\mathbf{q}|^2 l_0^2}{4}} \sqrt{\frac{N'!}{N!}} \left(\frac{-i q^* l_0}{\sqrt{2}}\right)^{N-N'} \sum_{j=0}^{N'} \frac{N!}{(N-j)!(N'-j)!j!} \left(-\frac{|\mathbf{q}|^2 l_0^2}{2}\right)^{N'-j} \\
&= e^{-\frac{|\mathbf{q}|^2 l_0^2}{4}} \sqrt{\frac{N'!}{N!}} \left(\frac{-i q^* l_0}{\sqrt{2}}\right)^{N-N'} L_{N'}^{N-N'} \left(\frac{|\mathbf{q}|^2 l_0^2}{2}\right), \quad \text{(A.1)}
\end{aligned}$$

où l'on a posé $q = q_x + i q_y$ et $q^* = q_x - i q_y$, et utilisé la relation

$$\langle N| e^{\frac{-iq^*l_0}{\sqrt{2}} d_r^\dagger} |j\rangle = \begin{cases} 0 & \text{si } j > N \\ \sqrt{\frac{N!}{j!}} \frac{1}{(N-j)!} \left(\frac{-iq^*l_0}{\sqrt{2}}\right)^{N-j} & \text{si } j \leq N, \end{cases} \quad (A.2)$$

ainsi que la définition des polynômes de Laguerre

$$L_{N'}^{N-N'}(x) = \sum_{j=0}^{N'} \frac{N!}{(N'-j)!(N-N'+j)!} \frac{(-x)^j}{j!}. \quad (A.3)$$

En effectuant le changement $N \leftrightarrow N'$, on obtient une expression similaire pour $N < N'$ et il vient

$$\langle N| e^{-i\mathbf{q}\cdot\boldsymbol{\eta}} |N'\rangle = e^{-\frac{|\mathbf{q}|^2 l_0^2}{4}} \left[\Theta(N-N')\mathcal{G}_{N,N'}(q^*l_0) + \Theta(N'-N)\mathcal{G}_{N',N}(ql_0)\right]. \quad (A.4)$$

Dans l'équation précédente, les fonctions $\mathcal{G}$ sont définies par la relation

$$\mathcal{G}_{N,l}(z) = \sqrt{\frac{l!}{N!}} \left(\frac{-iz}{\sqrt{2}}\right)^{N-l} L_l^{N-l}\left(\frac{|z|^2}{2}\right), \quad (A.5)$$

et vérifient la propriété $\mathcal{G}_{N,l}(z) = \mathcal{G}_{N,l}^*(-z^*)$. En jauge symétrique, le calcul de la contribution associée au mouvement du centre de guidage $\langle l| e^{-i\mathbf{q}\cdot\mathbf{R}} |l'\rangle$ s'effectue de façon analogue, et les éléments de matrice se mettent finalement sous la forme

$$\langle N, l| e^{-i\mathbf{q}\cdot\mathbf{r}} |N', l'\rangle = e^{-\frac{|\mathbf{q}|^2 l_0^2}{2}} \xi_{N,N'}(ql_0) \xi_{l,l'}(-q^*l_0), \quad (A.6)$$

avec la fonction auxiliaire

$$\xi_{N,l}(z) = \Theta(N-l)\mathcal{G}_{N,l}(z^*) + \Theta(l-N)\mathcal{G}_{l,N}(z). \quad (A.7)$$

En jauge de Landau, on ne peut plus factoriser les contributions associées au mouvement relatif et aux centres d'orbites, ceci car les fonctions d'onde ne sont elles-mêmes pas factorisables. On peut néanmoins utiliser encore une fois la décomposition $\mathbf{r} = \mathbf{R} + \boldsymbol{\eta}$, et exprimer la variable $\mathbf{R}$ en fonction des opérateurs de translation magnétique définis par la relation (2.20). Les éléments de matrice s'écrivent alors comme

$$\langle N,k| \, e^{-i\mathbf{q}\cdot\mathbf{r}} \, |N',k'\rangle = \langle N,k| \, e^{-i\mathbf{q}\cdot\boldsymbol{\eta}} e^{i\frac{q_x l_0^2 T_y}{\hbar}} e^{-i\frac{q_y l_0^2 T_x}{\hbar}} |N',k'\rangle e^{i\frac{q_x q_y l_0^2}{2}}. \tag{A.8}$$

En utilisant la propriété $e^{-i\frac{\mathbf{p}\cdot\mathbf{u}}{\hbar}} f(\mathbf{r}) = f(\mathbf{r}-\mathbf{u})$ ainsi que l'expression des fonctions d'onde données par les relations (2.23) et (2.25), on trouve facilement

$$\langle N,k| \, e^{-i\mathbf{q}\cdot\mathbf{r}} \, |N',k'\rangle = e^{-i\frac{q_x(k+k')l_0^2}{2}} \langle N| \, e^{-i\mathbf{q}\cdot\boldsymbol{\eta}} \, |N'\rangle \, \delta_{k,k'+q_y}, \tag{A.9}$$

où les fonctions d'onde $\chi_N(x) \equiv \chi_{N,k=0}(x)$ apparaissant dans $\langle N| \, e^{-i\mathbf{q}\cdot\boldsymbol{\eta}} \, |N'\rangle$ ne dépendent plus de k. En remarquant que cette contribution a déjà été calculé dans la section précédente, il vient finalement

$$\langle N,k| \, e^{-i\mathbf{q}\cdot\mathbf{r}} \, |N',k'\rangle = e^{-\frac{|\mathbf{q}|^2 l_0^2}{4}} e^{-i\frac{q_x(k+k')l_0^2}{2}} \xi_{N,N'}(ql_0) \delta_{k,k'+q_y}. \tag{A.10}$$

A.2 Structure de l'espace de Hilbert bosonique

Au chapitre 2, nous avons vu que l'espace de Hilbert bosonique est engendré par l'application successive des opérateurs $b_{\mathbf{q},m}^\dagger$ sur l'état fondamental $|F\rangle$, i.e.

$$|\{n_{\mathbf{q},m}\}\rangle = \prod_{\mathbf{q},m} \frac{\left(b_{\mathbf{q},m}^\dagger\right)^{n_{\mathbf{q},m}}}{\sqrt{n_{\mathbf{q},m}!}} |F\rangle, \tag{A.11}$$

où $n_{\mathbf{q},m} = 0, 1, 2, \cdots$ désigne le nombre d'occupation du mode $(\mathbf{q}, m)$. Dans cette annexe, nous allons comparer l'espace de Hilbert fermionique engendré par l'action des opérateurs $c_{N,k}^\dagger$ sur l'état fondamental de référence $|F\rangle$ et l'espace bosonique engendré par les états $|\{n_{\mathbf{q},m}\}\rangle$. Dans l'esprit du célèbre calcul de Haldane pour le liquide de Luttinger [127], ainsi que Doretto et Girvin dans le plus bas niveau de Landau [22], nous allons calculer les dégénérescences associées aux excitations neutres fermioniques et bosoniques pour la transition cyclotron d'énergie $\hbar\omega_0$ ($m=1$). Dans le cas fermionique, le principe de Pauli implique que l'on ne peut former des paires électron-trou que dans les niveaux $N = \nu - 1$ et $N = \nu$. Par conséquent, le nombre d'états $\mathcal{D}_F^{n_{\text{el}}}$ contenant n_{el} paires ($n_{\text{el}} \leq \mathcal{N}$) est donné par

$$\mathcal{D}_F^{n_{\text{el}}} = \left(\frac{\mathcal{N}!}{(\mathcal{N}-n_{\text{el}})! n_{\text{el}}!}\right)^2. \tag{A.12}$$

Dans le cas bosonique, le nombre d'états $\mathcal{D}_B^{n_{el}}$ contenant n_{el} magnéto-excitons peut être évalué en calculant le nombre de valeurs du vecteur d'onde **q**.

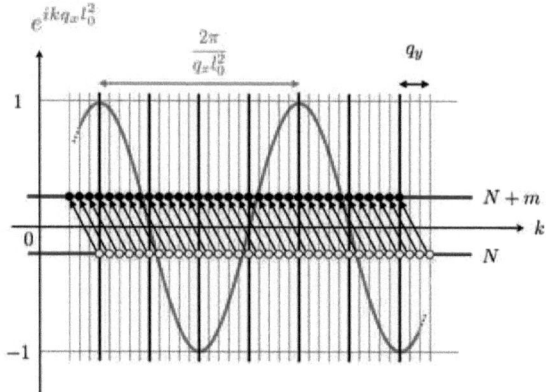

FIGURE A.2.1 – *Représentation schématique d'un mode de magnéto-exciton* $(\mathbf{q}, m)$. *L'opérateur* $b_{\mathbf{q},m}^\dagger$ *crée une superposition de paires électron-trou entre les états* (N, k) *et* $(N+m, k-q_y)$ *pour tout* N *et* k. *Pour un* N *fixé, chaque excitation* $c_{N+m,k-q_y}^\dagger c_{N,k}$ *est modulée par un facteur de phase* $e^{ikq_x l_0^2}$.

En s'appuyant sur les définitions (2.45) et (2.91), on voit tout de suite que la composante q_y varie entre 0 et $\frac{2\pi(\mathcal{N}-1)}{L}$, ce qui donne $\mathcal{N}$ valeurs possibles pour q_y. D'un autre côté, la période $\frac{2\pi}{q_x l_0^2}$ de la modulation sinusoïdale $e^{ikq_x l_0^2}$ doit être un multiple entier de l'intervalle $\frac{2\pi}{L}$ séparant deux valeurs successives de k (figure A.2.1). On voit alors d'après (2.45) que q_x peut prendre lui aussi $\mathcal{N}$ valeurs. Il en résulte que le nombre de valeurs du vecteur d'onde **q** est finalement donné par $\mathcal{N}^2$, ce qui permet d'estimer la dégénérescence cherchée comme

$$\mathcal{D}_B^{n_{el}} = \sum_{p=1}^{n_{el}} \frac{\mathcal{N}^2!}{(\mathcal{N}^2 - p)!(p-1)!} + (1 - n_{el})\frac{\mathcal{N}^2!}{(\mathcal{N}^2 - n_{el})!n_{el}!}, \quad (A.13)$$

avec $\sum_{\mathbf{q}} n_{\mathbf{q},1} = n_{el}$ et $n_{el} \leq \mathcal{N}$. En comparant les expressions (A.12) et (A.13), on voit facilement que si $\mathcal{D}_B^{n_{el}} \gg \mathcal{D}_F^{n_{el}}$ dans le cas général, on a exactement $\mathcal{D}_B^1 = \mathcal{D}_F^1$, *et l'on peut dire que la bosonisation n'introduit pas d'états non-physiques tant que l'on se restreint au sous-espace à un boson engendré les états* $|1_{\mathbf{q}}\rangle = b_{\mathbf{q}}^\dagger |F\rangle$. Notons que cette propriété n'est valable que pour la transition d'énergie $\hbar\omega_0$ ($m=1$ pour les bosons). Par exemple, on voit que 4 niveaux de Landau peuvent être impliqués dans une transition d'énergie $2\hbar\omega_0$, ce qui modifie le dénombrement et l'expression de $\mathcal{D}_F^{n_{el}}$.

A.3 Théorème "no-go" pour l'électrodynamique quantique en cavité

Dans cette annexe, nous proposons une démonstration du théorème "no-go" pour l'électrodynamique quantique en cavité en reprenant les résultats de l'article [82]. Ce théorème nous permettra alors de comprendre l'influence du terme diamagnétique sur les propriétés critiques d'un système général en cavité. Considérons une collection de $\mathcal{N}$ atomes identiques n'interagissant pas entre eux et décrits par le Hamiltonien de Schrödinger

$$\mathcal{H} = \sum_{j=1}^{\mathcal{N}} \mathcal{H}_j = \sum_{j=1}^{\mathcal{N}} \left(\sum_{i_j=1}^{\mathfrak{N}} \frac{\mathbf{p}_{i_j}^2}{2m_{i_j}^*} \right) + \mathcal{V}_j. \quad (A.14)$$

$\mathcal{H}_j$ représente ici le Hamiltonien libre du j^{me} atome, i_j fait référence à l'une des $\mathfrak{N}$ particules de charge $q_{i_j}^*$ et de masses $m_{i_j}^*$ qui constituent cet atome[1], et $\mathbf{p}_{i_j}$ désigne l'impulsion associée. Comme au chapitre 1, nous avons introduit un terme arbitraire $\mathcal{V}_j$ correspondant à l'énergie d'interaction des $\mathfrak{N}$ particules avec le potentiel généré par l'atome j. Supposons maintenant que les atomes sont placés à l'intérieur d'une cavité, et confinés dans une région où les variations spatiales des champs sont négligeables (approximation dipolaire). Dans ce cas, le Hamiltonien d'interaction s'obtient en effectuant le couplage minimal $\mathbf{p}_{i_j} \to \mathbf{p}_{i_j} - \frac{q_{i_j}^*}{c}\mathbf{A}$ dans l'équation (A.14) :

$$\mathcal{H}_{\text{int}} = -\sum_j \sum_{i_j} \frac{q_{i_j}^*}{m_{i_j}^* c} \mathbf{p}_{i_j} \cdot \mathcal{A}(a + a^\dagger), \quad (A.15)$$

où $\mathbf{A} = \mathcal{A}(a + a^\dagger)$ désigne le potentiel vecteur supposé monomode, unipolaire, et indépendant des coordonnées d'espace. Le terme diamagnétique s'écrit quand à lui comme

---

1. Les particules sont supposées sans interactions mutuelles.

$$\mathcal{H}_{\text{dia}} = \sum_j \sum_{i_j} \frac{q_{i_j}^{*2}}{2m_{i_j}^* c^2} \mathcal{A}^2 (a+a^\dagger)^2. \qquad (A.16)$$

Supposons que le spectre du Hamiltonien atomique $\mathcal{H}_j$ est constitué d'un ensemble d'états discrets. Si l'on considère d'une part que la fréquence du mode de cavité est résonante avec la fréquence de la transition entre l'état fondamental et le premier état excité, et d'autre part que les autres transitions sont suffisamment hors résonance pour pouvoir négliger leur couplage au champ électromagnétique, on peut alors approximer les états propres d'un atome j par un système à deux niveaux $\{|g\rangle_j, |e\rangle_j\}$ avec les fréquences ω_g et ω_e. En utilisant la relation de commutation $i\hbar \frac{\mathbf{p}_{i_j}}{m_{i_j}} = [\mathbf{r}_{i_j}, \mathcal{H}_j]$, on peut alors montrer que [2]

$$\langle \sigma |_j \sum_{i_j} \frac{q_{i_j}^*}{m_{i_j}} \mathbf{p}_{i_j} |\sigma'\rangle_j = -i(\omega_{\sigma'} - \omega_\sigma) \langle \sigma|_j \mathbf{d} |\sigma'\rangle_j, \qquad (A.17)$$

où $\mathbf{d} = \sum_{i_j} q_{i_j}^* \mathbf{r}_{i_j}$ désigne l'opérateur de moment dipolaire des particules et $\sigma = g, e$. Ceci nous permet alors d'écrire le Hamiltonien d'interaction précédent en seconde quantification,

$$H_{\text{int}} = -i\frac{\omega_0}{c} \mathbf{d}_0 \cdot \mathcal{A}(a+a^\dagger) \sum_j (|e\rangle_j \langle g|_j + \text{h.c.}, \qquad (A.18)$$

avec la fréquence de la transition atomique $\omega_0 = \omega_e - \omega_g$ et l'élément de matrice du dipôle $\mathbf{d}_0 = \langle e| \mathbf{d} |g\rangle$. De façon analogue à la section 4.3.5, on peut introduire les opérateurs collectifs $J_+ = \hbar \sum_j |e\rangle_j \langle g|_j$, $J_- = J_+^\dagger$ et $J_z = \frac{\hbar}{2} \sum_j |e\rangle_j \langle e|_j - |g\rangle_j \langle g|_j$, qui vérifient les règles de commutation des moments cinétiques $[J_+, J_-] = 2\hbar J_z$ et $[J_z, J_\pm] = \pm \hbar J_\pm$. Avec ces conventions, on obtient

$$H_{\text{int}} = \frac{i\Omega}{\sqrt{N}} (a+a^\dagger)(J_- - J_+) \qquad (A.19)$$

où $\Omega = \frac{\omega_0}{\hbar c} \mathbf{d}_0 \cdot \mathcal{A} \sqrt{\mathcal{N}}$ est la fréquence de Rabi du vide collective qui tient compte de l'augmentation du couplage d'un facteur $\sqrt{\mathcal{N}}$. Parallèlement, le terme diamagnétique (A.20) s'écrit en seconde quantification comme

---

2. Il est important de souligner que cette relation n'est valable que si les fonctions d'onde atomiques à $\mathfrak{N}$ électrons s'annulent aux bords du domaine d'intégration. En fait, cette condition est brisée si l'on considère des atomes artificiels faits de boîtes à paires de Cooper car les fonctions d'onde doivent alors être 2π-périodiques. Dans ce cas précis, le no-go théorème ne s'applique plus et le système admet un point critique quantique [82].

A.3. Théorème "no-go" pour l'électrodynamique quantique en cavité

$$H_{\text{dia}} = \sum_{i_j} \frac{q_{i_j}^{*2}}{2m_{i_j}} \mathcal{N}\mathcal{A}^2 (a + a^\dagger)^2 = \hbar D (a + a^\dagger)^2, \tag{A.20}$$

et le Hamiltonien atomique comme $H_j = \frac{\hbar\omega_0}{2} |e\rangle_j \langle e|_j - |g\rangle_j \langle g|_j$ à une constante près. En appelant ω la fréquence du mode de cavité, le Hamiltonien du champ libre est donné par $\hbar\omega a^\dagger a$, si bien qu'en rassemblant les différentes contributions, on obtient :

$$H = \omega_0 J_z + \hbar\omega a^\dagger a + \frac{i\Omega}{\sqrt{\mathcal{N}}}(a + a^\dagger)(J_- - J_+) + \hbar D (a + a^\dagger)^2. \tag{A.21}$$

Il convient ici d'utiliser le mapping de Holstein-Primakoff rencontré dans la section (4.3.5), i.e. effectuer les remplacements $J_+ \to b^\dagger\sqrt{\mathcal{N}}$ et $J_- \to b\sqrt{\mathcal{N}}$, ce qui nous permet d'aboutir à une forme quadratique et bosonique diagonalisable au moyen d'une transformation de Hopfield-Bogoliubov. Le determinant de la matrice associée à cette transformation est alors donné par $\omega_0 \omega(\omega_0(4D + \omega) - 4\Omega^2)$. Pour un mode résonant avec la transition atomique, i.e. $\omega = \omega_0$, on constate que ce determinant peut s'annuler lorsque $D < \Omega^2/\omega_0$. Nous allons maintenant montrer que dans le cadre des hypothèses du modèle, cette relation n'est en réalité jamais satisfaite. En utilisant l'inégalité de Cauchy-Schwartz, on montre que

$$\Omega^2 = \frac{\omega_0^2}{\hbar^2 c^2} \mathcal{N} |\mathbf{d}_0 \cdot \mathcal{A}|^2 \leq \frac{\omega_0^2}{\hbar^2 c^2} \mathcal{N} |\mathbf{d}_0|^2 |\mathcal{A}|^2. \tag{A.22}$$

Afin de comparer le membre de droite de l'inégalité à l'amplitude D du terme diamagnétique, on utilise la règle de somme de Thomas-Reiche-Kuhn (TRK) pour la force d'oscillateur des dipôles électriques :

$$\sum_{i_j} \frac{q_{i_j}^{*2}}{2m_{i_j}} = \frac{-i}{2\hbar} \langle g|_j [\sum_{i_j} q_{i_j}^* \mathbf{r}_{i_j} \cdot \mathbf{u}, \sum_{i_j} \frac{q_{i_j}^*}{m_{i_j}} \mathbf{p}_{i_j} \cdot \mathbf{u}] |g\rangle_j, \tag{A.23}$$

où $\mathbf{u}$ représente le vecteur unitaire qui porte le dipôle, i.e. $\mathbf{d}_0 = |\mathbf{d}_0|\mathbf{u}$. En utilisant la relation de fermeture $\sum_\sigma |\sigma\rangle_j \langle\sigma|_j = 1$, où la somme porte sur tous les états propres atomique, ainsi que la relation (A.17), il vient

$$\sum_{ij} \frac{q_{ij}^{*2}}{2m_{ij}} = \sum_{\sigma} \frac{(\omega_\sigma - \omega_g)}{\hbar} |\langle g|_j \sum_{ij} q_{ij}^* \mathbf{r}_{ij} \cdot \mathbf{u} |\sigma\rangle_j|^2$$
$$\geq \frac{\omega_0}{\hbar} |\langle g|_j \sum_{ij} q_{ij} \mathbf{r}_{ij} \cdot \mathbf{u} |e\rangle_j|^2 = \frac{\omega_0}{\hbar} |\mathbf{d}_0|^2, \qquad (A.24)$$

qui utilisé dans la définition du terme diamagnétique (A.20), et combiné à l'inégalité (A.22) nous donne finalement

$$D \geq \frac{\Omega^2}{\omega_0}. \qquad (A.25)$$

Pour un ensemble d'atomes identiques et indépendants, chacun pouvant être approximé par un système à deux niveaux, cette relation montre que le determinant de la matrice de Hopfield ne s'annule jamais ce qui fait disparaitre le point critique quantique du modèle. La raison fondamentale provient donc de la relation entre le terme diamagnétique et la fréquence de Rabi du vide. Mais qu'en est-il dans le graphène ? Nous avons vu en effet dans les sections 4.2.3 et 4.3.5 que le Hamiltonien des fermions du graphène en cavité ne fait pas intervenir de terme diamagnétique dans la limite continue. Pour cette raison, le système peut subir une transition de phase quantique qui change complètement la nature de l'état fondamental. Il est alors légitime de se demander en quoi ce modèle viole t-il le théorème no-go démontré précédemment. En outre, le Hamiltonien (A.14) avec $\mathfrak{N} = 1$, $m^* = m_0$ la masse d'un électron nu, et $q^* = -e$, semble à première vue apte à décrire les électrons des orbitales $2p_z$ en supposant que chacun d'entre eux est localisé au voisinage d'un site j donné. Cependant, on comprend dès lors que cette vision où les électrons sont localisés sur les sites du réseau ne peut en aucun cas rendre compte des propriétés de basse énergie du graphène. En effet, la linéarité de la relation de dispersion ou l'impossibilité de décrire les propriétés de basse énergie au moyen d'une masse effective de bande est précisément due à l'amplitude de saut non-négligeable entre les sites premiers voisins. Ceci nous fait donc d'office sortir du cadre de ce modèle, autorisant ainsi la possibilité d'une transition de phase quantique.

A.4 Magnéto-plasmons dans le graphène

Dans cette annexe, nous proposons une généralisation au graphène du modèle de bosons indépendants introduit par Westfahl *et al.* permettant de décrire

A.4. Magnéto-plasmons dans le graphène

les magnéto-plasmons du gaz d'électrons bidimensionnel (section 2.2.7)[21]. Dans la limite continue, l'énergie cinétique des électrons du graphène sous champ magnétique est donnée par le Hamiltonien de Dirac $\underline{\mathcal{H}}_L = v_F \mathbf{\Pi} \cdot \underline{\sigma}$. En jauge de Landau, ce terme s'écrit donc en seconde quantification sous la forme diagonale

$$H_L = \int d\mathbf{r}\, \vec{\Psi}^\dagger(\mathbf{r}) \underline{\mathcal{H}}_L \vec{\Psi}(\mathbf{r}) = \sum_{N,k} \hbar\omega_0 \sqrt{\nu}\, c^\dagger_{N,k} c_{N,k}. \qquad (A.26)$$

Par extension du cas des fermions massifs du semiconducteur, nous considérons que l'état fondamental $|F\rangle$ du Hamiltonien précédent consiste en ν niveaux de Landau complètement remplis dans la bande de conduction. Dans la limite $N \sim \nu \gg 1$, pour les excitations de basse énergie ($m \ll \nu$) et dans le secteur $|\mathbf{q}|l_0 \ll \sqrt{\nu}$, on se rend compte que les fluctuations de densité sont pilotées par les mêmes modes de magnéto-excitons $(\mathbf{q}, m)$ que pour le gaz d'électron bidimensionnel[3] :

$$\delta\hat{\rho}_\mathbf{q} = \sum_{m=1}^{\infty} \sqrt{m\mathcal{N}}\, J_m\left(|\mathbf{q}|R_C\right) \left[b_{\mathbf{q},m} + b^\dagger_{-\mathbf{q},m}\right], \qquad (A.27)$$

où l'opérateur détruisant un mode de magnéto-excitons $(\mathbf{q}, m)$ est donné par la relation (2.91) du chapitre 2. En négligeant la contribution intra-niveaux $\hat{\rho}_{0,\mathbf{q}}$, le Hamiltonien de Coulomb peut alors se mettre sous la forme

$$V_C = \frac{1}{2} \sum_\mathbf{q} \tilde{\mathcal{V}}_C(\mathbf{q}) \hat{\rho}_{-\mathbf{q}} \hat{\rho}_\mathbf{q}, \qquad (A.28)$$

où les composantes de Fourier $\hat{\rho}_\mathbf{q}$ de la densité sont données par

$$\hat{\rho}_\mathbf{q} = \int d\mathbf{r}\, \vec{\Psi}^\dagger(\mathbf{r}) \underline{e}^{-i\mathbf{q}\cdot\mathbf{r}} \vec{\Psi}(\mathbf{r}). \qquad (A.29)$$

La matrice $\underline{e}^{-i\mathbf{q}\cdot\mathbf{r}} = \underline{1} e^{-i\mathbf{q}\cdot\mathbf{r}}$ désigne le produit de la matrice identité par le facteur de Fourier, et $\tilde{\mathcal{V}}_C(\mathbf{q}) = \frac{2\pi e^2}{\epsilon|\mathbf{q}|}$ la transformée de Fourier du potentiel Coulombien. Finalement, on obtient exactement la même forme que pour le gaz d'électrons bidimensionnel :

$$V_C = \sum_\mathbf{q} \sum_{m,m'} \hbar\zeta_{\mathbf{q},m,m'} \left(b^\dagger_{\mathbf{q},m} + b_{-\mathbf{q},m}\right) \left(b^\dagger_{-\mathbf{q},m'} + b_{\mathbf{q},m'}\right), \qquad (A.30)$$

---

3. Remarquons que la normalisation spéciale du niveau $N = 0$ n'intervient pas dans le cadre de cette approximation.

avec la constante de couplage normalisée

$$\frac{\zeta_{\mathbf{q},m,m'}}{\omega_0} = \frac{g_S g_V \alpha_G \sqrt{\nu}}{2|\mathbf{q}|R_C}\sqrt{mm'} J_m\left(|\mathbf{q}|R_C\right) J_{m'}\left(|\mathbf{q}|R_C\right). \quad (A.31)$$

Rappelons que l'on a utilisé la définition $\omega_0 = v_F\sqrt{2}/l_0$ ainsi que $\alpha_G = \frac{e^2}{\epsilon \hbar v_F}$. Par analogie avec les résultats du chapitre 2, on peut maintenant penser à une représentation du Hamiltonien H_L dans la base générée par les modes $b^\dagger_{\mathbf{q},m}$. La non-linéarité des niveaux de Landau du graphène entraîne toutefois que les magnéto-excitons ne sont plus modes propres de H_L. Autrement dit, $[b_{\mathbf{q},m}, H_L] \neq m\hbar\omega_0 b_{\mathbf{q},m}$ et les multiples entiers de m ne suffisent plus à caractériser toutes les transitions entre niveaux de Landau. Néanmoins, dans le régime $N \sim \nu \gg 1$ et si l'on se restreint aux excitations intervenant au voisinage du niveaux de Fermi $m \ll \nu^4$, on peut linéariser le spectre autour du niveau de Fermi ce qui permet d'écrire $[b_{\mathbf{q},m}, H_L] = \frac{m\hbar\omega_0}{2\sqrt{\nu}} b_{\mathbf{q},m}$, et donne

$$H_L = \sum_{m=1}^{m_c} \frac{m\hbar\omega_0}{2\sqrt{\nu}} b^\dagger_{\mathbf{q},m} b_{\mathbf{q},m}. \quad (A.32)$$

À la différence des fermions massifs du semiconducteur, cette relation n'est valable que jusqu'à un certain cutoff m_c de l'ordre de quelques unités. De fait, soulignons que notre modèle est inapte à prendre en compte l'ensemble des transitions entre les niveaux de Landau du graphène, et en particulier les transitions entre la bande de valence et la bande de conduction apparaissant à plus haute énergie ($\omega \sim 2\omega_0\sqrt{\nu}$) et qui sont responsables d'un mélange de niveaux important dans le secteur $|\mathbf{q}|R_C > 1$. Si l'on ne peut pas s'attendre à retrouver exactement les résultats obtenus dans le cadre de l'approximation RPA comme pour le gaz d'électrons bidimensionnel [81], on peut toutefois décrire convenablement la dispersion du mode de plasmon dans le secteur optique $|\mathbf{q}|R_C \ll 1$ et à basse énergie ($\omega \sim \frac{\omega_0}{2\sqrt{\nu}}$). Les modes propres s'obtiennent en diagonalisant le Hamiltonien de magnéto-plasmons du graphène

$$H_{\mathrm{mp}} = \sum_{\mathbf{q},m} \frac{m\hbar\omega_0}{2\sqrt{\nu}} b^\dagger_{\mathbf{q},m} b_{\mathbf{q},m} + \sum_{\mathbf{q}} \sum_{m,m'} \hbar\zeta_{\mathbf{q},m,m'} \left(b^\dagger_{\mathbf{q},m} + b_{-\mathbf{q},m}\right) \left(b^\dagger_{-\mathbf{q},m'} + b_{\mathbf{q},m'}\right), \quad (A.33)$$

au moyen de la transformation de Bogoliubov généralisée

---

4. Notons que l'on reste dans le cadre de l'approximation bosonique utilisée jusqu'ici.

A.4. Magnéto-plasmons dans le graphène

$$m_{\mathbf{q},j} = \sum_m \mathcal{U}_{\mathbf{q},m,j} b_{\mathbf{q},m} + \mathcal{V}_{\mathbf{q},m,j} b^\dagger_{-\mathbf{q},m}. \quad (A.34)$$

Le Hamiltonien (A.33) peut alors s'écrire sous la forme diagonale

$$H_{\mathrm{mp}} = \sum_{\mathbf{q},j} \hbar \lambda_{\mathbf{q},j} m^\dagger_{\mathbf{q},j} m_{\mathbf{q},j}. \quad (A.35)$$

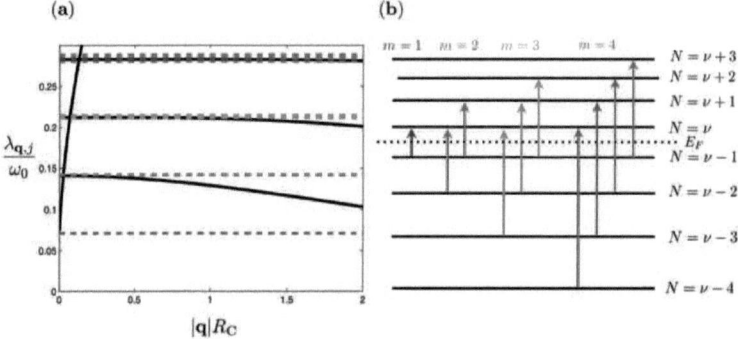

FIGURE A.4.1 – (a) Fréquences des magnéto-plasmons du graphène $\lambda_{\mathbf{q},j}/\omega_0$ normalisées par la fréquence caractéristique $\omega_0 = \frac{v_F \sqrt{2}}{l_0}$ en fonction du vecteur d'onde adimensionné $|\mathbf{q}|R_C$ (traits pleins noirs). Ces modes propres sont obtenus par une diagonalisation numérique du Hamiltonien A.33 comprenant 15 modes ($m_c = 15$). La partie fortement dispersive à $|\mathbf{q}|R_C < 0.2$ est confondue avec la fréquence $\omega_{\mathrm{p},\mathbf{q}} = \sqrt{\frac{\omega_0^2}{4\nu} + \frac{g_s g_v \alpha_G \omega_0^2 |\mathbf{q}| R_C}{4}}$ du mode de plasmon en unités de ω_0. Les lignes horizontales en tirets de couleur correspondent aux fréquences des différentes transitions schématisées sur la figure (b). Paramètres : $\nu = 50$, $\epsilon = 4$.

Sur la figure A.4.1, nous avons représenté les fréquences des magnéto-plasmons du graphène normalisés $\lambda_{\mathbf{q},j}/\omega_0$ en fonction du vecteur d'onde adimensionné $|\mathbf{q}|R_C$ (traits pleins noirs). Nous avons pris $\epsilon = 4$ ce qui donne $r_s \approx 0.5$. Le facteur de remplissage est quant à lui fixé à $\nu = 50$ comme pour le gaz d'électron bidimensionnel. L'échelle quantifiant le mélange de niveaux de Landau $r_s \sqrt{2\nu}$ est de l'ordre de 5 ce qui est tout à fait comparable au cas des fermions massifs de la section 2.2.7. On peut constater numériquement que les coefficients $\mathcal{U}_{\mathbf{q},m=1,j}$ et $\mathcal{V}_{\mathbf{q},m=1,j}$ saturent presque complètement la décomposition (A.34) au voisinage des maxima de la dispersion des magnéto-excitons pour $|\mathbf{q}|R_{\mathrm{C}} < 0.2$. Là encore, la transition dipolaire domine de telle sorte que l'on peut pratiquement réduire le Hamiltonien (A.33) à la seule contribution $m = m' = 1$, ce qui donne le mode de plasmon modifié par le champ magnétique de fréquence

$$\omega_{\mathrm{p},\mathbf{q}} = \sqrt{\frac{\omega_0^2}{4\nu} + \frac{g_{\mathrm{S}}g_{\mathrm{V}}\alpha_{\mathrm{G}}\omega_0^2|\mathbf{q}|R_{\mathrm{C}}}{4}}. \qquad (A.36)$$

Pour cette raison, la partie fortement dispersive à $|\mathbf{q}|R_{\mathrm{C}} < 0.2$ (maxima de la dispersion des magnéto-excitons) est très bien décrite par ce mode plasmon. Notons par ailleurs que cette valeur correspond avec le résultat obtenu dans le modèle hydrodynamique au premier ordre en $|\mathbf{q}|R_{\mathrm{C}}$ [88]. Comme pour le gaz d'électrons bidimensionnel, on observe des anticroisements (modes de Bernstein) dans les zones où le mode de plasmon croise les fréquences des magnéto-excitons associés aux différentes transitions entre niveaux de Landau. Signalons que ces modes de Bernstein peuvent être convenablement décrits dans un modèle où l'on prend en compte le couplage du mode de plasmon avec les différents magnéto-excitons de façon perturbative [128]. Nous avons déjà signalé dans la section (4.2.2) que cette méthode ne peut rendre compte de la renormalisation de la transition cyclotron à $|\mathbf{q}| = 0$. Néanmoins, elle permet de décrire la dispersion du mode de plasmon de façon satisfaisante. Dans ce régime, le Hamiltonien de magnéto-plasmons est finalement réduit à

$$H_{\mathrm{mp}} = \sum_{\mathbf{q}} \hbar\omega_{\mathrm{p},\mathbf{q}}\, d_{\mathbf{q}}^{\dagger}d_{\mathbf{q}}. \qquad (A.37)$$

Pour conclure, en dehors de son évidente pertinence à prendre en compte l'effet des interactions Coulombiennes à longue portée en présence du résonateur, soulignons que cette méthode présente également l'intérêt intrinsèque d'étendre la validité d'une approche perturbative de type RPA au cas des hauts facteurs de remplissage dans le graphène.

Remerciements

Je souhaite remercier ici toutes les personnes qui ont contribué d'une façon ou d'une autre à ce travail de thèse.

Mes premiers remerciements vont naturellement à mon directeur de thèse Cristiano Ciuti, qui m'a tant appris pendant ces trois ans, et dont j'ai pu apprécié au fur et à mesure l'approche scientifique ainsi que les idées toujours originales et intéressantes. Une réussite sur le plan professionnel mais aussi sur le plan humain, ce qui est suffisamment rare et précieux pour être souligner ici.

Je sais gré aux membres du jury d'avoir accepter l'invitation, pris le temps de lire mon manuscrit malgré leurs agendas chargés, et bien sur de s'être déplacé le jour de ma soutenance. Un merci particulier à Marc Oliver Goerbig qui s'est montré très disponible, et dont l'expertise et les conseils m'ont été très profitables. Je remercie également Pascal Degiovanni et Vincenzo Savona pour leurs remarques constructives qui m'ont permis d'améliorer la qualité de ce manuscrit. Merci à Marek Potemski pour ses suggestions, ainsi qu'au président du jury, Carlo Sirtori, pour sa présence et son enthousiasme scientifique. Par ailleurs, je tiens à remercier sincèrement le groupe d'optoélectronique quantique de Zürich dirigé par Jérôme Faist ; notre collaboration fructueuse m'a permis d'apprendre beaucoup de choses. Un merci particulier mêlé d'admiration à Giacomo Scalari, pour son talent d'expérimentateur, sa persévérance et sa gentillesse.

Je voudrais maintenant saluer mes collègues du laboratoire, et en particulier les (désormais) nombreux thésards : le doublet dégénéré formé par les deux Alexandre, Jonathan, Juan, Luc (la viande grillée en Sardaigne...), Loic, Philippe (les Houches...!), Motoaki, Thibaud (qui est parti j'en suis sur pour faire une super thèse!). Merci à Pierre (bon souvenirs de Boston), Simon et Simone pour les nombreuses discussions, conseils, aide, mais aussi les très agréables moments passés ensemble. Je dois dire que je suis infiniment reconnaissant à Simon de m'avoir supporté en face de lui pendant ces trois ans. Simon, je m'excuse pour les chants affreux, l'humour médiocre, les bruits d'animaux agonisants et les pétages de câbles en tout genre... Un grand merci à tous les anciens thésards, dont quelques sacrés personnages : Sébastien, Nicolas, Carole, Quentin, Daria, Xavier. Je garde des souvenirs géniaux des soirées parisiennes et weekends en province ! Merci aussi à Pauline pour son aide C2i et Jean pour son énergie peu commune. Concernant les membres permanents, je souhaite remercier chaleureusement Edouard, Yann, Yanko, Stefano pour les discussions stimulantes, Giuliano et Maximilien pour leur sens de l'humour et leur contact très agréable, ainsi qu'Idranil pour sa disponibilité. Un grand merci à Anne Servouze pour son soutient et sa gentillesse, ainsi qu'un merci général à tous les membres du laboratoire avec qui j'ai eu l'occasion de partager quelque chose durant ces trois ans !

Mes parents ont bien sur énormément contribué à ce travail. Ma gorge se serre et les mots me manquent... Je les remercie du fond du coeur. Un merci tout particulier à mon frère Alex qui a admirablement supporté mes angoisses, mais aussi les réflexions parfois un peu dures dans les moments de stress. Je remercie bien sur mon autre frère Frédéric, ainsi que Fabienne, Rémi et Cyril. Je n'oublie pas mes oncles et tantes, en particulier Eric, Marie-Hélène et Karine. Merci à tous pour votre soutien, votre confiance, et votre présence tout simplement !

Un grand merci à Aurore qui m'a supporté et encouragé avec amour dans les moments difficiles, ainsi qu'au seul de mes frères qui ne me ressemble pas, Adrien. Merci à Christine pour son soutient et à Hicham pour les agréables discussions et moments passés à Toulouse. Merci également à mon ami de toujours : Romain, ainsi qu'à Enguerran (dédé), Eddy (Sousou) et Grégoire (le clown).

Un merci tout particulier à mes « saucisses » préférées : Yannis, Xavier et Philippe (pjacquet14@gmail). Les discussions interminables et ô combien enrichissantes, l'inoubliable « road trip » en Croatie, les innombrables fou rires sont autant de souvenirs que je garde intacts dans ma mémoire. C'est pour la vie maintenant... Un grand merci à mon pote Arnaud « l'homme de bois » (c'est quand même plus sympa de bosser avec quelques macarons!), mon pote JD (une bonne garrot et une bonne bière...), ma pote Ludivine (le « lâcher-prise »!) , et mon pote Loig (la coupe du monde 2010 avec Seb!). Je pense également à Yousra (uf!) et Colline (désormais « femme de bois »). Je me souviendrai longtemps des weekends dans le morvan... Merci à Juliana ainsi qu'à Étienne et Hayley (là aussi bon souvenir de Boston).

Je voudrais aussi saluer mes cousins Bertier dont le soutient et la présence dans les moments cruciaux à été (et sera toujours) très importante pour moi. Un merci particulier à Gabrielle, âme soeur, avec qui les discussions sont toujours passionnantes. Merci également à Alice et Jérôme, je vous aime énormément!

Un merci général à toute la famille Hagenmüller et en particulier à mes cousins François, Nicolas, Maud, Bertrand, Emmanuel, Aube, Johanna, Katharina, Antoine, Victor, Mathieu et Benoît. Ouf que de petits enfants...!

Je souhaite dédier ce manuscrit à la mémoire de mes grands-parents. Pour leur regard tendre et confiant, toujours tourné vers l'avenir.

Merci à tous...

Bibliographie

[1] Haroche, S. & Raimond, J.-M. *Exploring the Quantum : Atoms, Cavities, and Photons* (Oxford University Press, USA, 2006), 1st edn.

[2] Feynman, R. *Quantum Electrodynamics* (Advanced Books Classics, 1998), 1st edn.

[3] Purcell, E. *Spontaneous emission probabilities at radio frequencies.* Physical Review **69**, 681 (1946).

[4] Goy, P., Raimond, J. M., Gross, M. & Haroche, S. *Observation of Cavity-Enhanced Single-Atom Spontaneous Emission.* Phys. Rev. Lett. **50**, 1903–1906 (1983).

[5] Gabrielse, G. & Dehmelt, H. *Observation of inhibited spontaneous emission.* Phys. Rev. Lett. **55**, 67–70 (1985).

[6] Hulet, R. G., Hilfer, E. S. & Kleppner, D. *Inhibited Spontaneous Emission by a Rydberg Atom.* Phys. Rev. Lett. **55**, 2137–2140 (1985).

[7] Jhe, W. et al. *Suppression of spontaneous decay at optical frequencies : Test of vacuum-field anisotropy in confined space.* Phys. Rev. Lett. **58**, 666–669 (1987).

[8] Peil, S. & Gabrielse, G. *Observing the Quantum Limit of an Electron Cyclotron : QND Measurements of Quantum Jumps between Fock States.* Phys. Rev. Lett. **83**, 1287–1290 (1999).

[9] Meschede, D., Walther, H. & Müller, G. *One-Atom Maser.* Phys. Rev. Lett. **54**, 551–554 (1985).

[10] Rempe, G., Walther, H. & Klein, N. *Observation of quantum collapse and revival in a one-atom maser.* Phys. Rev. Lett. **58**, 353–356 (1987).

[11] Thompson, R. J., Rempe, G. & Kimble, H. J. *Observation of normal-mode splitting for an atom in an optical cavity.* Phys. Rev. Lett. **68**, 1132–1135 (1992).

[12] Raimond, J. M., Brune, M. & Haroche, S. *Manipulating quantum entanglement with atoms and photons in a cavity.* Rev. Mod. Phys. **73**, 565–582 (2001).

[13] Raimond, J.-M. & Rempe, G. *Cavity Quantum Electrodynamics : Quantum Information Processing with Atoms and Photons, in Lectures on Quantum Information* (Wiley-VCH Verlag GmbH, Weinheim, Germany, 2008).

[14] Savona, V., Hradil, Z., Quattropani, A. & Schwendimann, P. *Quantum theory of quantum-well polaritons in semiconductor microcavities.* Phys. Rev. B **49**, 8774–8779 (1994).

[15] Citrin, D. S. *Exciton polaritons in double versus single quantum wells : Mechanism for increased luminescence linewidths in double quantum wells.* Phys. Rev. B **49**, 1943–1946 (1994).

[16] Andreani, L. C., Panzarini, G. & Gérard, J.-M. *Strong-coupling regime for quantum boxes in pillar microcavities : Theory.* Phys. Rev. B **60**, 13276–13279 (1999).

[17] Ciuti, C., Bastard, G. & Carusotto, I. *Quantum vacuum properties of the intersubband cavity polariton field.* Phys. Rev. B **72**, 115303 (2005).

[18] Ciuti, C. & Carusotto, I. *Input-output theory of cavities in the ultrastrong coupling regime : The case of time-independent cavity parameters.* Phys. Rev. A **74**, 033811 (2006).

[19] Liberato, S. D., Ciuti, C. & Carusotto, I. *Quantum Vacuum Radiation Spectra from a Semiconductor Microcavity with a Time-Modulated Vacuum Rabi Frequency.* Phys. Rev. Lett. **98**, 103602 (2007).

[20] Kardar, M. & Golestanian, R. *The "friction" of vacuum, and other fluctuation-induced forces.* Rev. Mod. Phys. **71**, 1233–1245 (1999).

[21] Westfahl, H., Castro Neto, A. H. & Caldeira, A. O. *Landau level bosonization of a two-dimensional electron gas.* Phys. Rev. B **55**, R7347–R7350 (1997).

[22] Doretto, R. L., Caldeira, A. O. & Girvin, S. M. *Lowest Landau level bosonization.* Phys. Rev. B **71**, 045339 (2005).

[23] Tomonaga, S.-I. *Remarks on Bloch's Method of Sound Waves applied to Many-Fermion Problems.* Prog. Theor. Phys **5**, 544–569 (1950).

[24] Luttinger, J. *An Exactly Soluble Model of a Many-Fermion System.* J. Math. Phys. **4**, 1154 (1963).

[25] Giuliani, G. F. & Vignale, G. *Quantum theory of the electron liquid* (Cambridge Univ. Press, Cambridge, 2005).

[26] Klitzing, K. v., Dorda, G. & Pepper, M. *New Method for High-Accuracy Determination of the Fine-Structure Constant Based on Quantized Hall Resistance.* Phys. Rev. Lett. **45**, 494–497 (1980).

[27] Tsui, D. C., Stormer, H. L. & Gossard, A. C. *Two-Dimensional Magnetotransport in the Extreme Quantum Limit.* Phys. Rev. Lett. **48**, 1559–1562 (1982).

[28] Wallace, P. R. *The Band Theory of Graphite.* Phys. Rev. **71**, 622–634 (1947).

[29] Novoselov, K. et al. *Electric Field Effect in Atomically Thin Carbon Films.* Science **306**, 666–669 (2004).

[30] Castro Neto, A. H., Guinea, F., Peres, N. M. R., Novoselov, K. S. & Geim, A. K. *The electronic properties of graphene.* Rev. Mod. Phys. **81**, 109–162 (2009).

[31] Katsnelson, M. I., Novoselov, K. S. & Geim, A. K. *Chiral tunnelling and the Klein paradox in graphene.* Nat Phys **2**, 620–625 (2006).

[32] Novoselov, K. et al. *Two-dimensional gas of massless Dirac fermions in graphene.* Nature **438**, 197–200 (2005).

[33] Zhang, Y., Tan, Y.-w., Stormer, H. L. & Kim, P. *Experimental observation of the quantum Hall effect and Berry's phase in graphene.* Nature **438**, 201–204 (2005).

[34] Itzykson, C. & Zuber, J.-B. *Quantum Field Theory* (Dover, New York, 2006), 1st edn.

[35] Sachdev, S. *Quantum phase transitions*, vol. 1 of *Course of Theoretical Physics* (Cambridge University Press, 2001), 1st ed edn.

[36] Montambaux, G., Piéchon, F., Fuchs, J.-N. & Goerbig, M. O. Merging of Dirac points in a two-dimensional crystal. Phys. Rev. B **80**, 153412 (2009).

[37] Jaynes, E. T. & Cummings, F. W. Comparison of Quantum and Semiclassical Radiation Theory with Application to the Beam Maser. Proc. IEEE. **51**, 89 (1963).

[38] Cohen-Tannoudji, C., Dupont-Roc, J. & Grynberg, G. *Photons et atomes : introduction à l'électrodynamique quantique*. Savoirs actuels (InterEditions, 1987).

[39] Bassani, F., Forney, J. J. & Quattropani, A. Choice of Gauge in Two-Photon Transitions : $1s-2s$ Transition in Atomic Hydrogen. Phys. Rev. Lett. **39**, 1070–1073 (1977).

[40] Schoelkopf, R. J. & Girvin, S. M. Wiring up quantum systems. Nature **451**, 664–669 (2008).

[41] Weisbuch, C., Nishioka, M., Ishikawa, A. & Arakawa, Y. Observation of the coupled exciton-photon mode splitting in a semiconductor quantum microcavity. Phys. Rev. Lett. **69**, 3314–3317 (1992).

[42] Dini, D., Köhler, R., Tredicucci, A., Biasiol, G. & Sorba, L. Microcavity Polariton Splitting of Intersubband Transitions. Phys. Rev. Lett. **90**, 116401 (2003).

[43] Reithmaier, J. P. et al. Strong coupling in a single quantum dot semiconductor microcavity system. Nature **432**, 197–200 (2004).

[44] Badolato, A. et al. Deterministic Coupling of Single Quantum Dots to Single Nanocavity Modes. Science **308**, 1158–1161 (2005).

[45] Fink, J. M. et al. Climbing the Jaynes-Cummings ladder and observing its $\sqrt{n}$ nonlinearity in a cavity QED system. Nature **454**, 315–318 (2008).

[46] Fink, J. M. et al. Dressed Collective Qubit States and the Tavis-Cummings Model in Circuit QED. Phys. Rev. Lett. **103**, 083601 (2009).

Bibliographie

[47] Kubo, Y. et al. *Strong Coupling of a Spin Ensemble to a Superconducting Resonator.* Phys. Rev. Lett. **105**, 140502 (2010).

[48] Schuster, D. I. et al. *High-Cooperativity Coupling of Electron-Spin Ensembles to Superconducting Cavities.* Phys. Rev. Lett. **105**, 140501 (2010).

[49] Bloch, F. & Siegert, A. *Magnetic Resonance for Nonrotating Fields.* Phys. Rev. **57**, 522–527 (1940).

[50] Peropadre, B., Forn-Diaz, P., Solano, E. & Garcia-Ripoll, J. J. *Switchable Ultrastrong Coupling in Circuit QED.* Phys. Rev. Lett. **105**, 023601 (2010).

[51] Casanova, J., Romero, G., Lizuain, I., Garcia-Ripoll, J. J. & Solano, E. *Deep Strong Coupling Regime of the Jaynes-Cummings Model.* Phys. Rev. Lett. **105**, 263603 (2010).

[52] Nataf, P. & Ciuti, C. *Vacuum Degeneracy of a Circuit QED System in the Ultrastrong Coupling Regime.* Phys. Rev. Lett. **104**, 023601 (2010).

[53] Niemczyk, T. et al. *Circuit quantum electrodynamics in the ultrastrong-coupling regime.* Nat Phys **6**, 772–776 (2010).

[54] Fedorov, A. et al. *Strong Coupling of a Quantum Oscillator to a Flux Qubit at Its Symmetry Point.* Phys. Rev. Lett. **105**, 060503 (2010).

[55] Devoret, M. H., Girvin, S. & Schoelkopf, R. *Circuit-QED : How strong can the coupling between a Josephson junction atom and a transmission line resonator be ?* Annalen der Physik **16**, 767–779 (2007).

[56] Tavis, M. & Cummings, F. W. *Exact Solution for an N-Molecule—Radiation-Field Hamiltonian.* Phys. Rev. **170**, 379–384 (1968).

[57] Anappara, A. A. et al. *Signatures of the ultrastrong light-matter coupling regime.* Phys. Rev. B **79**, 201303 (2009).

[58] Gunter, G. et al. *Sub-cycle switch-on of ultrastrong light-matter interaction.* Nature **458**, 178–181 (2009).

[59] Todorov, Y. et al. *Ultrastrong Light-Matter Coupling Regime with Polariton Dots*. Phys. Rev. Lett. **105**, 196402 (2010).

[60] Hagenmüller, D., De Liberato, S. & Ciuti, C. *Ultrastrong coupling between a cavity resonator and the cyclotron transition of a two-dimensional electron gas in the case of an integer filling factor*. Phys. Rev. B **81**, 235303 (2010).

[61] Goerbig, M. & Lederer, P. *électrons bidimensionnels sous champ magnétique fort : la physique des effets hall quantiques* (2006). Notes de cours.

[62] Kallin, C. & Halperin, B. I. *Excitations from a filled Landau level in the two-dimensional electron gas*. Phys. Rev. B **30**, 5655–5668 (1984).

[63] Pines, D. & Nozières, P. *Theory Of Quantum Liquids, Volume I : Normal Fermi Liquids*. Advanced Books Classics (Westview Press, 1994).

[64] Kohn, W. *Cyclotron Resonance and de Haas-van Alphen Oscillations of an Interacting Electron Gas*. Phys. Rev. **123**, 1242–1244 (1961).

[65] Lam, P. K. & Girvin, S. M. *Liquid-solid transition and the fractional quantum-Hall effect*. Phys. Rev. B **30**, 473–475 (1984).

[66] Goldman, V. J., Santos, M., Shayegan, M. & Cunningham, J. E. *Evidence for two-dimentional quantum Wigner crystal*. Phys. Rev. Lett. **65**, 2189–2192 (1990).

[67] Laughlin, R. B. *Anomalous Quantum Hall Effect : An Incompressible Quantum Fluid with Fractionally Charged Excitations*. Phys. Rev. Lett. **50**, 1395–1398 (1983).

[68] Jain, J. K. *Composite-fermion approach for the fractional quantum Hall effect*. Phys. Rev. Lett. **63**, 199–202 (1989).

[69] Aleiner, I. L. & Glazman, L. I. *Two-dimensional electron liquid in a weak magnetic field*. Phys. Rev. B **52**, 11296–11312 (1995).

[70] Koulakov, A. A., Fogler, M. M. & Shklovskii, B. I. *Charge Density Wave in Two-Dimensional Electron Liquid in Weak Magnetic Field*. Phys. Rev. Lett. **76**, 499–502 (1996).

[71] Lilly, M. P., Cooper, K. B., Eisenstein, J. P., Pfeiffer, L. N. & West, K. W. *Evidence for an Anisotropic State of Two-Dimensional Electrons in High Landau Levels*. Phys. Rev. Lett. **82**, 394–397 (1999).

[72] Polisskii, A. V. et al. *Low-frequency measurements of cyclotron resonance in a high-mobility 2D electron gas in GaAs/AlGaAs heterostructures*. J. Appl. Phys. **72**, 4736 (1992).

[73] Mani, R. G. & Anderson, J. R. *Study of the single-particle and transport lifetimes in* $GaAs/Al_xGa_{1-x}As$. Phys. Rev. B **37**, 4299–4302 (1988).

[74] Zudov, M. A., Du, R. R., Simmons, J. A. & Reno, J. L. *Shubnikov–de Haas-like oscillations in millimeterwave photoconductivity in a high-mobility two-dimensional electron gas*. Phys. Rev. B **64**, 201311 (2001).

[75] Maan, J. C., Englert, T., Tsui, D. C. & Gossard, A. C. *Observation of cyclotron resonance in the photoconductivity of two-dimensional electrons*. Appl. Phys. Lett. **40**, 609 (1982).

[76] Hirakawa, K. et al. *Far-infrared photoresponse of the magnetoresistance of the two-dimensional electron systems in the integer quantized Hall regime*. Phys. Rev. B **63**, 085320 (2001).

[77] Kakazu, K. & Kim, Y. S. *Quantization of electromagnetic fields in cavities and spontaneous emission*. Phys. Rev. A **50**, 1830–1839 (1994).

[78] Bernstein, I. B. *Waves in a Plasma in a Magnetic Field*. Phys. Rev. **109**, 10–21 (1958).

[79] Batke, E., Heitmann, D., Kotthaus, J. P. & Ploog, K. *Nonlocality in the Two-Dimensional Plasmon Dispersion*. Phys. Rev. Lett. **54**, 2367–2370 (1985).

[80] Vasconcellos, A. R. & Luzzi, R. *Inelastic scattering of light from magnetoplasma excitations in solids*. Phys. Rev. B **14**, 3532–3538 (1976).

[81] Roldán, R., Fuchs, J.-N. & Goerbig, M. O. *Collective modes of doped graphene and a standard two-dimensional electron gas in a strong magnetic field : Linear magnetoplasmons versus magnetoexcitons*. Phys. Rev. B **80**, 085408 (2009).

[82] Nataf, P. & Ciuti, C. *No-go theorem for superradiant quantum phase transitions in cavity QED and counter-example in circuit QED.* Nature Communication **72** (2010).

[83] Hopfield, J. J. *Theory of the Contribution of Excitons to the Complex Dielectric Constant of Crystals.* Phys. Rev. **112**, 1555–1567 (1958).

[84] Gerace, D. & Andreani, L. C. *Quantum theory of exciton-photon coupling in photonic crystal slabs with embedded quantum wells.* Phys. Rev. B **75**, 235325 (2007).

[85] Bajoni, D. et al. *Exciton polaritons in two-dimensional photonic crystals.* Phys. Rev. B **80**, 201308 (2009).

[86] Scalari, G. et al. *Ultrastrong Coupling of the Cyclotron Transition of a 2D Electron Gas to a THz Metamaterial.* Science **335**, 1323–1326 (2012).

[87] Hagenmüller, D. & Ciuti, C. *Cavity QED of the Graphene Cyclotron Transition.* Phys. Rev. Lett. **109**, 267403 (2012).

[88] Goerbig, M. O. *Electronic properties of graphene in a strong magnetic field.* Rev. Mod. Phys. **83**, 1193–1243 (2011).

[89] Iyengar, A., Wang, J., Fertig, H. A. & Brey, L. *Excitations from filled Landau levels in graphene.* Phys. Rev. B **75**, 125430 (2007).

[90] Bychkov, Y. A. & Martinez, G. *Magnetoplasmon excitations in graphene for filling factors $\nu \lesssim 6$.* Phys. Rev. B **77**, 125417 (2008).

[91] Roldán, R., Fuchs, J.-N. & Goerbig, M. O. *Spin-flip excitations, spin waves, and magnetoexcitons in graphene Landau levels at integer filling factors.* Phys. Rev. B **82**, 205418 (2010).

[92] Sadowski, M. L., Martinez, G., Potemski, M., Berger, C. & de Heer, W. A. *Landau Level Spectroscopy of Ultrathin Graphite Layers.* Phys. Rev. Lett. **97**, 266405 (2006).

[93] Jiang, Z. et al. *Infrared Spectroscopy of Landau Levels of Graphene.* Phys. Rev. Lett. **98**, 197403 (2007).

[94] Berger, C. et al. *Electronic Confinement and Coherence in Patterned Epitaxial Graphene.* Science **312**, 1191–1196 (2006).

Bibliographie

[95] Hass, J. et al. *Why Multilayer Graphene on* $4H$-$SiC(000\bar{1})$ *Behaves Like a Single Sheet of Graphene.* Phys. Rev. Lett. **100**, 125504 (2008).

[96] Luk'yanchuk, I. A. & Bratkovsky, A. M. *Lattice-Induced Double-Valley Degeneracy Lifting in Graphene by a Magnetic Field.* Phys. Rev. Lett. **100**, 176404 (2008).

[97] Fuchs, J.-N. & Lederer, P. *Spontaneous Parity Breaking of Graphene in the Quantum Hall Regime.* Phys. Rev. Lett. **98**, 016803 (2007).

[98] Goerbig, M. O., Moessner, R. & Douçot, B. *Electron interactions in graphene in a strong magnetic field.* Phys. Rev. B **74**, 161407 (2006).

[99] Neugebauer, P., Orlita, M., Faugeras, C., Barra, A.-L. & Potemski, M. *How Perfect Can Graphene Be?* Phys. Rev. Lett. **103**, 136403 (2009).

[100] Checkelsky, J. G., Li, L. & Ong, N. P. *Zero-Energy State in Graphene in a High Magnetic Field.* Phys. Rev. Lett. **100**, 206801 (2008).

[101] Bolotin, K. et al. *Ultrahigh electron mobility in suspended graphene.* Solid State comm. **146**, 351–355 (2008).

[102] Goerbig, M. O., Fuchs, J.-N., Kechedzhi, K. & Fal'ko, V. I. *Filling-Factor-Dependent Magnetophonon Resonance in Graphene.* Phys. Rev. Lett. **99**, 087402 (2007).

[103] Dicke, R. H. *Coherence in Spontaneous Radiation Processes.* Phys. Rev. **93**, 99–110 (1954).

[104] Holstein, T. & Primakoff, H. *Field Dependence of the Intrinsic Domain Magnetization of a Ferromagnet.* Phys. Rev. **58**, 1098–1113 (1940).

[105] Emary, C. & Brandes, T. *Chaos and the quantum phase transition in the Dicke model.* Phys. Rev. E **67**, 066203 (2003).

[106] Nataf, P., Baksic, A. & Ciuti, C. *Double symmetry breaking and two-dimensional quantum phase diagram in spin-boson systems.* Phys. Rev. A **86**, 013832 (2012).

[107] Le Hur, K. *Quantum Phase Transitions in Spin-Boson Systems : Dissipation and Light Phenomena* (2009). ArXiv : 0909.4822v1 [cond-mat].

[108] Emary, C. & Brandes, T. *Quantum Chaos Triggered by Precursors of a Quantum Phase Transition : The Dicke Model.* Phys. Rev. Lett. **90**, 044101 (2003).

[109] Tolkunov, D. & Solenov, D. *Quantum phase transition in the multimode Dicke model.* Phys. Rev. B **75**, 024402 (2007).

[110] Chirolli, L., Polini, M., Giovannetti, V. & MacDonald, A. H. *Drude Weight, Cyclotron Resonance, and the Dicke Model of Graphene Cavity QED.* Phys. Rev. Lett. **109**, 267404 (2012).

[111] Sabio, J., Nilsson, J. & Castro Neto, A. H. *f-sum rule and unconventional spectral weight transfer in graphene.* Phys. Rev. B **78**, 075410 (2008).

[112] Ando, T. & Uemura, Y. *Theory of Quantum Transport in a Two-Dimensional Electron System under Magnetic Fields. I. Characteristics of Level Broadening and Transport under Strong Fields.* Journal of the Physical Society of Japan **36**, 959–967 (1974).

[113] Ando, T. *Theory of Quantum Transport in a Two-Dimensional Electron System under Magnetic Fields. IV. Oscillatory Conductivity.* Journal of the Physical Society of Japan **37**, 1233–1237 (1974).

[114] Ando, T. *Theory of Cyclotron Resonance Lineshape in a Two-Dimensional Electron System.* Journal of the Physical Society of Japan **38**, 989–997 (1975).

[115] Ando, T., Matsumoto, Y. & Uemura, Y. *Theory of Hall Effect in a Two-Dimensional Electron System.* Journal of the Physical Society of Japan **39**, 279–288 (1975).

[116] Westfahl, H. *Bosonização em Níveis de Landau.* Ph.D. thesis, Universidade Estadual Campinas, Instituto de Física "Gleb Wataghin" (1998).

[117] Mani, R. et al. *Zero-resistance states induced by electromagnetic-wave excitation in GaAs/AlGaAs heterostructures.* Nature **420**, 646–650 (2002).

[118] Durst, A. C., Sachdev, S., Read, N. & Girvin, S. M. *Radiation-Induced Magnetoresistance Oscillations in a 2D Electron Gas.* Phys. Rev. Lett. **91**, 086803 (2003).

[119] Vavilov, M. G. & Aleiner, I. L. *Magnetotransport in a two-dimensional electron gas at large filling factors.* Phys. Rev. B **69**, 035303 (2004).

[120] Dmitriev, I. A., Vavilov, M. G., Aleiner, I. L., Mirlin, A. D. & Polyakov, D. G. *Theory of microwave-induced oscillations in the magnetoconductivity of a two-dimensional electron gas.* Phys. Rev. B **71**, 115316 (2005).

[121] Frohlich, H. *On the Theory of Superconductivity : The One-Dimensional Case.* Proc. R. Soc. Lond. A **223**, 296–305 (1954).

[122] Lee, P., Rice, T. & Anderson, P. *Conductivity from charge or spin density waves.* Solid State Communications **14**, 703–709 (1974).

[123] Hepp, K. & Lieb, E. H. *Equilibrium Statistical Mechanics of Matter Interacting with the Quantized Radiation Field.* Phys. Rev. A **8**, 2517–2525 (1973).

[124] Wang, Y. K. & Hioe, F. T. *Phase Transition in the Dicke Model of Superradiance.* Phys. Rev. A **7**, 831–836 (1973).

[125] Duncan, G. C. *Effect of antiresonant atom-field interactions on phase transitions in the Dicke model.* Phys. Rev. A **9**, 418–421 (1974).

[126] Coleman, L. et al. *Superconducting fluctuations and the peierls instability in an organic solid.* Solid State Communications **12**, 1125–1132 (1973).

[127] Haldane, F. *'Luttinger liquid theory' of one-dimensional quantum fluids : I. Properties of the Luttinger model and their extension to general 1D interacting spinless Fermi gas.* J. Phys. C : Solid State Phys. **14**, 2585–2609 (1981).

[128] Roldán, R., Goerbig, M. O. & Fuchs, J.-N. *Theory of Bernstein modes in graphene.* Phys. Rev. B **83**, 205406 (2011).

Oui, je veux morebooks!

i want morebooks!

Buy your books fast and straightforward online - at one of world's fastest growing online book stores! Environmentally sound due to Print-on-Demand technologies.

Buy your books online at
www.get-morebooks.com

Achetez vos livres en ligne, vite et bien, sur l'une des librairies en ligne les plus performantes au monde!
En protégeant nos ressources et notre environnement grâce à l'impression à la demande.

La librairie en ligne pour acheter plus vite
www.morebooks.fr

VDM Verlagsservicegesellschaft mbH
Heinrich-Böcking-Str. 6-8   Telefon: +49 681 3720 174   info@vdm-vsg.de
D - 66121 Saarbrücken   Telefax: +49 681 3720 1749 www.vdm-vsg.de

Printed by Books on Demand GmbH, Norderstedt / Germany